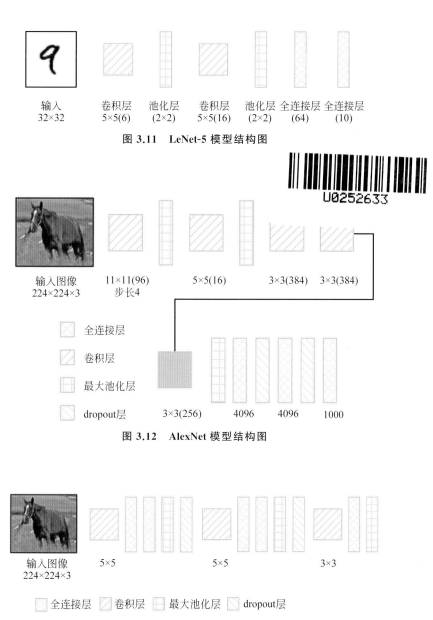

输入
32×32

卷积层
5×5(6)

池化层
(2×2)

卷积层
5×5(16)

池化层
(2×2)

全连接层
(64)

全连接层
(10)

图 3.11　LeNet-5 模型结构图

输入图像
224×224×3

11×11(96)
步长4

5×5(16)

3×3(384)

3×3(384)

全连接层

卷积层

最大池化层

dropout层

3×3(256)

4096

4096

1000

图 3.12　AlexNet 模型结构图

输入图像
224×224×3

5×5

5×5

3×3

全连接层　　卷积层　　最大池化层　　dropout层

图 3.13　Network-In-Network 模型结构图

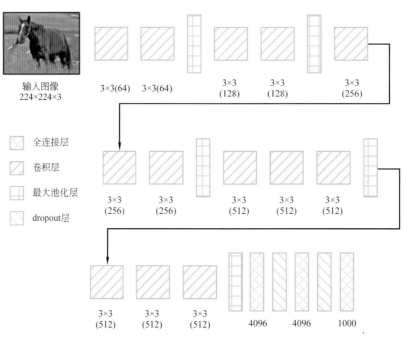

图 3.14　VGG16 模型结构图

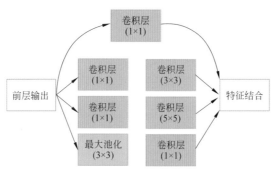

图 3.15　Inception 模块示意图

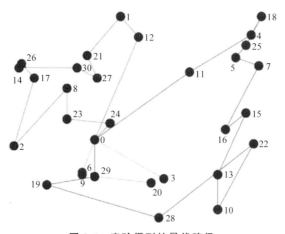

图 8.6　实验得到的最优路径

高等学校智能科学与技术/人工智能专业教材

深度学习与自然计算

董红斌　王兴梅　编著

清华大学出版社
北　京

内 容 简 介

深度学习和自然计算是人工智能领域中的热点研究方向。通过研究分析、模拟人脑的认知机理以及自然系统的智能行为和机制,构造相应的学习模型与优化算法,利用先进的计算工具实现高效的计算智能方法,并用于解决实际工程问题是人工智能研究的重要途径。

本书共分 11 章,主要介绍人工智能、神经网络基础、卷积神经网络、循环神经网络、生成对抗网络、孪生神经网络、遗传算法、差分进化算法、粒子群算法、协同演化算法和多目标优化算法及其在图像处理、数据处理等领域的应用。

本书是作者在从事多年人工智能、机器学习教学、科研工作积累的经验基础上编纂而成。本书可作为高等学校计算机科学与技术、软件工程、人工智能及电子工程等专业高年级本科生和研究生的教材,也可作为相关领域科研人员的参考书。

图书在版编目(CIP)数据

深度学习与自然计算/董红斌,王兴梅编著. —北京:清华大学出版社,2022.9
高等学校智能科学与技术/人工智能专业教材
ISBN 978-7-302-61497-5

Ⅰ.①深… Ⅱ.①董… ②王… Ⅲ.①机器学习—高等学校—教材 ②人工智能—计算—高等学校—教材 Ⅳ.①TP18

中国版本图书馆 CIP 数据核字(2022)第 137136 号

责任编辑:张 玥 常建丽
封面设计:常雪影
责任校对:申晓焕
责任印制:杨 艳

出版发行:清华大学出版社
    网 址:http://www.tup.com.cn,http://www.wqbook.com
    地 址:北京清华大学学研大厦 A 座   邮 编:100084
    社 总 机:010-83470000   邮 购:010-62786544
    投稿与读者服务:010-62776969,c-service@tup.tsinghua.edu.cn
    质量反馈:010-62772015,zhiliang@tup.tsinghua.edu.cn
    课件下载:http://www.tup.com.cn,010-83470236
印 装 者:三河市君旺印务有限公司
经 销:全国新华书店
开 本:185mm×260mm 印 张:12.75 插 页:1 字 数:305 千字
版 次:2022 年 10 月第 1 版   印 次:2022 年 10 月第 1 次印刷
定 价:49.80 元

产品编号:092533-01

高等学校智能科学与技术/人工智能专业教材

编审委员会

李轩涯	百度公司	高校合作部总监
李智勇	湖南大学机器人学院	常务副院长/教授
梁吉业	山西大学	副校长/教授
刘冀伟	北京科技大学智能科学与技术系	副教授
刘振丙	桂林电子科技大学计算机与信息安全学院	副院长/教授
孙海峰	华为技术有限公司	高校生态合作高级经理
唐琎	中南大学自动化学院智能科学与技术专业	专业负责人/教授
汪卫	复旦大学计算机科学技术学院	教授
王国胤	重庆邮电大学	副校长/教授
王科俊	哈尔滨工程大学智能科学与工程学院	教授
王瑞	首都师范大学人工智能系	教授
王挺	国防科技大学计算机学院	教授
王万良	浙江工业大学计算机科学与技术学院	教授
王文庆	西安邮电大学自动化学院	院长/教授
王小捷	北京邮电大学智能科学与技术中心	主任/教授
王玉皞	南昌大学信息工程学院	院长/教授
文继荣	中国人民大学高瓴人工智能学院	执行院长/教授
文俊浩	重庆大学大数据与软件学院	党委书记/教授
辛景民	西安交通大学人工智能学院	常务副院长/教授
杨金柱	东北大学计算机科学与工程学院	常务副院长/教授
于剑	北京交通大学人工智能研究院	院长/教授
余正涛	昆明理工大学信息工程与自动化学院	院长/教授
俞祝良	华南理工大学自动化科学与工程学院	副院长/教授
岳昆	云南大学信息学院	副院长/教授
张博锋	上海大学计算机工程与科学学院智能科学系	副院长/研究员
张俊	大连海事大学信息科学技术学院	副院长/教授
张磊	河北工业大学人工智能与数据科学学院	教授
张盛兵	西北工业大学网络空间安全学院	常务副院长/教授
张伟	同济大学电信学院控制科学与工程系	副系主任/副教授
张文生	中国科学院大学人工智能学院	首席教授
	海南大学人工智能与大数据研究院	院长
张彦铎	武汉工程大学	副校长/教授
张永刚	吉林大学计算机科学与技术学院	副院长/教授
章毅	四川大学计算机学院	学术院长/教授
庄雷	郑州大学信息工程学院、计算机与人工智能学院	教授

秘书长：

| 朱军 | 清华大学人工智能研究院基础研究中心 | 主任/教授 |

秘书处：

| 陶晓明 | 清华大学电子工程系 | 教授 |
| 张玥 | 清华大学出版社 | 副编审 |

 # 出 版 说 明

当今时代,以互联网、云计算、大数据、物联网、新一代器件、超级计算机等,特别是新一代人工智能为代表的信息技术飞速发展,正深刻地影响着我们的工作、学习与生活。

随着人工智能成为引领新一轮科技革命和产业变革的战略性技术,世界主要发达国家纷纷制定了人工智能国家发展计划。2017年7月,国务院正式发布《新一代人工智能发展规划》(以下简称《规划》),将人工智能技术与产业的发展上升为国家重大发展战略。《规划》要求"牢牢把握人工智能发展的重大历史机遇,带动国家竞争力整体跃升和跨越式发展",提出要"开展跨学科探索性研究",并强调"完善人工智能领域学科布局,设立人工智能专业,推动人工智能领域一级学科建设"。

为贯彻落实《规划》,2018年4月,教育部印发了《高等学校人工智能创新行动计划》,强调了"优化高校人工智能领域科技创新体系,完善人工智能领域人才培养体系"的重点任务,提出高校要不断推动人工智能与实体经济(产业)深度融合,鼓励建立人工智能学院/研究院,开展高层次人才培养。早在2004年,北京大学就率先设立了智能科学与技术本科专业。为了加快人工智能高层次人才培养,教育部又于2018年增设了"人工智能"本科专业。2020年2月,教育部、国家发展改革委、财政部联合印发了《关于"双一流"建设高校促进学科融合,加快人工智能领域研究生培养的若干意见》的通知,提出依托"双一流"建设,深化人工智能内涵,构建基础理论人才与"人工智能+X"复合型人才并重的培养体系,探索深度融合的学科建设和人才培养新模式,着力提升人工智能领域研究生培养水平,为我国抢占世界科技前沿,实现引领性原创成果的重大突破提供更加充分的人才支撑。至今,全国共有超过400所高校获批智能科学与技术或人工智能本科专业,我国正在建立人工智能类本科和研究生层次人才培养体系。

教材建设是人才培养体系工作的重要基础环节。近年来,为了满足智能专业的人才培养和教学需要,国内一些学者或高校教师在总结科研和教学成果的基础上编写了一系列教材,其中有些教材已成为该专业必选的优秀教材,在一定程度上缓解了专业人才培养对教材的需求,如由南京大学周志华教授编写、我社出版的《机器学习》就是其中的佼佼者。同时,我们应该看到,目前市场上的教材还不能完全满足智能专业的教学需要,突出的问题主要表现在内容比较陈旧,不能反映理论前沿、技术热点和产业应用与趋势等;缺乏系统性,基础教材多、专业教材少,理论教材多、技术或实践教材少。

为了满足智能专业人才培养和教学需要,编写反映最新理论与技术且系统化、系列化的教材势在必行。早在2013年,北京邮电大学钟义信教授就受邀担任第一届"全国高等学校智能科学与技术/人工智能专业规划教材编委会"主任,组织和指导教材的编写工作。2019年,第二届编委会成立,清华大学陆建华院士受邀担任编委会主任,全国各省市开设智能科学与技术/人工智能专业的院系负责人担任编委会成员,在第一届编委会的工作基础上继续开展工作。

编委会认真研讨了国内外高等院校智能科学与技术专业的教学体系和课程设置,制定了编委会工作简章、编写规则和注意事项,规划了核心课程和自选课程。经过编委会全体委员及专家的推荐和审定,本套丛书的作者应运而生,他们大多是在本专业领域有深厚造诣的骨干教师,同时从事一线教学工作,有丰富的教学经验和研究功底。

本套教材是我社针对智能科学与技术/人工智能专业策划的第一套规划教材,遵循以下编写原则:

(1) 智能科学技术/人工智能既具有十分深刻的基础科学特性(智能科学),又具有极其广泛的应用技术特性(智能技术)。因此,本专业教材面向理科或工科,鼓励理工融通。

(2) 处理好本学科与其他学科的共生关系。要考虑智能科学与技术/人工智能与计算机、自动控制、电子信息等相关学科的关系问题,考虑把"互联网+"与智能科学联系起来,体现新理念和新内容。

(3) 处理好国外和国内的关系。在教材的内容、案例、实验等方面,除了体现国外先进的研究成果,一定要体现我国科研人员在智能领域的创新和成果,优先出版具有自己特色的教材。

(4) 处理好理论学习与技能培养的关系。对理科学生,注重对思维方式的培养;对工科学生,注重对实践能力的培养。各有侧重。鼓励各校根据本校的智能专业特色编写教材。

(5) 根据新时代教学和学习的需要,在纸质教材的基础上融合多种形式的教学辅助材料。鼓励包括纸质教材、微课视频、案例库、试题库等教学资源的多形态、多媒质、多层次的立体化教材建设。

(6) 鉴于智能专业的特点和学科建设需求,鼓励高校教师联合编写,促进优质教材共建共享。鼓励校企合作教材编写,加速产学研深度融合。

本套教材具有以下出版特色:

(1) 体系结构完整,内容具有开放性和先进性,结构合理。

(2) 除满足智能科学与技术/人工智能专业的教学要求外,还能够满足计算机、自动化等相关专业对智能领域课程的教材需求。

(3) 既引进国外优秀教材,也鼓励我国作者编写原创教材,内容丰富,特点突出。

(4) 既有理论类教材,也有实践类教材,注重理论与实践相结合。

(5) 根据学科建设和教学需要,优先出版多媒体、融媒体的新形态教材。

(6) 紧跟科学技术的新发展,及时更新版本。

为了保证出版质量,满足教学需要,我们坚持成熟一本,出版一本的出版原则。在每本书的编写过程中,除作者积累的大量素材,还力求将智能科学与技术/人工智能领域的最新成果和成熟经验反映到教材中，本专业专家学者也反复提出宝贵意见和建议，进行审核定稿，以提高本套丛书的含金量。热切期望广大教师和科研工作者加入我们的队伍，并欢迎广大读者对本系列教材提出宝贵意见，以便我们不断改进策划、组织、编写与出版工作，为我国智能科学与技术/人工智能专业人才的培养做出更多的贡献。

联系人：张玥

联系电话：010-83470175

电子邮件：jsjjc_zhangy@126.com

清华大学出版社

2020 年夏

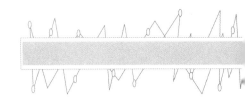

总　序

　　以智慧地球、智能驾驶、智慧城市为代表的人工智能技术与应用迎来了新的发展热潮,世界主要发达国家和我国都制定了人工智能国家发展计划,人工智能现已成为世界科技竞争新的制高点。另一方面,智能科技/人工智能的发展也面临新的挑战,首先是其理论基础有待进一步夯实,其次是其技术体系有待进一步完善。抓基础、抓教材、抓人才,稳妥推进智能科技的发展,已成为教育界、科技界的广泛共识。我国高校也积极行动、快速响应,陆续开设了智能科学与技术、人工智能、大数据等专业方向。截至 2020 年年底,全国共有超过 400 所高校获批智能科学与技术或人工智能本科专业,面向人工智能的本、硕、博人才培养体系正在形成。

　　教材乃基础之基础。2013 年 10 月,"全国高等学校智能科学与技术/人工智能专业规划教材"第一届编委会成立。编委会在深入分析我国智能科学与技术专业的教学计划和课程设置的基础上,重点规划了《机器智能》等核心课程教材。南京大学、西安电子科技大学、西安交通大学等高校陆续出版了人工智能专业教育培养体系、本科专业知识体系与课程设置等专著,为相关高校开展全方位、立体化的智能科技人才培养起到了示范作用。

　　2019 年 10 月,第二届(本届)编委会成立。在第一届编委会教材规划工作的基础上,编委会通过对斯坦福大学、麻省理工学院、加州大学伯克利分校、卡内基·梅隆大学、牛津大学、剑桥大学、东京大学等国外高校和国内相关高校人工智能相关的课程和教材的跟踪调研,进一步丰富和完善了本套专业规划教材。同时,本届编委会继续推进专业知识结构和课程体系的研究及教材的出版工作,期望编写出更具创新性和专业性的系列教材。

　　智能科学技术正处在迅速发展和不断创新的阶段,其综合性和交叉性特征鲜明,因而其人才培养宜分层次、分类型,且要与时俱进。本套教材的规划既注重学科的交叉融合,又兼顾不同学校、不同类型人才培养的需要,既有强化理论基础的,也有强化应用实践的。编委会为此将系列教材分为基础理论、实验实践和创新应用三大类,并按照课程体系将其分为数学与物理基础课程、计算机与电子信息基础课程、专业基础课程、专业实验课程、专业选修课程和"智能＋"课程。该规划得到了相关专业的院校骨干教师的共识和积极响应,不少教师/学者也开始组织编写各具特色的专业课程教材。

　　编委会希望,本套教材的编写,在取材范围上要符合人才培养定位和课程要求,体现学科交叉融合;在内容上要强调体系性、开放性和前瞻性,并注重理论和实践的结合;在章节安排上要遵循知识体系逻辑及其认知规律;在叙述方式上要能激发读者兴趣,引导读者积极思考;在文字风格上要规范严谨,语言格调要力求亲和、清新、简练。

编委会相信,通过广大教师/学者的共同努力,编写好本套专业规划教材,可以更好地满足智能科学与技术/人工智能专业的教学需要,更高质量地培养智能科技专门人才。

饮水思源。在全国高校智能科学与技术/人工智能专业规划教材陆续出版之际,我们对为此做出贡献的有关单位、学术团体、老师/专家表示崇高的敬意和衷心的感谢。

感谢中国人工智能学会及其教育工作委员会对推动设立我国高校智能科学与技术本科专业所做的积极努力;感谢清华大学、北京大学、南京大学、西安电子科技大学、北京邮电大学、南开大学等高校,以及华为、百度、腾讯等企业为发展智能科学与技术/人工智能专业所做出的实实在在的贡献。

特别感谢清华大学出版社对本系列教材的编辑、出版、发行给予高度重视和大力支持。清华大学出版社主动与中国人工智能学会教育工作委员会开展合作,并组织和支持了该套专业规划教材的策划、编审委员会的组建和日常工作。

编委会真诚希望,本套规划教材的出版不仅对我国高校智能科学与技术/人工智能专业的学科建设和人才培养发挥积极的作用,还将对世界智能科学与技术的研究与教育做出积极的贡献。

另一方面,由于编委会对智能科学与技术的认识、认知的局限,本套系列教材难免存在错误和不足,恳切希望广大读者对本套教材存在的问题提出意见和建议,帮助我们不断改进,不断完善。

高等学校智能科学与技术/人工智能专业教材编委会主任

2021 年元月

8

前　言

自然计算是人工智能领域的一个重要研究方向,人们通过研究自然界蕴含的多种多样的生物机制设计出相应的算法,解决不同领域中的难题。深度学习是机器学习领域中的一个热点研究方向。深度学习是学习样本数据的内在规律和表示层次,这些学习过程中获得的信息对诸如文字、图像和声音等数据的解释有很大的帮助。深度学习以神经网络为主要模型,由于其强大的学习能力,深度学习越来越多地应用于目标识别、语音识别、图像处理、自动驾驶和决策推理等领域。目前,深度学习技术在学术界和工业界取得了广泛的成功,受到高度关注,并掀起新一轮的人工智能热潮。

近年来,以深度学习和自然计算为代表的人工智能技术逐渐普及。通过研究分析、模拟人脑的认知机理以及自然系统的智能行为和机制,构造相应的学习模型与优化算法,利用先进的计算工具实现高效的计算智能方法,并用于解决实际工程问题是人工智能研究的重要途径。本书共分 11 章,主要介绍深度学习、自然计算的基础知识。

第 1 章　简要概括人工智能、深度学习、自然计算的相关概念,以帮助读者对深度学习和自然计算有一个全面的了解和认识,为后面各章的学习打下基础。

第 2 章　对神经网络基础进行叙述,内容包括神经网络的概念、发展以及应用,随后对神经网络的基本模型进行详细讲解。通过本章内容的学习,为后续卷积神经网络、循环神经网络等网络模型的学习奠定基础。

第 3 章　介绍深度学习的基础网络——卷积神经网络。从基础概念、基本部件、经典结构 3 个角度出发,同时结合一个基于 ImageNet 数据集的实战案例,深入浅出地带领读者了解卷积神经网络的奥妙之处。

第 4 章　介绍循环神经网络(RNN)——一类非常强大的用于处理和预测序列数据的神经网络模型。循环结构的神经网络克服了传统机器学习方法对输入和输出数据的许多限制,使其成为深度学习领域中一类非常重要的模型。本章对目前流行的几种RNN 变体模型进行了详细的讨论和对比分析。

第 5 章　介绍生成对抗网络的概念和原理。针对生成对抗网络自身的特殊性,即两个网络同时训练这一特点,进一步利用图例进行说明,并对其发展过程中的一些重要网络模型进行了介绍。

第 6 章　介绍孪生神经网络的概念和原理,并对其不同结构、具体模型以及在不同实际应用中的模型进行了详细的介绍。

第 7 章　介绍遗传算法的概念、原理和算法。遗传算法是一种借鉴生物界自然选择和进化机制发展起来的高度并行、随机、自适应搜索的全局最优算法,因其具有广泛的适应性,目前已经广泛应用于研究工程的各个领域。

FOREWORD 前 言

第 8 章 介绍差分进化算法的概念、原理和算法,以及几种改进的差分进化算法,并通过一个无人机的路径规划问题实例进行介绍,使读者对差分进化算法有一个基本的认识与了解。

第 9 章 介绍粒子群算法的基本原理和流程,并对该算法中关键的参数进行分析,最后以多标签特征选择问题为例,介绍用粒子群算法解决优化问题的过程。

第 10 章 首先介绍协同演化算法的原理以及涉及的相关理论基础,然后从机制设计、问题表示和遗传操作 3 个方面对协同演化算法的设计进行了介绍,最后以聚类问题为例,讲解了协同演化算法的优化过程。

第 11 章 首先介绍多目标优化算法的基本原理、相关概念及常用的评价指标,然后介绍第一代多目标优化算法——NSGA,最后以多目标优化算法应用于特征选择问题为例,对算法进行介绍和分析。

本书介绍了深度学习及自然计算的相关概念。作为机器学习方法的一种,深度学习通常基于神经网络模型逐级表示逐渐抽象的概念或模式。自然计算在解决各种研究领域中的许多复杂优化问题方面表现出了有效性。群体学习与个体学习是自然界中最基本的两种自适应方式。神经网络与自然计算的结合已经有 30 多年的历史。神经网络与自然计算的关系,相当于自适应的两个基础模式。神经网络是个体学习,研究如何在最短的时间内适应一个训练集,时间粒度比较短;而自然计算是群体学习,通过对解空间采样、比较与淘汰,时间粒度比较长,它们两者互补,对于人工智能缺一不可。

本书的编撰人员包括孙静、付强、赵炳旭、李猛、付天怡、潘禹瑶、苏子美、王赢己、黄鑫、徐静如、冀若含、李也、张啸、陈伟京、胡典芝、柳恩涵、胥周、赵一霖、聂国豪、汪进利、郭文杰,在此表示感谢! 期望本书能够对读者学习深度学习及自然计算提供一些帮助,为进一步开展科学研究提供一定的灵感和思路。

由于作者水平有限,书中难免出现不足和谬误之处,恳请各位同行专家和读者批评指正。

作 者
2022 年 3 月

目　录

C O N T E N T S

C O N T E N T S

目　录

目　录

C O N T E N T S

C O N T E N T S

目　录

目 录

CONTENTS

目 录
CONTENTS

第1章 概　　述

1.1　人　工　智　能

人工智能（Artificial Intelligence，AI）是以计算机科学、控制论、应用数学、信息论、统计学、神经心理学等多个学科的研究成果为基础发展的交叉学科。作为一门综合性较强的学科，人工智能从 1956 年正式诞生起便得到迅速发展，取得了一系列惊人的成就。与此同时，源源不断的新思想、新技术、新观念和新理论正大力推动这一领域，使其成为当下信息技术发展的引领学科。

目前，普遍认为人工智能是研究和开发用于模拟、延伸和扩展人类智能的理论、方法、技术以及应用系统的一门新的技术科学，它的目标是用机器实现人类的部分智能。因此，人工智能的解释与人类智能息息相关。人类智能通常被描述为知识与智力的综合体，其中知识是一切智能行为的基础，而智力是获取知识和应用知识求解问题的能力。从外在表现看，人类智能具有感知能力、记忆与思维能力、学习能力和行为能力 4 个特征，这些特征描述了人类智能从获取外部信息、信息处理与知识学习，到向外输出的整体过程[1]。

由于大脑的复杂性，人类至今尚难以完全了解其工作机理，特别是对意识、情感、记忆等人类智能的产生方式还知之甚少。因此，想依赖复制大脑的形式构建人工智能是不切实际的。为了实现人工智能，科学家转而从实用角度出发，根据人工智能所具有的能力展开一系列研究，其中英国数学家艾伦·图灵（Alan Turing）1950 年在 *Computing Machinery and Intelligence* 中提出著名的"图灵测试"（The Turing test），他深刻且生动地定义了人工智能以及达到智能的标准[2]，即"一个人在不接触对方的情况下，通过一种特殊的方式和对方进行一系列的问答。如果在相当长时间内，他无法根据这些问题判断对方是人还是计算机，就可以认为这台计算机是智能的。"图灵测试引导人工智能从哲学讨论到科学研究，计算机如果要通过图灵测试，就必须具备理解语言、学习、记忆、推理、决策等一系列能力，在此基础上诞生了许多人工智能的研究方向，例如机器感知（计算机视觉、语音处理）、学习（模式识别、机器学习、强化学习）、语言（自然语言处理）、记忆（知识表示）和规划（数据挖掘、规划）等。

至今，有一部分研究学者仍然试图构建人工智能来通过"图灵测试"，人工智能作为探求、模拟人脑和智能原理的尖端科学和前沿性的研究，经历了艰难曲折的发展历程。随着深蓝、AlphaGo 在围棋项目中击败人类棋手，无人驾驶技术的日趋成熟，一大批企业和研究单位构建了人工智能平台和技术的应用，人工智能正在迎来前所未有的发展机遇。

1.1.1 人工智能发展简史

作为一门研究科学,人工智能与其他学科不同,它有着明确的诞生时间与标志性事件。1956 年,美国达特茅斯(Dartmouth)学院的麦卡锡(McCarthy)联合哈佛大学的明斯基(Minsky)、IBM 公司的罗切斯特(Rochester)以及贝尔实验室的香农(Shannon)等,在达特茅斯会议上讨论了关于机器智能的问题。在为期两个月的会议讨论中,麦卡锡提议将"人工智能"作为一门新兴科学的正式名称。这次会议标志着人工智能学科的诞生,因此麦卡锡也被称作"人工智能之父"。

人工智能学科从诞生之日起便命运多舛,经历了一次又一次的繁荣与低谷,整个发展历程大体分为 3 个阶段,即推理期、知识期和发展期[3]。

推理期:20 世纪 50 年代到 70 年代初,人工智能处于推理期。研究学者依据人类经验,基于逻辑或事实归纳出一套规则,只要机器按照规则执行逻辑推理,便可以认为机器具有了智能。在这一时期,研究学者开发了一系列的智能系统,用于定理证明和语言交互,例如逻辑理论家程序、通用问题求解程序和最早的聊天机器人程序 ELIZA 等。在涌现出大量令人激动的成果后,研究学者对人工智能的繁荣充满信心。但随着研究的进展,问题的复杂性不断加深,研究学者意识到,仅利用逻辑推理远远无法实现人工智能,这时人们对人工智能的乐观预期遭受严重的打击,人工智能研究开始走向低谷。

知识期:20 世纪 70 年代,随着计算机以及半导体技术的快速发展,人工智能到了知识期。图灵奖获得者费根鲍姆(E. A. Feigenbaum)提出将知识引入人工智能系统中,由此诞生了专家系统 DENDRAL。DENDRAL 能根据质谱仪的实验分析并推理化合物的分子结构,其分析能力接近有关专家的水平,它在美、英等国得到了实际应用。专家系统可以简单理解为知识库和推理机的组合,是一类具有专门知识和经验的智能系统,它根据人类专家提供的知识和经验,模拟专家决策的过程,从而代替人类专家处理复杂问题。这一时期诞生了大量应用在不同专业领域的专家系统,产生了巨大的经济效益与社会效益,例如用于地矿勘探的 PROSPECTOR 系统、协助医疗的 MUCIN 系统,以及用于信用卡认证辅助决策的 American Express 系统等。专家系统的成功,使人工智能的研究重心逐渐被引向知识的获取、表示和利用,一些对不确定知识的表示和推理方法取得了突破,这为后续模式识别、自然语言处理等领域的发展提供了理论与技术基础。

发展期:随着"知识工程"的发展,专家系统逐渐面临瓶颈,即由人总结知识再交给计算机是相当困难的,并且对于人的许多智能活动(例如图像与语言理解)原理尚难以完全研究透彻,同时该类行为背后的知识也难以准确地描述,因此,研究学者开始将研究的重心转向使机器从数据中自主地学习,由此引出机器学习这一领域。机器学习的目标是设计和分析一些学习算法,让计算机可以从数据或经验中自动分析并获得规律,再对未知数据进行预测,从而帮助人们完成一些特定任务,其涉及的研究内容包括线性代数、概率论、统计学、数学优化和计算复杂性等众多领域。实际上,机器学习从人工智能的萌芽期开始就被研究学者不断尝试,可以说,从人工智能领域出现,机器学习就是一个重要的研究方向,但直到 1980 年后,机器学习才因其出色的表现成为一个热门方向,并在此后逐渐成为一个独立的学科领域[4]。

经过 60 多年的发展,尽管专用人工智能已经进入实用阶段,甚至在某些方面展现了超过人类智能的水平,但对通用人工智能的研究仍然进展缓慢,距离创造一个真正意义上的人工智能或者使机器通过图灵测试仍然有很大距离。

1.1.2　人工智能三大学派

自 1956 年至今,尽管与人工智能相关的一系列学科飞速发展,却仍然难以揭露人类智能行为的本质,从而导致人工智能在根本上缺乏通用的基本理论来指导构建一个智能系统。从历史上看,研究学者根据各自对人工智能的理解,逐渐衍生出 3 种较为主流的学派,分别是符号主义、连接主义和行为主义[5]。

符号主义(Symbolism),又称逻辑主义(Logicism)、心理学派(Psychlogism)或计算机学派(Computerism)。符号主义学派认为人工智能的研究方法应为功能模拟方法,即通过分析人类认知系统所具备的功能和机能,然后利用计算机实现这些功能的一类方法。符号主义是构建在信息可以用符号表示和符号可以通过显式的规则(如逻辑运算)来操作的两个基本假设之上的一套利用逻辑方法建立人工智能的统一理论体系。在人工智能的早期,符号主义学派产生了大量的成果,发展了启发式算法、专家系统和知识工程等理论与技术。

连接主义(Connectionism),又称为仿生学派(Bionicsism)或生理学派(Physiologism)。连接主义源于仿生学,属于认知科学领域中的一类信息处理方法和理论,其核心思想认为智能产生于大脑神经元之间的相互作用和信息往来的学习与统计过程,因此,连接主义模型的主要结构是基于大量简单信息处理单元所构成的互联网络。连接主义的典型技术为神经网络、机器学习和深度学习等。

行为主义(Actionism),又称为进化主义(Evolutionism)或控制论学派(Cyberneticsism)。行为主义源于控制论及感知—动作型控制系统,它抛弃了思维的过程,把智能的研究重心放在可观测的具体行为活动的基础上,其典型的技术为进化学习和遗传算法等。早期研究工作的重点是模拟人在控制过程中的智能行为,并由此诞生了许多智能控制和智能机器人系统,在控制论的基础上,直到 20 世纪 90 年代,行为主义才作为人工智能的一个新学派出现,并引起广大研究学者的兴趣。其中,代表性作品是 Brooks 的六足行走机器人,虽然其不具有与人相似的推理和规划能力,但在当时其展现的应对复杂环境能力大大超越了原有的机器人。

1.2　深　度　学　习

机器学习过程要将数据表示为一组特征,然后将这些特征输入预测模型,并输出预测结果,这类学习可以看作浅层学习,其重要特点是不涉及特征的学习,主要依赖人工经验或特征转换方法来抽取特征[6]。浅层学习通常将特征处理和预测步骤分开进行,主要关注如何学习一个好的预测模型。然而,在解决实际问题时,特征处理过程通常对最终系统的准确度有重要影响。因此,很多机器学习问题同时包含了特征工程(Feature Engineering)问题,特征工程的人工构建方式导致工作效率大幅降低。此外,由于依赖人类经验,也很容易造成主观上的偏差,降低模型学习效果。

为提高机器学习模型的准确率,研究学者思考是否有一种算法可以自动学习出有效特征,并能够提高模型性能,这种学习方式被称为表示学习(Representation Learning),为实现这种对特征的自动学习,深度学习(Deep Learning)方法被引入作为一种自动特征构建方式。2006 年,杰弗里·辛顿(Geoffrey Hinton)等提出深度学习的概念[7],随后以斯坦福大学和多伦多大学为代表的众多世界知名高校纷纷投入巨大的人力、财力进行深度学习领域的相关研究,最后又迅速蔓延到工业界,并形成以深度学习为核心的人工智能领域研究热潮。深度学习通过对原始数据执行多次特征转换产生一种特征表示,并将其进一步输入预测函数以获得最终结果。深度学习中的"深度"是指对原始数据进行非线性特征转换的次数,从底层特征、中层特征,到高层特征,深层结构的优点是可以增加特征的重用性,从而指数级地增加表示能力。本质上,深度学习就是使神经网络不断增加层数和神经元数量,让系统运行大量数据,并进行深度训练学习,这时神经网络就可以自己"教"自己,从而无须人工设计特征提取方法。随着深度学习的快速发展,模型深度也从早期的五至十层增加到目前的数百层乃至上千层[8]。随着模型深度的不断增加,其特征表示的能力也越来越强,能刻画出数据更丰富的内在信息,从而使后续的预测更加容易,最终获得更好的预测效果。

基于神经网络的深度学习模型采用一种端到端学习(End-to-End Learning)的方式。端到端学习的方式是指在学习过程中不进行分模块或分阶段训练,直接优化任务的总体目标。其典型网络模型包括卷积神经网络、循环神经网络、生成对抗网络、孪生神经网络等。深度学习模型在训练过程中,从输入端到输出端得到一个预测结果,通过与真实观测结果比较会得到一个误差,这个误差会在模型中的每一层传递(反向传播),每一层的表示都会根据这个误差做调整,直到模型收敛或达到预期的效果为止。由于端到端学习不需要明确地给出不同模块或阶段的功能,中间过程不需要人为干预,因此,省去了对多个独立任务模块分别进行标注与训练的过程,同时也降低了过多中间环节产生误差的可能性,并且端到端的学习减少了工程的复杂度,一个网络可解决机器学习的所有步骤。然而,贡献分配问题是它的一个缺点,由于难以观测其中的每个部件对最终预测结果的贡献,模型成为一个"黑盒",降低了模型的可解释性,最终造成模型结构与超参数(如模型层数、神经元数量等指标)的调优较为困难。尽管存在上述问题,但由于计算机算力的大幅提升,这些问题显得不是那么"紧迫"。近年来,关于深度学习的可解释性已成为热门研究方向,有助于缓解这些固有问题[9]。

2012 年,在著名的 ILSVRC(ImageNet Large Scale Visual Recognition Challenge)竞赛中,Hinton 团队采用深度学习模型 AlexNet 一举夺冠[10]。AlexNet 模型采用 ReLU 激活函数,从根本上解决了梯度消失问题,并采用图形处理器(Graphics Processing Unit,GPU)极大地提高了模型的运算速度。同年,由斯坦福大学著名的吴恩达教授和世界顶尖计算机专家 Jeff Dean 共同主导的深度神经网络(Deep Neural Networks,DNN)技术在图像识别领域取得了惊人的成绩,在 ImageNet 评测中成功地把错误率从 26% 降低到 15%。深度学习算法的脱颖而出,吸引了学术界和工业界对深度学习领域的关注。

随着深度学习技术的进步以及数据处理能力的不断提升,2014 年,Facebook 基于深度学习技术的 DeepFace 项目,在人脸识别方面的准确率已经能达到 97% 以上,与人类识别的准确率几乎没有差别[11]。这样的结果证明了深度学习算法在图像识别方面的性能优势与巨大的应用价值。

2016 年,随着 Google 公司基于深度学习开发的 AlphaGo 以 4∶1 的总比分战胜国际围棋冠军李世石,深度学习再次成为人工智能领域的关注焦点[12]。后来,AlphaGo 又接连与众多世界级围棋高手对战,均取得了完胜。这也证明,在围棋界,基于深度学习技术的机器人已经超越了人类。

目前,深度学习在许多应用领域都展现出良好的性能,如自动驾驶、人脸识别等计算机视觉领域。美国特斯拉公司宣布在旗下的智能汽车品牌中放弃使用激光雷达,选择完全基于深度学习视觉系统开发自动驾驶功能,而人脸识别技术早已被银行、学校等场所用于精确的身份认证。在互联网领域,利用收集到的用户大数据,深度学习在提高购买转化率、商品推荐、定价与精准营销、社交媒体营销等功能上得到了较好的应用。在电力系统领域,基于深度学习的监控系统被集成在现有监控平台中,实现实时获取监控视频数据,在无须人为干预的情况下,分析并抽取视频源中的关键信息,快速准确地定位违规位置,判断监控画面中的异常情况。除此之外,深度学习在蛋白质预测、医学辅助诊断、金融与保险等各种新兴或传统应用领域都有令人瞩目的进展。

在学术界专家奠定深度学习理论基础的同时,工业界则将深度学习理论迅速转化为代码,应用到实用系统中并结合业务改进优化。为减少参数学习过程中手工实现的反向传播梯度计算代码带来的低效率,一些支持自动梯度计算、无缝 CPU 和 GPU 切换等功能的深度学习框架应运而生,目前研究学者常用的深度学习框架有 Caffe、TensorFlow、PyTorch、PaddlePaddle、MatConvNet、Chainer 和 MXNet 等。这些深度学习框架被应用于计算机视觉、语音识别、自然语言处理与生物信息学等领域,并已经取得了较好的效果。其中使用最广泛的框架是 TensorFlow 和 PyTorch。

TensorFlow 是 Google 公司基于 DistBelief 进行研发的第二代人工智能学习系统,可用于语音识别或图像识别等深度学习领域。TensorFlow 的命名来源于本身的运行原理,Tensor(张量)代表 N 维数组,Flow(流)意味是基于数据流图的计算,TensorFlow 为张量从流图的一端流动到另一端计算的过程。TensorFlow 可以支持异构设备分布式计算,它可在小到一部智能手机、大到数千台服务器的数据中心等各种场景下运行。TensorFlow 完全开源,任何人都可以使用。TensorFlow 是将复杂的数据结构传输至神经网络中进行分析和处理过程的系统。2016 年 4 月 14 日,Google 官方博文介绍了 TensorFlow 0.8 版本在图像分类任务中,在 100 个 GPU 和不到 65 小时的训练时间下,达到了 78% 的正确率。同年,TensorFlow 被 Google 用来制作 AlphaGo 的深度学习系统。在激烈的商业竞争中,更快的训练速度是人工智能企业的核心竞争力,而分布式 TensorFlow 意味着它能够真正大规模进入人工智能产业中,并产生实质的影响。

PyTorch 是美国互联网巨头 Facebook 在深度学习框架 Torch 的基础上使用 Python 重写的一个全新的深度学习框架,它更像 NumPy 的替代产物,不仅继承了 NumPy 的众多优点,还支持 GPU 计算,在计算效率上要比 NumPy 有更明显的优势,同时,PyTorch 还有许多高级功能,如拥有丰富的接口,可以快速完成深度神经网络模型的搭建与训练。所以,PyTorch 一经发布,就被众多开发人员和科研人员追捧和喜爱,成为人工智能从业者的重要工具之一。

TensorFlow 和 PyTorch 的不同点是它们两者在运算模式上的差异,前者属于静态框

架,后者属于动态框架。静态框架只需要定义一次 TensorFlow 的计算图,然后将不同的数据输入进行运算,计算流程完全定义好后才被执行。这种固定的计算方式便于预先优化模型的运算效率与部署分布式计算,但不灵活的构建方式也必然会导致模型的实现较为复杂。动态框架是指在计算图的定义过程中,允许根据不同的数值按照最优方式进行合理安排,实现随时定义、更改模型的结构与执行节点。从模型构建过程的区别看,PyTorch 在灵活性和开发难度上的优势比较明显。虽然这两种程序操作能够得到同样的结果,但是由于不同的运算过程,会导致在程序应用的过程中有不同的难点。TensorFlow 适合在大范围内进行操作,尤其对于跨平台或者在实现嵌入式部署时更具优势,因此更受企业用户的青睐。而PyTorch 相对来说更能够在短时间内建立结果和方案,更适合研究人员或计算机爱好者开发的小规模项目。得益于各种框架降低了深度神经网络模型的构建难度,深度学习相关领域的进展十分迅速,而这些新内容又促进了深度学习方向的进一步发展,使相关研究与应用之间的结合愈加紧密。

1.3 自 然 计 算

大自然经过多年物竞天择、优胜劣汰、继承创造的演化,形成了美轮美奂、复杂多样的生命现象和自然奇观,其间蕴含着丰富的信息处理机制,为人类社会的"智能化"进程提供了不竭的智慧源泉。自然计算(Nature-Inspired Computation,NIC)[13-14]恰是这眼奇妙的"智慧之泉"。一般而言,自然计算是指以自然界(包括生命、生物及生态系统,物理与化学,经济以及社会文化系统等)特别是生物体的功能、特点和作用机理为基础,研究其中所蕴含的丰富的信息处理机制,抽取相应的计算模型,设计相应的算法,研制革新计算系统,并在各相关领域加以应用[15]。

当从计算过程的角度分析复杂自然现象时,可使人们对自然界以及计算的本质有更深刻的理解。可以说,自然计算是继传统人工智能之后异军突起的一种全新的计算思维范型[16]。如今,各类智能算法层出不穷,形态多样,理念各异,建模及分析工具各具特色,充分体现了自然计算丰富的内涵及其计算模式的多样性特征[16-18]。它们都以自然界中有益的信息处理机制为研究对象,通常具有自学习、自组织和自适应的特征,能够针对具有大规模、分布式、异构、动态以及开放等特点的复杂系统的刻画(行为描述与分析),传统算法难以求解的各类复杂问题等给出合理有效的解决方向。它们在引导未来计算模式创新与计算机革命上具有非常广阔的应用前景[15]。

自然计算内涵丰富,分支领域众多,计算模型各具特色,充分体现多样性的特征。从自然计算要素角度看,每种自然计算方法都对应一种实际的启发源[19],要将启发源中所包含的内在的特殊规律,如生物进化规律、离子进出细胞膜的规律等,利用数学或逻辑符号建模描述成一种特殊计算过程;而从其启发源的属性分,又包括自然界全部的物质(物理和化学)、生命(生命系统、生物群和生态系统等)和文化(社会、文化、语言以及情感等)3 个层次。但是,即使灵感的来源都是大自然,我们仍然可以有不同的分类级别,这取决于我们希望使用的细节和子资源的数量。目前,自然启发式算法大部分是生物学启发式的,或简称为生物启发式的。在受生物启发的算法中,通过从群体智能中汲取灵感,开发了一种特殊的算法。

因此，一些受生物启发的算法可以称为基于群体智能的算法。实际上，基于群体智能的算法是最受欢迎的算法，如蚁群优化、粒子群优化、布谷鸟搜索、蝙蝠算法和萤火虫算法等是很好的例子。

对于单目标优化问题，最优解通常可以是解空间中的单点；对于双目标优化问题，解在帕累托前沿曲线上；对于多目标优化问题，它的解则成为一个曲面。因此，找到解决方案的复杂性随着此类 NP 难问题的尺寸增加而非线性地增加。

在这种探索中，特别关注的领域是群体智能以及类似算法。群体智能专注于人为地重新创造自然智能的分散生物的概念，从而使该群体的群体智能大于单个智能的总和。根据这一原理，确定了诸如蚁群优化、鸟群、细菌觅食和鱼类养殖等算法，以在复杂系统中提供解决方案。此外，这些算法中的许多算法可以有效地在多目标域中提供解决方案，在这种情况下，如果可以以较低的计算复杂度找到这些解决方案，则通常可以使用一组合适的非支配解代替实际的最优前沿。解决多目标问题的大多数方法都是使用某些优先级排序方法将目标转换为单个目标，虽然这在一定程度上会影响性能，但是，这些最近开发的生物启发算法中的某些算法确实支持多个客观问题。

遗传算法（Genetic Algorithm，GA）：20 世纪 50 年代，生物学家已经知道基因在自然演化过程中的作用，他们也希望能在计算机上模拟这个过程，用以尝试定量研究基因与进化之间的关系。后来，有人将其用于解决优化问题，于是产生了遗传算法。

遗传算法起源于对生物系统所进行的计算机模拟研究，是由美国的 John Holland 教授创建的，并于 1975 年出版了第一本系统论述遗传算法和人工自适应系统的专著 *Adaptation in Natural and artificial Systems*。它提出的基础是达尔文的进化论、魏慈曼的物种选择学说和孟德尔的群体遗传学说：其基本思想是模拟自然界遗传机制和生物进化论而形成的一种过程搜索最优解的算法。遗传算法以其具有并行搜索、简单通用、鲁棒性强等优点，受到国内外学者的关注。自 1985 年以来，国际上已召开多次遗传算法学术会议和研讨会，并组织了国际遗传算法学会[20]。

遗传算法是一种随机化搜索方法，它模拟自然选择下的生物进化，从而得到问题的一个近似解，该算法通过有限的代价解决搜索和优化问题，其随机性和非线性为其他科学技术无法或难以解决的问题提供了新的模型，这与传统的搜索和优化方法不同[21]。自从概念化以来，它已被广泛用于解决本质上是组合性和不确定性的各种单一和多目标问题。

在遗传算法中定义了 4 个基本算子，即继承、交叉、复制和突变。为了使用这些运算符，对于每个要生产的新潜在解决方案，都选择预先优化的解决方案。通过使用诸如交叉和复制之类的算子，获得"子"解决方案，其中保留了其"父母"的许多积极特征，同时减少了不太有用的特征。但是，在变异算子中，可能会突然更改特定的适应性驱动程序以显著提高"子"解决方案的适应性。通常这样做是为了避免局部最优和中间等级相关的挑战。需要注意的是，遗传算法通常无法解决非常复杂的高维多模态问题，因为其适应度函数评估在计算上会变得非常复杂，同时由于迭代的规模很大，其在准确性和时间复杂度方面，遗传算法的性能也会显著降低。

蚁群算法（Ant Colony Algorithm，ACA）：由意大利学者 Dorigo 和 Maniezzo 等于 20 世纪 90 年代初，依据模拟蚂蚁的觅食行为提出[22]。他们在研究蚂蚁觅食的过程中，发现单个

蚂蚁的行为比较简单,但是蚁群整体却可以完成一些智能的行为。例如,蚁群可以在不同的环境下,寻找最短到达食物源的路径。这是因为蚂蚁会在其经过的路径上释放一种可以称为"信息素"的物质,蚁群内的蚂蚁对"信息素"具有感知能力,它们会沿着"信息素"浓度较高的路径行走,而每只路过的蚂蚁都会在路上留下"信息素",形成一种正反馈的机制。

假设有两条路径可以从蚁窝通向食物,开始时两条路径上的蚂蚁数量差不多;当蚂蚁到达终点之后会立即返回,距离短的路径上的蚂蚁往返一次时间短,重复频率快,在单位时间里往返蚂蚁的数目就多,留下的"信息素"也多,于是会吸引更多的蚂蚁过来,导致留下更多的"信息素"。而距离长的路径相反,因此越来越多的蚂蚁聚集到最短路径上。

蚁群算法是一种具有较强的鲁棒性、并行分布式计算和易与其他算法相结合等优点的算法,多用于解决组合优化问题。但是,蚁群算法存在容易进入局部最优、搜索最优路径时间过长,以及寻找最优路径的收敛速度慢等不足之处,不利于高效率、高精度的求解优化问题[22]。

粒子群优化(Particle Swarm Optimization,PSO)算法[23]:是 1995 年 Eberhart 博士和 Kennedy 博士一起提出的一种新型的并行元启发式算法[24]。粒子群优化算法源于对鸟群捕食行为的研究,通过模拟自然界鸟群的觅食行为中的相互合作机制从而找到问题的最优解。其核心思想是利用群体中的个体对信息的共享,从而使得整个群体在问题求解空间中产生从无序到有序的演化过程,最终得到问题的最优解。

下面是更直观的解释:

假设自己是一只身处鸟群中的鸟,现在要跟随大部队去森林里找食物,鸟群中每一只鸟都知道自身离食物的距离,但不知道食物在哪个方向。所以最开始的时候只能在森林里漫无目的地飞。但是,每隔一段时间,所有的鸟都会与其他鸟共享自己与食物的距离。

然后鸟 A 发现它与食物的距离是 5km,而群里的鸟 Z 距离食物最近,只有 50m。鸟 A 当机立断跟其他鸟说:"我要去 Z 那里看看!"然后一呼百应,鸟 B、鸟 C 等都往鸟 Z 的方向飞去,在鸟 Z 的周围寻找食物。

就这样,本来所有的鸟都在沿着自己的方向飞,现在都要向鸟 Z 的位置靠拢,所以大家都需要修改自己的飞行速度和方向。其中,若某只鸟 M 途经的路线上有个点到食物的距离小于鸟 Z 到食物的距离,那么它会结合途经的最优点和鸟 Z 的位置更新自己的飞行速度和方向。最后整个鸟群逐渐靠近目标食物。

粒子群优化算法是基于诸如鱼群、昆虫群或鸟群等生物体的群体行为提出来的,该类群体试图根据来自动物群的反馈实现该群体的集体目标。群体是大量分散的,每个成员在自身与周围环境之间进行局部交互,从而努力寻求一种全局(通常是最佳)的解决方案。粒子群优化算法大多用于解决需要优化的功能不连续、不可微分且非线性相关参数过多的问题。算法按照其模仿的生物的行为定义了几个迭代步骤。群中的每个粒子(例如鸟或鱼)都试图在任何时间点感应潜在的解决方案。它将与候选解决方案的适用性成正比的信号传达给群中的其他粒子。因此,每个群体粒子都可以感知其他粒子传递的信号强度,从而可以基于适应度函数感知候选解决方案的适用性。

人工蜂群(Artificial Bee Colony,ABC)算法:是由土耳其学者 Karaboga[25]于 2005 年提出的一类新型群体智能优化算法,它模拟蜜蜂的采蜜行为,可在众多替代方案中寻找最佳数值解。

自然界中的蜜蜂总能在任何环境下以极高的效率找到优质蜜源,且能适应环境的改变。蜜蜂群的采蜜系统由蜜源、雇佣蜂、非雇佣蜂 3 部分组成,其中一个蜜源的优劣有很多影响元素,如蜜源花蜜量的大小、离蜂巢距离的远近、提取的难易程度等;雇佣蜂和特定的蜜源联系并将蜜源信息以一定的概率形式告诉同伴;非雇佣蜂的职责是寻找待开采的蜜源,分为跟随蜂和侦查蜂两类。蜜蜂采蜜时,蜂巢中的一部分蜜蜂作为侦查蜂,不断地在蜂巢附近随机寻找蜜源,如果发现花蜜量超过某个阈值的蜜源,则此侦查蜂变为雇佣蜂开始采蜜,采蜜完成后飞回蜂巢跳摇摆舞告知跟随蜂。摇摆舞是蜜蜂之间交流信息的一种基本形式,它传达了有关蜂巢周围蜜源的重要信息,如蜜源方向及离巢距离等。跟随蜂利用这些信息准确评价蜂巢周围的蜜源质量。当雇佣蜂跳完摇摆舞之后,就与蜂巢中的一些跟随蜂一起返回原蜜源采蜜,跟随蜂数量取决于蜜源质量。以这种方式,蜂群能快速且有效地找到花蜜量最高的蜜源。

蜜蜂的生物学机理比较复杂,蜂群的每种行为就是一种算法。除 ABC 算法外,基于蜜蜂采蜜行为的蜂群算法还有虚拟蜜蜂算法、蜂群优化算法、自适应混沌量子蜜蜂算法、蜜蜂群优化算法、蜜蜂算法、蜜蜂采蜜算法及蜜蜂选巢算法等。目前,蜜蜂的采蜜行为、学习、记忆和信息分享的特性已成为群智能的研究热点之一[26]。

1.4 本 章 小 结

作为机器学习方法的一种,深度学习通常基于神经网络模型逐级表示逐渐抽象的概念或模式。本章简要概括了深度学习及自然计算的相关概念。卷积神经网络以卷积层为核心,它是近年来深度学习能在计算机视觉领域取得突破性成果的基础,也在其他诸如自然语言处理、推荐系统和语音识别等领域广泛使用。循环神经网络是为更好地处理时间序列而设计的,如一段文字或声音、购物或观影的顺序,甚至是图像中的一行或一列像素。生成对抗网络已经成为非监督学习中重要的方法之一,其相对于自动编码器和自回归模型等非监督学习方法具有能充分拟合数据、速度较快、生成样本更锐利等优点。生成对抗网络不仅在图像领域取得了不错的成绩,还在自然语言处理以及其他领域崭露头角。孪生网络结构是一种特殊的神经网络架构,由两个或更多子网络构成,其特点是同时接收两个图片作为输入并且两个神经网络权值共享。孪生网络结构的主要思想是找到一个可以将输入的图片映射到目标空间的函数,使得目标空间中的简单距离近似于输入空间的"语义"距离。该网络主要用于度量学习,用来计算图像、声音、文本等信息的相似性,尤其是在人脸验证领域上的应用。

群体学习与个体学习是自然界中两种最基本的自适应方式。个体学习在一个较快的时间轴上,在一代内完成;群体学习在一个较慢的时间轴上,在多代内完成。作为一组以种群进化为特征的超启发式算法,自然计算在解决各种研究领域中的许多复杂优化问题方面表现出了有效性,包括各种非线性、非凸和组合优化问题。自然计算与基于梯度的方法相比,具有较强的探索能力和对局部最优解的不敏感性。

自然计算(群体演化)与神经网络(个体学习)的结合已经有 30 多年的历史了。深度神

经网络(DNN)的自动构建也是当今的研究热点,因为DNN的性能严重受其结构和参数的影响,这些结构和参数高度依赖于任务,但众所周知,很难找到结构和参数方面最合适的DNN来最好地解决给定任务[27]。自然计算是一系列基于搜索的优化技术,通过自然启发的算子搜索最优解,从而进化出大量候选解,在解决具有挑战性的优化问题方面表现出了强大的能力。自然计算由于在探索复杂搜索空间方面的强大能力,在集成问题解决知识方面的高度灵活性,以及易于并行化的性质,目前已用于学习模型参数、设计模型架构,以及优化学习模型。

尽管自然计算在训练DNN方面具有优势,但在优化大规模DNN的权重方面表现出较差的可扩展性,因为大规模优化在自然计算中始终是一个具有挑战性的课题。大多数方法旨在通过减少搜索空间(即待优化的权重数量)来解决维数灾难,这可能会错过最佳搜索区域,并增加陷入局部最优的概率。

参 考 文 献

[1] 贾可荣,张彦铎.人工智能[M].北京:清华大学出版社,2018.

[2] TURING A M. Computing machinery and intelligence[J]. Mind,1950,59(236):433-460.

[3] 周志华.机器学习[M].北京:清华大学出版社,2016.

[4] 赵卫东,董亮.机器学习[M].北京:人民邮电出版社,2018.

[5] 邱锡鹏.神经网络与深度学习[M].北京:机械工业出版社,2020.

[6] 徐洪学,孙万有,杜英魁,等.机器学习经典算法及其应用研究综述[J].电脑知识与技术,2020,16(33):17-19.

[7] RUMELHART D E,HINTON G E,WILLIAMS R J. Learning representations by back propagating errors[J]. Nature,1986,323(6088):533-536.

[8] HE K,ZIIANG X,REN S,et al. Deep residual learning for image recognition[C]//IEEE Conference on Computer Vision and Pattern Recognition (CVPR),2016:770-778.

[9] 曾春艳,严康,王志锋,等.深度学习模型可解释性研究综述[J].计算机工程与应用,2021,57(8):1-9.

[10] KRIZHEVSKY A,SUTSKEVER I,HINTON G. Image net classification with deep convolutional neural networks[J]. Communications of the ACM,2017,60(6):84-90.

[11] TAIGMAN Y,MING Y,RANZATO M,et al. DeepFace:Closing the gap to human-level performance in face verification[C]. IEEE Conference on Computer Vision & Pattern Recognition (CVPR),2004:1701-1708.

[12] SILVER D,HUANG A,MADDISON C J,et al. Mastering the game of Go with deep neural networks and tree search[J]. Nature,2016,529(7587):484-489.

[13] SHADBOLT N. Nature-inspired computing[J]. IEEE Intelligent Systems,2004,19(1):1-3.

[14] KARI L,ROZENBERG G. The many facets of natural computing[J]. Communications of the ACM,2008,51(10):72-83.

[15] 康琦,安静,汪镭,等.自然计算的研究综述[J].电子学报,2012,40(3):548-558.

[16] RABINOVICH Z. Natural thinking mechanisms and computer intelligence[J]. Cybernetics & Systems Analysis,2003,39(5):695-700.

［17］ MASULLI F，MITRA S. Natural computing methods in bioinformatics：a survey［J］. Information Fusion，2009,10(3)：211-216.

［18］ ALBA E，TALBI E，ALBERT Y，et al. Nature-inspired distributed computing［J］. Computer Communications，2007,30（4）：653-655.

［19］ BRUCE J M. Natural computation and non-turing models of computation［J］. Theoretical Computer Science，2004,317(1-3)：115-145.

［20］ 张国民. 遗传算法的综述［J］.科技视界，2013,9：1-4.

［21］ 金玲，刘晓丽，李鹏飞，等. 遗传算法综述［J］.科学中国人，2015,27：230.

［22］ 肖艳，焦建强，乔东平，等.蚁群算法的基本原理及应用综述［J］.轻工科技，2018,34(3)：69-72.

［23］ POLI R，KENNEDY J，BLACKWELL T. Particle swarm optimization［J］. Swarm intelligence，2007,1：33-57.

［24］ 赵乃刚，邓景顺.粒子群优化算法综述［J］.科技创新导报，2015,12(26)：216-217.

［25］ KARABOGA D. An idea based on honey bee swarm for numerical optimization，TR06［R］. Kayseri，Turkey：Erciyes University，2005.

［26］ 张超群，郑建国，王翔.蜂群算法研究综述［J］.计算机应用研究，2011,28(9)：3201-3206.

［27］ ZHOU X，QIN A K，GONG M，et al. A survey on evolutionary construction of deep neural networks［J］. IEEE Transactions on Evolutionary Computation，2021,25(5)：894-912.

第 2 章　神经网络基础

随着智能化时代的开启,神经网络展现出不容忽视的研究价值和应用潜力,本章将以神经网络的概念为切入点,介绍神经网络的发展、优点和应用,在此基础上,对神经网络的基本模型和常见学习规则进行详细叙述,并分析梯度下降的优化算法。

2.1　神经网络简介

2.1.1　神经网络的概念

神经网络可以分为生物神经网络(Biological Neural Network,BNN)和人工神经网络(Artificial Neural Network,ANN)。在学术界中所提到的神经网络一般指人工神经网络,简称为神经网络[1]。它是由大量的、简单的处理单元(神经元)彼此按某种方式互连而成的复杂网络系统,同时也是一种在模拟大脑神经元和神经网络结构和功能的基础上建立的现代信息处理系统,它通过对人脑的抽象、简化和模拟反映人脑功能的基本特性,是一个高度复杂的非线性动力学系统。神经网络是以人脑的生理结构为基础,研究人的智能行为,模拟人脑信息处理能力。神经网络的发展与数理科学、神经科学、计算机科学、人工智能、信息科学、分子生物学、控制论、心理学等相关,因此,神经网络是一门特别活跃的边缘交叉科学。

神经网络是机器学习的一个重要算法,也是奠定深度学习发展的基础算法,它的思想影响了深度学习,使得深度学习成为人工智能中极为重要的技术之一。

2.1.2　神经网络的发展

神经网络的发展大致可以分为神经网络的兴起、神经网络的萧条与反思、神经网络的复兴与再发展、神经网络流行度降低和深度学习的崛起共 5 个阶段。

1. 神经网络的兴起阶段

1943—1969 年是神经网络的兴起阶段,也是神经网络发展的第一个高潮期。在此期间,科学家提出了许多神经元模型和学习规则。1943 年,心理学家 W.McCulloch 和数理逻辑学家 W.Pitts 对人脑在信息处理方面的特点进行了研究,提出神经元计算模型,称为 M-P 模型,至此掀起了神经网络研究的序幕[2]。1949 年,D.O.Hebb 提出可以模拟神经元突触处连接变化的 Hebb 学习法则,它认为神经元之间的突触是由不同权值联系的,且权值是随着突触前和后神经元的活动而变化的,这种权值可变性是学习和记忆的基础,Hebb 学习法则的提出为构造有学习能力的神经网络模型奠定了坚实的理论基础。1958 年,美国心理学家

Frank Rosenblatt 提出一种可以模拟人类感知能力的神经网络模型,称为感知器(Perceptron),并提出一种接近人类学习过程(迭代、试错)的学习算法,这种模型包含一些现代神经计算机的基本原理,可以说是神经网络理论和技术上的重大突破。在这一时期,神经网络以其独特的结构和处理信息的方法,在许多实际应用领域中取得了显著的成效。

2. 神经网络的萧条与反思阶段

1969—1983 年是神经网络的萧条与反思阶段,也是神经网络发展的第一个低谷期。在此期间,神经网络的研究处于常年停滞及低潮状态。1969 年,Marvin Minsky 和 Seymour Papert 出版 *Perceptron* 一书,他们认为感知器的基本模型有一定的局限性和缺陷,利用简单的 XOR 逻辑运算宣判了神经元网络的"死刑",使其后的数十年几乎一蹶不振。但在这一时期,依然有不少研究学者提出许多有用的模型或算法。1981 年,芬兰学者 T.Kohonen 教授提出自组织特征映射网(Self-Organizing Feature Map,SOM),并称该神经网络结构为"联想存储器",直至今天该网络结构仍然被沿用。1969 年,美国波士顿大学的 S.Grossberg 教授和他的夫人 G.A.Carpenter 共同提出著名的自适应共振理论(Adaptive Resonance Theory,ART)模型,其学习过程具有自组织和自稳定的特征。1980 年,福岛邦彦(Kunihiko Fukushima)教授提出一种带卷积和子采样操作的多层神经网络新知机(Neocognitron),采用无监督学习的方式训练网络。以上研究为后续神经网络的研究和发展奠定了基础。

3. 神经网络的复兴与再发展阶段

1983—1995 年是神经网络的复兴与再发展阶段,也是神经网络发展的第二个高潮期。在此期间,反向传播算法重新激发了人们对神经网络的兴趣。1983 年,美国物理学家 J.J.Hopfield 提出 Hopfied 网络,在商旅问题上取得了当时最好的结果。1984 年,Geoffrey Hinton 提出一种随机化版本的 Hopfield 网络,即玻尔兹曼机(Boltzmann Machine)。1988 年,英国教授 D.Broomhead 和 D.Lower 首先将径向基函数应用于神经网络设计中,提出径向基函数(Radial Basis Function,RBF)神经网络。1986 年,D.E.Rumelhart 和 J.L.McCelland 撰写了 *Parallel Distributed Processing* 一书。该书详细地分析了具有非线性连续激活函数的多层前馈网络的误差反向传播(Error Back Propagation,BP)算法,该算法解决了长期以来缺少有效的权值调整算法的难题,是当今影响最大的一种网络学习方法。另外,书中提出的分布式处理思想推动神经网络的研究进入新的高潮。

4. 神经网络流行度降低阶段

1995—2006 年是神经网络流行度降低阶段,也是神经网络发展的第二个低谷期。在此期间,支持向量机和其他更简单的方法在机器学习领域的流行度逐渐超越神经网络。虽然神经网络可以很容易地增加层数、神经元数量、构建复杂的网络,但其计算复杂性也会随之增长[3]。当时的计算机性能和数据规模不足以支持训练大规模神经网络,在 20 世纪 90 年代中期,统计学习理论和以支持向量机为代表的机器学习模型开始兴起,相比之下,神经网络的理论基础不清晰、优化困难和可解释性差等缺点更加凸显,因此,神经网络的研究又一次陷入低潮。

5. 深度学习的崛起阶段

从 2006 年开始至今,这一时期研究学者逐渐掌握了训练深层神经网络的方法,使得神

经网络重新崛起。2006年,Hinton在其论文中首次使用了"深度学习",作为机器学习算法研究中的一个新技术,深度学习的本质在于建立一种可以模拟人脑进行分析和学习的神经网络。深度学习的特殊之处就是采用"预训练+微调"的方式,可以有效解决深度神经网络难以训练的问题,随后深度神经网络在语音识别和图像分类等任务上取得巨大成功,以神经网络为基础的深度学习迅速崛起。近年来,随着大规模并行计算以及GPU设备的普及,计算机的计算能力得以大幅提高,在强大的计算能力和海量的数据规模支持下,计算机已经可以端到端地训练一个大规模神经网络,不需要借助预训练方式,神经网络迎来第三次高潮。

神经网络是机器学习的一个重要算法,也是奠定深度学习发展的基础算法,它的思想影响了深度学习,使得深度学习成为人工智能中极为重要的技术之一。

2.1.3 神经网络的应用

神经网络所具有的高容错性、鲁棒性及自组织性,是传统信息处理技术无法比拟的。因此,神经网络技术在语音识别、指纹识别、人脸识别、遥感图像识别和工业故障检测等方面都得到了广泛的应用。神经网络在半个多世纪的研究和发展过程中,已经与众多学科和技术紧密结合,并且在众多领域都得到了广泛的应用和推广。下面简单阐述模式识别、信号处理、拟合逼近、优化选择、工程技术、博弈游戏等方面的应用。

1. 模式识别的兴起阶段

模式识别技术是通过构造一个分类模型,或者建立一个分类函数将待处理数据集映射到给定的类别空间中,以便进行描述、辨识、分类和解释的技术。

最早的模式识别研究采用的是模板匹配法,就是用待识别模式与标准模板相比较,判定属于一类模式,其关键和难点是特征提取。特征提取的好坏直接影响识别率的高低。神经网络在处理模式识别问题方面有许多先天优势,因为神经网络是在模拟人脑生物神经系统,它的并行性、自适应性和学习性能使它在解决识别问题上不再拘泥于选择特征参数,而是对综合的输入模式进行训练和识别。因此,在车牌识别、语音识别等众多模式识别领域得到广泛的应用[4]。

2. 信号处理

信号处理是对信号进行干扰、变换、分析和综合等处理过程的统称,其目的是抽取出反映事件变化本质或处理者感兴趣的有用信息。神经网络的自学习和自适应能力使其成为对各类信号进行多用途加工处理的一种天然工具,可有效解决信号处理中的自适应(如自适应滤波、时间序列预测、信号估计和噪声消除等)和非线性(如非线性滤波、非线性预测、非线性编码和调制/解调等)问题。

3. 拟合逼近

拟合逼近作为工程计算中一种常用的数学方法,在物理、化学、建筑、天体物理、航天和军事领域中都有重要的应用。神经网络可以进行拟合是因为它可以通过增加隐含层神经元的数量,使其越来越逼近原函数。拟合逼近的原理可以理解为将函数表示为一组基函数的线性叠加。其实任意函数都可以看作一组基函数的叠加,然后在一个隐含层选择合适的基函数叠加即可。因此,神经网络对线性和非线性问题都具有一定的拟合和逼近能力。

4. 优化选择

优化就是采取一定措施使将要分析的事物或对象变得更加优异,而选择就是"取其精华,去其糟粕",使对象在一定条件下更加优秀和突出。优化问题设计找到一组非常复杂的非多项式完整问题的解决方案。经典的问题有商旅问题、车辆调度及信道效率问题等。神经网络对于优化选择的研究目的是针对所研究的系统求得一个合理运用人力、物力和财力的方案,达到系统的最优目标。神经网络具有并行分布式的计算结构,因此在求解诸如组合优化、非线性优化等一系列问题上表现出高速的集体计算能力。目前,其在高速通信开关控制、航班分配、货物调度、路径选择、组合编码、排序、系统规划等问题的计算方面得到了成功应用。

5. 工程技术

20 世纪 80 年代以来,神经网络理论被应用于众多的工程领域,在汽车工程领域,神经网络在自动驾驶系统、汽车刹车控制系统、载重车柴油机燃烧系统方案优化等方面发挥了重要的作用。在军事工程领域,神经网络在声呐信号跟踪与分析、目标的识别、武器的操纵控制等方面有了大量的应用。在化学工程及其相关领域,神经网络同样也得到了广泛的应用,取得了诸多成功,如利用神经网络进行光谱分析,利用神经网络判定化学反应的生成物等。此外,在水利工程领域,利用神经网络也可以解决实际问题,如水力发电过程中的辨别和控制、河川径流的预测、水资源的规划、岩土类型的识别等方面。

6. 博弈游戏

20 世纪 90 年代以来,博弈论逐渐与人工智能研究融合,并得到哈佛大学、剑桥大学、斯坦福大学等世界著名研究机构支持,神经网络也正是在这个时期进入博弈领域的,特别是Google 公司基于深度学习技术开发的 AlphaGo 打败了各路围棋高手后,神经网络似乎成为指挥这场人工智能大战的将军。研究学者曾使用深度学习技术教计算机打游戏,他们没有以任何特定的方式对这台计算机进行教学或编程。相反,它在看分数的同时还控制了键盘,两个小时后,计算机成为这个游戏的专家。目前,受过神经网络学习训练的计算机几乎可以在所有你能想到的游戏中击败人类。

2.2　神经网络的基本模型

神经网络的基本模型主要指早期具有代表性的经典模型,本节将介绍 M-P 模型、感知器模型和 BP 神经网络模型。

2.2.1　M-P 模型

M-P 模型是按照生物神经元的结构和工作原理构造出的一个抽象简化的模型。简单来说,它是对一个生物神经元的建模。1943 年,心理学家 W.McCulloch 和数理逻辑学家 W.Pitts 合作提出这个模型,所以取了他们两个人的名字(McCulloch-Pitts)的合称[5]。

M-P 模型把神经元看作一个二值开关元件,按不同的方式组合可以完成各种逻辑运算,这种逻辑神经元模型被称为 M-P 模型。M-P 模型属于一种阈值元件模型,这种模型与神经元没有太大的差异,也可以说 M-P 模型是大多数神经网络模型的基础。

图 2.1 是 M-P 模型结构示意图,它是一个多输入、单输出的非线性元件,其输入/输出关系为

$$I_j = \sum_{i=1}^{n} w_{ij} x_i - \theta_j \tag{2-1}$$

$$y_j = f(I_j) \tag{2-2}$$

式中,x_i 是从其他神经元传过来的输入信号,w_{ij} 表示从神经元 i 到神经元 j 的连接权值,θ_j 为阈值,$f(\ )$ 称为激励函数或转移函数,y_j 表示神经元 j 的输出信号。

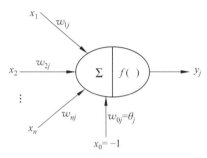

图 2.1　M-P 模型结构示意图

2.2.2　感知器模型

科学家 Frank Rosenblatt 于 20 世纪 60 年代提出感知器(Perceptron),它是神经网络家族中最容易理解和应用的模型。感知器在人工智能的第一次浪潮中比较流行,在当时的社会背景下,它解决了很多实际问题。它分为单层感知器和相对较复杂的多层感知器[6]。

单层感知器是最简单的一种神经网络结构,它包含输入层和输出层,且输入层和输出层是直接相连的,输入层只负责接收外部的消息,自身无信息处理能力,每个输入节点接收一个输入信号。输出层也称为处理层,具有信息处理能力,向外部输出处理信息。图 2.2 是一个具体的单层感知器结构示意图。

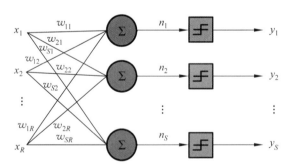

图 2.2　单层感知器结构示意图

图 2.2 中有 R 个输入元素,以及对应的一系列权值 w_{ij},网络中有 S 个感知器神经元,传输函数采用对称硬极限函数,第 i 个神经元的输出为

$$n_i = \sum_{j-1}^{R} w_{ij} x_j + b(i=1,2,\cdots,S;j=1,2,\cdots,R) \tag{2-3}$$

输出层第 i 个神经元的输出为

$$y_i = f(n_i) = f\left(\sum_{j=1}^{R} w_{ij} x_j + b\right) \tag{2-4}$$

式中,函数 $f(\ )$ 为处理层神经元的传输函数,即激活函数。感知器模型所用的传输函数如表 2.1 所示。

表 2.1　感知器模型所用的传输函数

名　　称	输入/输出关系	图　　标
硬极限函数	$a=0, n<0$ $a=1, n\geqslant 0$	
对称硬极限函数	$a=-1, n<0$ $a=1, n\geqslant 0$	
线性函数	$a=n$	
饱和线性函数	$a=-1, n<0$ $a=n, 0\leqslant n\leqslant 1$ $a=1, n>1$	
对称饱和线性函数	$a=-1, n<-1$ $a=n, -1\leqslant n\leqslant 1$ $a=1, n>1$	
对数-S 形函数 (Sigmoid 函数)	$a=\dfrac{1}{1+e^{-n}}$	
双曲正切 S 形函数	$a=\dfrac{e^{n}-e^{-n}}{e^{n}+e^{-n}}$	
正线性函数	$a=0, n<0$ $a=n, n\geqslant 0$	
竞争函数	$a=1,$ 具有最大 n 的神经元 $a=0,$ 所有的其他神经元	C

单层感知器只能解决线性可分问题,而大量的分类问题是线性不可分的,为了克服单层感知器这一局限性,提出一种新的方法,即在输入层与输出层之间增加隐含层,将单层感知器变成多层感知器,输入信号在层层递进的基础上通过网络向前传播,称为多层感知器[7],如图 2.3 所示。

图 2.3 所示的多层感知器具有隐含层和输出层,这两个网络是全连接的,即在任意层上的一个神经元可以与它之前的层上的所有节点/神经元连接起来,信号从左到右一层一层逐步流过整个网络,方向是向前的,输出神经元构成网络的输出层,余下的神

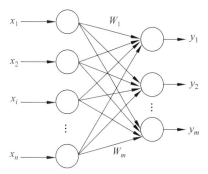

图 2.3　多层感知器模型结构示意图

经元构成网络的隐含层,隐含层单元是"隐含"于神经网络输入层与输出层之间的感知器层。

多层感知器有以下 3 个基本特点。

(1)多层感知器网络中的每个神经元都包含一个可微的非线性传输函数,非线性传输函数是处处可微的。

(2)在网络的输入层和输出层之间有一个或多个隐含神经元。这些隐含神经元不断地从输入向量中提取有用的特征值,使网络可以完成更加复杂的任务。

(3)网络表现出高度的连续性,其强度是由网络的权值决定的,可以通过改变突触连接数量和权值改变网络的连续性。

2.2.3　BP 神经网络模型

1986 年,D.E.Rumelhart 和 J.L.McCelland 提出 BP 算法,能较好地解决多层网络的学习问题,BP 算法成了最著名的多层网络学习算法,由此算法训练的神经网络称为 BP 神经网络[8]。BP 神经网络主要应用于函数逼近、模式识别和数据压缩等领域,是一个重要的神经网络。BP 神经网络是一个使用 BP 算法训练出来的多层感知器,它的网络结构跟多层感知器的结构一样,这里不再叙述。

BP 神经网络要通过输入和输出样本集对网络进行训练,也就是对网络的权值和阈值进行学习和修正,以使网络实现给定的输入/输出。学习过程首先是输入已知学习样本,通过设置的网络结构和前一次迭代的权值和阈值,从网络的第一层向后计算各神经元的输出,然后对权值和阈值进行修改,从最后一层向前计算各权值和阈值对总误差的影响(梯度),据此对各权值和阈值进行修改,以上过程反复交替,直至达到收敛为止。

BP 神经网络可以分为正向传输和反向反馈两部分。正向传输负责逐层计算输出值,反向反馈则是根据输出值反向逐层调整网络的权值和阈值。

1. 正向传输

在训练网络之前,需要随机初始化权值和阈值,初始化权值为[-1,1]区间的实数,初始化阈值为[0,1]区间的实数。正向传输是从输入层经过隐含层最后到达输出层的一个不断计算的过程。

第一个隐含层的输出为

$$y_i^1 = f(z_i^1) = f\left(\sum_{j=1}^{R} w_{ij}^1 x_j + b^1\right) \tag{2-5}$$

式中,y_i^1 代表第一个隐含层中第 i 个神经元的输出,z_i^1 代表第一个隐含层中第 i 个神经元的线性运算结果,$f()$ 代表激活函数,w_{ij}^1 代表第一个隐含层中第 j 个输入神经元对于第 i 个神经元的权值,b^1 代表第一个隐含层的阈值。

同理,可以计算出每一层每一个神经元节点的输出值为

$$y_i^l = f(z_i^l) = f\left(\sum_{j=0}^{n_{l-1}} w_{ij}^l y_j^{l-1} + b^l\right) \tag{2-6}$$

式中,l 表示第 l 层,n_{l-1} 表示第 $l-1$ 层的神经元的数量。

通过正向传输,可以计算出每一个神经元节点的输出值,最后一层神经元的输出值即为

当前正向传输模型的实际输出。

2. 反向反馈

反向反馈则是从神经网络的输出层向前推导调整权值的过程,利用 BP 算法也是一种梯度下降法进行反向反馈,其权值的修正是沿着误差性能函数梯度的反方向进行的。在正向传输的过程中,假设获得模型的实际输出值为 y^m,假定训练数据的期望输出值为 y,则实际输出值和期望输出值之间存在误差 δ,定义神经网络的均方误差为

$$\delta = \frac{1}{2}(y - y^m)^2 \tag{2-7}$$

误差可以根据实际情况定义,神经网络学习的最终目的是可以量化均方误差,也就是使得神经网络均方误差最小。

反向反馈就是一个对权值进行不断修正的过程,根据梯度下降法,修正权值就是 δ 对权值 w 的偏导数,有

$$\Delta w_{ij}^l = -\eta \frac{\partial \delta}{\partial w_{ij}^l} \tag{2-8}$$

同理,要修正阈值,就是求 δ 对阈值 b 的偏导数,于是有

$$\Delta b^l = -\eta \frac{\partial \delta}{\partial b^l} \tag{2-9}$$

式中,η 为学习率。

所谓梯度下降法,就是使函数沿着某点的梯度方向前进,是使函数值变化最快的方向。梯度就是函数对每一个变量的偏导数所构成的向量。

对权值 Δw_{ij}^l 和阈值 Δb^l 进行调整,有

$$w_{ij}^l = w_{ij}^l + \Delta w_{ij}^l \tag{2-10}$$

$$b^l = b^l + \Delta b^l \tag{2-11}$$

对于每一个权值 w 和阈值 b,根据式(2-10)和式(2-11),即可完成对权值和阈值的更新,神经元之间的权值与阈值更新完毕之后,则 BP 算法结束。BP 算法的过程实际是完成样本对模型的调参,不断地重复正向传输和反向反馈过程,误差会越来越小,权值也会越来越稳定,模型的准确率也会越来越高。

2.3　神经网络常见学习规则

神经元按照一定的拓扑结构连接成神经网络后,需根据一定的学习规则或算法修正来更新神经元之间的连接权值和阈值。权值改变的规则即为学习规则或学习算法(训练规则或训练算法)。在神经网络中,学习规则有很多,若对规则进行分类,一种较为广泛的分类方式是按照有无教师信号分为有监督学习和无监督学习。常用的学习规则包括误差修正学习规则、赫布学习规则、最小均方学习规则、竞争学习规则和随机学习规则。

2.3.1　误差修正学习规则

误差修正学习规则也叫 δ 规则,它常与有监督学习一起使用,是将系统输出与期望输出

值进行比较,并且利用误差调整权值,使误差越来越小,模型的准确率越来越高。采用误差修正学习规则的最流行学习算法是 BP 算法[9]。

输入向量为 $\boldsymbol{X}=(x_1,x_2,\cdots,x_n)$,产生的输出为 y,其中 $\hat{y}$ 为预期的正确输出,它们两者之间的误差为

$$E=\frac{1}{2}(y-\hat{y})^2 \tag{2-12}$$

学习训练的过程是减少误差 E,直至趋近于 0 为最佳。神经元的误差通过迭代得到最小值,每次根据当前情况进行修正,逐渐找到最小目标函数。梯度下降法对于找最小值有很大的帮助,对于单个神经元,误差最小优化问题的目标函数是一个凸函数。

2.3.2 赫布学习规则

赫布学习规则是一种前馈、无监督的规则,在所有学习规则中历史最悠久,也最知名。从神经元和神经网络的角度看,赫布学习规则的原理是一种确定如何改变模型神经元之间权值的方法[10]。如果两个神经元同时被激活,则这两个神经元之间的权值就会增加;如果它们分别被激活,则它们之间的权值会降低。倾向于同时为正或为负的节点具有较强的正权值,而倾向于相反的那些节点具有较强的负权值,这点与"条件反射"有一定的相似性。

赫布规则的简单描述为

令 w_{ij} 表示神经元 j 到神经元 i 的连接权值,对于要调节的 Δw_{ij},有

$$\Delta w_{ij}=w_{ij}(n+1)-w_{ij}(n)=\eta y_i x_j \tag{2-13}$$

$w_{ij}(n+1)$ 表示已经进行 $n+1$ 次调整权值之后从神经元 j 到神经元 i 的连接权值,η 是学习率,x_j 为节点 j 的输出并作为神经元 i 的输入,y_i 为节点 i 的输出。如果两个神经元的输出同方向(同为正或者负)则权值将增强,否则权值将减弱。

2.3.3 最小均方学习规则

1960 年,Bernard Widrow 与 M.E.Hoff 在斯坦福大学提出最小均方规则(Least Mean Square,LMS),也被称为 Widrow-Hoff 学习规则,其基本原理是将一组包含 n 个神经元的输入做一个线性加权求和,对得到的求和结果与期望输出进行对比,计算误差值,并根据误差值的大小对权值进行调整[11]。

如输入为 $\{x_1,x_2,\cdots,x_n\}$,权值为 $\{w_1,w_2,\cdots,w_n\}$,则加权求和的 y 为

$$y=\sum_{i=1}^{n}x_i w_i \tag{2-14}$$

实际输出结果 y 与期望输出 $\hat{y}$ 的差值为 e,有

$$e=\frac{1}{2}(\hat{y}-y)^2 \tag{2-15}$$

因此,权值的调整值为

$$\Delta w_i=\eta e x_i \tag{2-16}$$

最小均方规则是一种非常简单易懂的学习规则,可以看成误差修正学习规则的一种特

殊情况,它的学习方式与神经元的激活函数没有任何关系,也就是说,不需要激活函数的导数,这样不仅学习速度较快,而且精度也高。权值可以初始化为任意值。

2.3.4　竞争学习规则

竞争学习是神经网络中无监督学习的一种,在竞争网络中,神经网络的输出神经元存在竞争关系,结果在某一时刻仅会有一个输出的神经元被激活,这个被激活的神经元被称作竞争胜利的神经元,其状态会被激活,其他失败的神经元状态会被抑制[12]。

竞争学习规则除一些随机分布的突触权值外,一组神经元都是相同的,因此对给定的一组输入模式做出不同的响应;对每个神经元的权值施加限制;允许神经元竞争对给定输入子集的响应,使得每次只有一个输出神经元(或每组仅有一个神经元)被激活。

竞争学习分为 3 个步骤,具体如下。

(1) 向量的归一化。由于不同模式之间单位不一定相同,因此在进行数据处理前,会将输入向量按照统一格式进行处理。对含有 N 个输入的向量 $\boldsymbol{X}=(x_1,x_2,\cdots,x_n)^{\mathrm{T}}\in R^N$,进行归一化处理,有

$$\hat{X}=\frac{\boldsymbol{X}}{\|\boldsymbol{X}\|}=\left(\frac{x_1}{\sqrt{\sum_{i=1}^{n}x_i^2}},\frac{x_2}{\sqrt{\sum_{i=1}^{n}x_i^2}},\cdots,\frac{x_n}{\sqrt{\sum_{i=1}^{n}x_i^2}}\right) \tag{2-17}$$

(2) 寻找获胜的神经元。通过神经网络输入向量 $\boldsymbol{X}$ 时,让竞争层的所有神经元对应的内星权值向量与输入向量 $\boldsymbol{X}$ 进行相似性比较,将与 $\boldsymbol{X}$ 最相似的内星权值向量判为竞争获胜神经元,其权向量记为 w_j,相似性的计算可以采用欧几里得距离或余弦法等。

(3) 权值调整。获胜的神经元输出为 1,其余的神经元输出为 0。只有获胜的神经元才有资格调整其权向量。调整权向量的为

$$\Delta w_{kj}=\begin{cases}\eta(x_j-w_{kj}) & \text{神经元 } k \text{ 赢得竞争}\\ 0 & \text{神经元 } k \text{ 竞争失败}\end{cases} \tag{2-18}$$

式中,w_{kj} 表示连接输入节点神经元 j 和神经元 k 的突触权值,η 表示学习率,不断迭代调整,最终使得网络收敛。

2.3.5　随机学习规则

随机学习规则也称为玻尔兹曼学习规则,它由统计力学思想发展而来。基于随机学习规则的神经网络常被称作玻尔兹曼机。玻尔兹曼机的神经元与其他神经网络的神经元有一定差异,它仅有激活和抑制两个状态,即 1 和 0。层与层之间的权值可以用一个 $|V|\times|H|$ 大小的矩阵表示。在网络参数更新时,算法难点主要在于对权值和阈值的求导,由于 V 和 H 中的值为二值划分的值,不存在连续且可导的函数进行计算,因此在实际计算过程中,常借助 Gibbs 采样方法,而玻尔兹曼机的提出者 Hinton 则采取对比分歧的方法更新模型参数。

无论采用哪一种学习规则,其核心价值是一样的,通过调整各类参数,使得期望输出与实际输出尽可能相似。

2.4 基于梯度下降的优化算法

基于梯度下降的优化算法的作用是通过不断改进网络模型中的参数,使得模型的损失最小或准确度更高。在神经网络中,训练网络模型的参数主要是内部参数,包括权值和阈值,网络模型的内部参数在有效训练模型和产生准确结果方面起着非常重要的作用,因此需要使用各种优化策略和算法更新和计算影响模型训练和模型输出的网络参数来近似或达到最优值。

2.4.1 梯度下降法

梯度下降法(Gradient Descent)是机器学习中最常用的优化方法,常常用于求解目标函数的极值[13]。梯度是一个向量,表示函数在该点处的方向导数沿着该方向取得最大值,即函数在该点处沿着该方向变化最快、变化率最大,这个方向即此梯度的方向,变化率即该梯度的模。梯度下降法是一种基于不断迭代的运算方法,每一步都在求解目标函数的梯度向量,在当前位置的负梯度方向作为新的搜索方向,从而不断迭代。之所以采用在当前位置上的梯度反方向,是由于在该方向上的目标函数下降最快,可以找到局部最小值,同理,要是将沿着梯度的正方向作为新的搜索方向,则找到的是局部最大值。使用梯度下降法进行参数调整的过程具体如下。

假设损失函数为 2.3.3 节最小均方学习规则中的式(2-15),则权值和阈值的梯度为损失函数对权值变量和阈值变量求偏导数,于是有

$$\Delta w_i = \frac{\partial e}{\partial w_i} \tag{2-19}$$

$$\Delta b_i = \frac{\partial e}{\partial b_i} \tag{2-20}$$

更新权值和阈值,有

$$w_i = w_i - \eta \Delta w_i \tag{2-21}$$

$$b_i = b_i - \eta \Delta b_i \tag{2-22}$$

式中,η 是学习率。

2.4.2 随机梯度下降法

在梯度下降法中,目标函数是整个训练集上的误差函数,这种方式称为批量梯度下降法(Batch Gradient Descent,BGD)。批量梯度下降法在每次迭代时需要计算每个样本上损失函数的梯度并求和。当训练集中的样本数量很大时,空间复杂度比较高,每次迭代的计算开销很大。

为了减少每次迭代的计算复杂度,可以在每次迭代时只采用一个样本,计算这个样本损失函数的梯度并更新参数,即随机梯度下降法(Stochastic Grandient Descent,SGD),当经过足够次数的迭代时,随机梯度下降也可以收敛到局部最小值[14]。

随机梯度下降法和批量梯度下降法之间的区别在于,每次迭代的优化目标是对单个样

本的损失函数还是对所有样本的平均损失函数，由于随机梯度下降法实现简单，收敛速度也非常快，因此使用非常广泛。

2.4.3 小批量梯度下降法

随机梯度下降法的一个缺点是无法充分利用计算机的并行计算能力，小批量梯度下降法（Mini-Batch Gradient Descent）是批处理梯度下降法和随机梯度下降法的折中，每次迭代时，随机选择一小部分训练样本计算梯度并更新参数（权值和阈值），这样既可以兼顾随机梯度下降法的优点，也可以提高训练效率[15]。

在实际应用中，小批量梯度下降法有收敛快、计算开销小的优点，因此逐渐成为大规模神经网络训练的主要优化算法。

2.5 本 章 小 结

本章首先对神经网络简介进行了叙述，内容包括神经网络的概念、发展以及应用，其次对神经网络的基本模型中的 M-P 模型、感知器模型和 BP 神经网络模型进行了详细的讲解，并介绍了神经网络常见的学习规则，最后对基于梯度下降的优化算法进行了叙述。

2.6 章 节 习 题

1. 从多角度概述神经网络在当今社会的主要应用。
2. BP 神经网络设计中输入/输出数据归一化的原因是什么？
3. 简要概述竞争学习规则的具体步骤。
4. 使用基于梯度下降的优化算法的主要作用是什么？

参 考 文 献

[1] 王晓梅. 神经网络导论[M]. 北京：科学出版社，2017.

[2] WANG S C. Artificial neural network [M]. Berlin：Springer Boston Press，2003.

[3] 韩敏. 人工神经网络基础[M]. 大连：大连理工大学出版社，2014.

[4] ALBAWI S，MOHAMMED T A，Al-Zawi S. Understanding of a convolutional neural network[C]// 2017 International Conference on Engineering and Technology（ICET），2017：1-6.

[5] 葛一鸣. 自己动手写神经网络[M]. 北京：人民邮电出版社，2017.

[6] 赵庶旭. 神经网络：理论、技术、方法及应用[M]. 北京：中国铁道出版社，2013.

[7] ANTHONY M，BARTLETT P L，BARTLETT P L. Neural network learning：theoretical foundations[M]. Cambridge：Cambridge University Press，1999.

[8] 陈雯柏. 人工神经网络原理与实践[M]. 西安：西安电子科技大学出版社，2016.

[9] EBERHART R C，DOBBINS R W. Neural network PC tools：a practical guide[M]. New York：Academic Press，2014.

［10］ 刘凡平. 网络与深度学习应用实战［M］. 北京：电子工业出版社，2018.

［11］ HAGAN M T，DEMUTH H B，BEALE M. Neural network design［M］. 北京：机械工业出版社，2002.

［12］ 文常保，茹锋. 人工神经网络理论及应用［M］. 西安：西安电子科技大学出版社，2019.

［13］ 田景文，高美娟. 人工神经网络算法研究及应用［M］. 北京：北京理工大学出版社，2006.

［14］ GALLANT S I，GALLANT S I. Neural network learning and expert systems［M］. Cambridge：MIT Press，1993.

［15］ 邱锡鹏. 神经网络与深度学习［M］. 北京：机械工业出版社，2020.

第3章 卷积神经网络

卷积神经网络(Convolutional Neural Networks，CNN)是经典的深度学习神经网络模型，本章将以 CNN 的发展历程为切入点，介绍 CNN 的基本结构，以及前馈运算与反馈运算，在此基础上详细叙述 CNN 中的各层网络及操作，并分析 CNN 的经典结构。

3.1 卷积神经网络简介

3.1.1 卷积神经网络的发展历程

CNN 是一类独特的人工神经网络，也是神经网络中最受关注的类别之一，专门用于处理具有网格结构的数据，特别是高维数据(如图像和视频)[1]。CNN 的结构与一般的神经网络非常相似，它与其他神经网络最关键的区别在于是否有网络层使用卷积运算。使用卷积运算的网络层被称为卷积层，卷积层中的每个卷积核都是一个滤波器，它与该层的输入进行卷积运算，这有助于提取图像或视频等输入信息的特征，并且由于卷积核权值共享，因此可以大大降低网络层中的参数的数量。CNN 是一种前馈神经网络，在多个应用领域发挥出了重要的作用。

1959 年，神经科学家 David H. Hubel 和 Torsten Nils Wiese 通过对猫的大脑研究，得出在大脑的初级视觉皮层上，神经元是以层级结构的形式组织起来的，这些神经元先提取视觉信息的局部特征，然后将局部特征组合起来，从而学习识别视觉信息模式，这是对大脑初级视皮层的开创性研究，"感受野"(Receptive Field)这一概念也是在此时首次被提出[2]。受此启发，日本学者福岛邦彦(Kunihiko Fukushima)提出一种最早的 CNN 形式，它由多层网络结构组成，包含了卷积层和池化层，可自动对模式识别任务进行分层特征提取[3]。在前人研究的基础上，1998 年，Yann LeCun 等提出 LeNet-5 网络模型，将 BP 算法首次应用到此神经网络模型的训练中，并将此模型成功应用于手写数字识别中，这就形成了当代 CNN 的雏形[4]。但此时的 CNN 效果并不太好，并且训练也非常困难，虽然在阅读支票、识别数字等任务上很有效果，但由于在一般的实际任务中表现不如支持向量机(Support Vector Machine，SVM)、Boosting 等算法好，因此，一直处于学术界边缘的地位。

直到 2012 年，在著名的 ILSVRC 竞赛中，Hinton 团队的论文提出 AlexNet 模型，引入了全新的深层网络结构和 dropout 方法，一次性将错误率从 25% 以上降低至 15%，力挫对手一举取得该次竞赛冠军，颠覆了图像识别领域的传统认知[5]。虽然现在看来 AlexNet 模型是一项非常简陋的模型，但是当时这让很多研究学者意识到原来福岛邦彦提出的 CNN 形式

和 Yann LeCun 等提出的 LeNet-5 网络模型,都有很大改进空间。受到 AlexNet 思想的启发,2013 年,LeCun 团队提出 Dropconnect 操作,成功将错误率降低至 11%。而新加坡国立大学的颜水成团队则提出 Network in Network(NIN),NIN 的思想是改变卷积神经网络原来的结构,加入一层 MLPConv(Multilayer Perceptron Convolution)。2014 年,NIN 模型也在 ILSVRC 竞赛中获得冠军[6]。在此基础上,2014 年又出现的 Inception 和 VGG 网络模型将层数加深到 20 层左右,图像识别的错误率也大幅降低到 6.7%,而人类的错误率为 5.1%,二者十分接近。

CNN 的基本结构与十几年前的差异并不大,但是在这数十年间,数据形式和硬件设备,尤其是图形处理器(GPU)的巨大发展,成为进一步推动 CNN 领域技术革新的主要动力,因此,深度神经网络不再是纸上谈兵和象牙塔里的研究,它真正成为能够切实应用到实际的生产和生活中的可行且好用的模型。

3.1.2 卷积神经网络的基本结构

CNN 是一种层次模型(hierarchical model),输入的是原始数据(raw data),如 RGB 图像、音频数据等。CNN 的基本网络层结构如图 3.1 所示,CNN 经过卷积(convolution)操作、池化(pooling)操作和非线性激活函数(non-linear activation function)映射等一系列操作的层层复合,将高层语义信息逐层由原始数据输入层中提取出来,这一过程是"前馈运算"(feed-forward)。在网络中每单独的一次操作被称为"层",卷积操作对应"卷积层",池化操作对应"池化层",等等。最后,目标任务(分类、回归等)化为目标函数(objective function)形式作为 CNN 的最后一个输出层[7]。

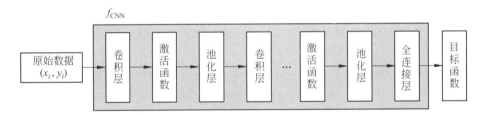

图 3.1　CNN 的基本网络层结构

通过计算预测值与真实值之间的误差(或者称为损失),使用 BP 算法将误差由最后一层逐层向前反馈,以此更新每一层的参数,进行多轮的误差反馈和参数更新操作,直至网络参数和误差收敛或达到预定训练轮数[8]。

本质上,CNN 就是不断进行函数复合的过程,将卷积操作等作为一个个函数依次作用在原始数据上,逐层复合,最后计算损失函数将其作为最后一个函数复合,一般情况下,每层数据都可以表示为 $H \times W \times D$ 的张量(tensor)。例如,在目标检测等图像识别领域的应用中,CNN 的数据输入通常为 RGB 图像,有 H 行、W 列和 R、G、B 3 个通道,将输入数据记为 x^1,x^1 经过一次操作可得 x^2,对应第一个操作层中的参数为 w^1;第二个操作层中的参数为 w^2,以 x^2 作为第二层的输入,可得 x^3,这样直到第 $L-1$ 层,此时网络输出为 x^L,在整个过程中,每层操作一般是单独一个卷积操作、池化操作、激活函数或其他操作,也可以是不同形式操作的组合。最后,整个网络以损失值的计算结束。若 y 是输入 x^1 对应的真实标记,则

可将损失函数表示为

$$z = f(x^L, y) \tag{3-1}$$

式中,函数 $f()$ 中的参数为 w^L。

对于层中的某些特定操作,其参数 w^L 可以为空,如池化操作、无参数的激活函数以及无参数的损失函数等。在实际应用中,对于不同的目标需求,损失函数的形式也不相同。以回归问题为例,常用的 ℓ_2 损失函数即可作为卷积网络的目标函数,此时有

$$z = f(x^L, y) = \frac{1}{2} \parallel x^L - y \parallel^2 \tag{3-2}$$

在分类问题中,网络的目标函数常采用交叉熵(cross entropy)损失函数,于是有

$$z = f(x^L, y) = -\sum_i y_i \log(p_i) \tag{3-3}$$

式(3-3)中,有

$$p_i = \frac{\exp(x_i^L)}{\sum\limits_{j=1}^{c} \exp(x_j^L)} (i = 1, 2, \cdots, C) \tag{3-4}$$

式中,C 为分类任务类别数。

无论是回归问题还是分类问题,在计算损失函数 z 之前,均需要通过合适的操作得到与 y 同维度的 x^L,方可正确计算样本预测的损失值。

3.1.3　前馈运算与反馈运算

与第 2 章介绍的 BP 神经网络模型类似,CNN 包括前馈运算与反馈运算[9]。实际上,无论是训练模型时计算误差还是模型训练完毕后获得样本预测,CNN 中的前馈运算都较直观。图 3.2 是前馈神经网络示意图,如以图像分类任务为例,假设网络已训练完毕,参数已收敛到某最优解,此时可用此网络进行图像类别预测,预测过程实际就是一次网络的前馈运算,即将测试集图像作为网络的数据输入,记为 x^1,再将输出传入隐含层,各隐含层输出记为 x^i,依此下去,直至输出 $x^L \in R^C$,利用交叉熵损失函数训练后,x^L 的每一维可表示样本分别属于 C 个类别的后验概率,如此可得 x^L 数值最大的那一维维数为输入图像对应的预测标记。

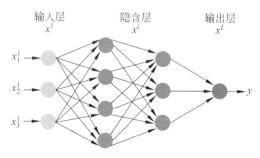

图 3.2　前馈神经网络示意图

神经网络具有的高容错性、鲁棒性及自组织性,是传统信息处理技术无法比拟的。因此,神经网络技术在语音识别、指纹识别、人脸识别、遥感图像识别和工业故障检测等方面都

得到了广泛的应用。在半个多世纪的研究和发展过程中,神经网络已经与众多学科和技术紧密结合,并且在众多领域都得到了广泛的应用和推广。下面简单阐述模式识别、信号处理、拟合逼近、优化选择、工程技术、博弈游戏等领域的应用。

和其他的许多机器学习模型一样,CNN(包括其他所有深度学习模型)也是将最小化损失函数值作为模型参数的训练目标,即最小化式(3-1)中的 z。从凸优化理论看,神经网络模型不仅是非凸(non-convex)函数,而且非常复杂,这使得优化求解变得十分困难,鉴于此原因,CNN 采用反馈运算中的随机梯度下降法进行模型参数更新迭代[10]。

在 CNN 求解时,特别是针对大规模应用问题,往往采用批处理的随机梯度下降法。批处理的随机梯度下降法在训练模型时随机选取 n 个样本作为一批样本,先通过前馈运算得到预测值并计算其对应的损失值,再使用梯度下降法进行参数更新,梯度从后往前逐层反馈,直至将网络的第一层参数更新完毕,这样的一次参数更新过程称为一次批处理过程。在处理不同批次时,按照不放回抽样原则遍历所有训练集样本,遍历一次训练样本称为一轮(epoch)。其中,处理样本的大小(batch size)不宜过小,过小时(如 batch size 为 1 或者 2 等),由于样本采样的随机性,按照该样本上的误差更新模型参数不一定在全局上最优(此时仅为局部最优更新),会使得训练过程产生振荡,也会导致训练批次大大增加,从而降低训练效率。而批处理大小的上限则主要取决于硬件资源的性能,最主要的就是 GPU 显存大小,如果批处理大小过大,很容易产生显存溢出的问题,通常批处理大小根据训练时显存占用率设为 2 的幂次方(如 32,64 或 256)。

如果某批处理前馈运算后得到的一批共 n 个样本上的误差和为 z,为便于理解,假设最后一层的损失函数取为 ℓ_2 损失函数,则可以得出

$$\frac{\partial z}{\partial w^L} = 0 \tag{3-5}$$

$$\frac{\partial z}{\partial x^L} = x^L - y \tag{3-6}$$

通过式(3-5)和式(3-6)可以看出,对每一层的操作都可以求出两种偏导数:一种是损失函数值对第 i 层网络的参数 w^i 的偏导数;另一种是损失函数值对该层输入 x^i 的偏导数,则第 i 层参数的更新公式为

$$w_i \leftarrow w_i - \eta \frac{\partial z}{\partial w_i} \tag{3-7}$$

式(3-7)中,η 是每次随机梯度下降的步长,可令其随训练轮数的增加而减小。而损失值对该层输入的偏导数则是梯度下降算法的关键,其实质就是最终的损失值最后一层 L 传递到第 i 层的误差信号。

不失一般性,当误差反向传播至第 i 层时,使用第 $i+1$ 层的误差信号即可求得第 i 层参数更新时所需的参数导数和传至 $i-1$ 层的误差,根据多元复合函数求导的链式法则,可以得到

$$\frac{\partial z}{\partial (\text{vec}(w^i)^{\mathrm{T}})} = \frac{\partial z}{\partial (\text{vec}(x^{i+1})^{\mathrm{T}})} \cdot \frac{\partial \text{vec}(x^{i+1})}{\partial (\text{vec}(w^i)^{\mathrm{T}})} \tag{3-8}$$

$$\frac{\partial z}{\partial (\text{vec}(x^i)^{\mathrm{T}})} = \frac{\partial z}{\partial (\text{vec}(x^{i+1})^{\mathrm{T}})} \cdot \frac{\partial \text{vec}(x^{i+1})}{\partial (\text{vec}(x^i)^{\mathrm{T}})} \tag{3-9}$$

式中，vec 标记的作用是将张量转化为向量，从而便于计算和表示。向量求导的知识可以从矩阵论相关书籍中获得。通过式(3-7)、式(3-8)和式(3-9)可以实现 i 层参数的更新，并且将误差信号反向传递到前层，不断进行每一层导数的计算，直到更新到第一层就完成了一批次数据的参数更新训练。

3.2　卷积神经网络中的各层网络及操作

本节将对 CNN 中各个不同的网络层及操作进行详细介绍，通过这些网络的层层堆叠使得 CNN 可以直接从原始数据中学习其特征表示并完成最终任务。

3.2.1　卷积层

卷积运算在不同领域的定义有很多不同之处，本节只对 CNN 中的卷积运算进行讲解，卷积操作中的一个重要概念就是卷积核，其相当于一个滤波器[11]。卷积层中的每个卷积核都是一个由单独数字组成的网格。图 3.3 所示是 2×2 的卷积核示例，每个卷积核的权重（网格中的数字）是在 CNN 的训练过程中学习到的。而一般情况下，初始的权值都是在训练最初进行随机初始化的，然后每进行一次批处理，就使用 3.1.3 节中提到的随机梯度下降法对权值进行调整，不断调整之后能得到最终的卷积核。

2	0
1	3

图 3.3　2×2 的卷积核示例

在卷积层中，卷积操作是在卷积核和该层的输入之间进行的，图 3.4 是二维输入和二维卷积核的卷积操作示例，即给定一个 3×3 矩阵大小的二维输入特征图和一个 2×2 矩阵大小的卷积核，每次用此 2×2 大小的卷积核与输入特征图中的灰色区域（大小也为 2×2）进行对应数字的相乘得到积后再将积相加，从而生成输出特征图中的一个值。卷积核沿着输入特征图的水平位置或垂直位置移动，直到不能再进一步移动为止，卷积核每次移动的距离被称为卷积操作的步长，视需要可以将步长设置为不同的值，这里选取的移动步长是 1。

从图 3.4 可以看出，输出特征图的尺寸比输入特征图小，如果输入特征图的大小为 $h \times w$，卷积核的大小为 $f \times f$，卷积操作的步长为 s，则输出特征图的长 h' 和宽 w' 为

$$h' = \left\lfloor \frac{h-f+s}{s} \right\rfloor, w' = \left\lfloor \frac{w-f+s}{s} \right\rfloor \tag{3-10}$$

式中，$\lfloor \ \rfloor$ 代表向下取整操作。

在实际应用中，如在图像去噪和图像分割等应用中，我们希望在卷积操作后能够保持特征图的大小不变（甚至更大），从而在网络设计中提供更大的灵活性，这可以通过在输入特征图周围使用零填充来实现。如果 p 表示沿每个维度的填充尺寸，那么可以将输出特征图的尺寸表示为

$$h' = \left\lfloor \frac{h-f+s+p}{s} \right\rfloor, w' = \left\lfloor \frac{w-f+s+p}{s} \right\rfloor \tag{3-11}$$

卷积操作是一种作用于输入特征图局部的操作，其有选择性地获取输入的各处局部特征，再将特征拼接到一起，因此卷积核也可以称为滤波器，为了体现卷积操作的效果，图 3.5

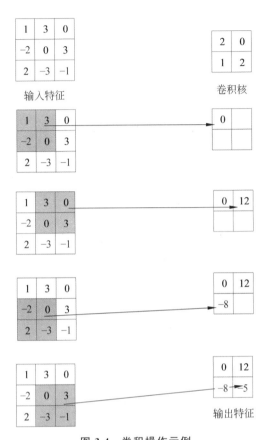

图 3.4　卷积操作示例

先给出大小都为 3×3 的 3 种卷积核,分别是整体边缘滤波器 K_e、横向边缘滤波器 K_h 和纵向边缘滤波器 K_v。图 3.6 是 3 种滤波器分别作用于原图后得到的输出效果对比图。

$$K_e = \begin{bmatrix} 0 & -4 & 0 \\ -4 & 16 & -4 \\ 0 & -4 & 0 \end{bmatrix} \quad K_h = \begin{bmatrix} 1 & 2 & 0 \\ 0 & 0 & 0 \\ -1 & -2 & -1 \end{bmatrix} \quad K_v = \begin{bmatrix} 1 & 0 & -1 \\ 2 & 0 & -2 \\ 1 & 0 & -1 \end{bmatrix}$$

图 3.5　大小为 3×3 的 3 种卷积核

从图 3.5 和图 3.6 可以看出,这 3 种滤波器可分别保留原图像整体、横向和纵向的边缘信息,这也是卷积操作的实际意义和功能。

为进一步体现卷积核的作用,图 3.7 是一个由两层卷积层组成的 CNN,其中第一层的输入是 RGB 图像,有 6 个尺寸为 7×7×3 的卷积核,第二层有一个尺寸为 5×5×6 的卷积核。由于输入图像有 3 个通道,因此,第一层卷积核的通道数都应为 3。对第一层的输入图像,每用一个卷积核进行一次卷积操作,都将产生一个单通道图像,因此第一层卷积层的输出是一个 6 通道的图像,从而第二层卷积核的通道数为 6,由于在第二层卷积层中只有一个卷积核,因此该层的输出将为一个单通道图像。在本实例中,第一卷积层和第二卷积层的卷积核是随机生成的,在第一层卷积层的输出,有两个卷积核起到了低通滤波器(即平滑滤波器)的作用,而另外 4 个卷积核起到了高通滤波器(即边缘滤波器)的作用,将第二层的输出图像与第

(a) 原图

(b) 整体边缘滤波器

(c) 横向边缘滤波器　　　　　　　　　　　(d) 纵向边缘滤波器

图 3.6　3 种滤波器作用结果对比图

一层的输出图像进行比较,可以看到第二层强化了猫的眼睛和鼻子四周轮廓明显的边缘,但是猫毛轮廓不够明显的边缘被减弱了,尽管猫毛在第一层网络输出时被加强。

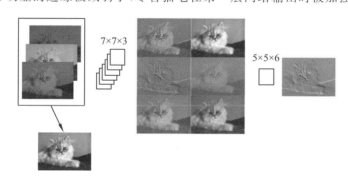

图 3.7　随机卷积核作用示例图

通过以上分析可以得出,由于卷积操作是权值共享的局部操作,每层卷积层的参数数量只取决于卷积核的大小,相比全连接网络,网络中的参数大大减少,因此,网络的复杂度大大降低,从而降低了训练网络所需的硬件资源和时间,如使用随机梯度下降法调整参数时,所需要计算的导数大大减少。另外,卷积操作的作用体现在卷积核的滤波器效果,从图 3.7 可以看出,即使是随机选取的卷积核,仍然能够起到低通滤波器或者高通滤波器的作用,因此,经过在训练过程中不断调整参数,卷积核能成为适应需求的滤波器,能尽量显现所需要的信息,排除不重要的信息。

3.2.2 池化层

在 CNN 中,通常会将池化层夹杂在卷积层中间,池化层对输入特征图的某区域进行操作,此操作由一个池化函数定义。常用的池化操作有平均池化和最大池化,平均池化操作取区域中数值的平均数作为此区域的对应输出,最大池化则选取此区域中最大的数作为输出。与卷积操作类似,池化操作也需要选择池化核的大小和操作步长,并且和卷积核有着相同的移动方法,图 3.8 是最大池化操作示例图,其中池化核的尺寸为 $2×2$,池化步长为 1。

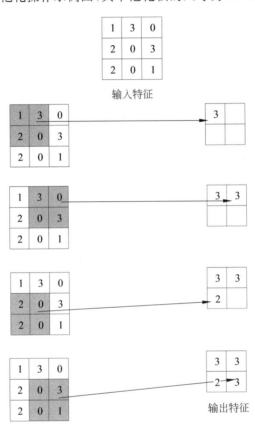

图 3.8 最大池化操作示例图

如果输入特征图的尺寸为 $h×w$,池化核的尺寸为 $f×f$,池化操作步长为 s,则池化层输出的特征图尺寸可表示为

$$h' = \left\lfloor \frac{h-f+s}{s} \right\rfloor, w' = \left\lfloor \frac{w-f+s}{s} \right\rfloor \tag{3-12}$$

假设将一幅 $190×190$ 的图像输入到一层包含 50 个尺寸为 $7×7$ 卷积核的卷积层中,则此卷积层将输出 50 张尺寸为 $184×184$ 的特征图,将它们组合起来就是一张有 50 个通道的图像。从另一个角度看,就可以发现输出图像实质是一个 $184×184×50=1692800$ 维的向量。显然,这个向量的维数特别高,而池化层的主要目的是降低特征图的维数,因此,池化操作也被称为降采样[12]。假设有一个 12 维的向量 $\boldsymbol{X}=[1,10,8,2,3,6,7,0,5,4,9,2]$ 作为特

征输入,使用步长 $s=2$ 的简单降采样,即每次选取区域中的第一个元素作为降采样输出,则经过此操作之后能得到特征输出向量$[1,8,3,7,5,9]$,显然,此向量的维数为 6,确实达到了降采样的效果,但是使用这种降采样方法降低 X 的维数时,会忽略区域中不同像素之间的数值关系,若有 $X_1=[1,10,8,2,3,6,7,0,5,4,9,2]$ 和 $X_2=[1,100,8,20,3,60,7,0,5,40,9,20]$,降采样步长为 2,则输入其中任意一个都是向量$[1,8,3,7,5,9]$作为输出。然而,$X_1$ 和 X_2 代表两种完全不同的输入,因此,使用此降采样方法可能丢失重要的信息。

为了尽量减少信息的丢失,池化操作会考虑每个区域中数值之间的相互关系,假设对 $X_1=[1,10,8,2,3,6,7,0,5,4,9,2]$ 和 $X_2=[1,100,8,20,3,60,7,0,5,40,9,20]$进行最大池化操作,输入 X_1 和 X_2 将分别产生输出向量$[10,8,6,7,5,9]$和$[100,20,60,7,40,20]$。可以看出,与简单降采样不同的是,最大池化操作不会忽略任何元素,相反,它在降低特征图维数的同时还能保证重要信息不丢失。池化操作的步长通常设置为 2,池化核的尺寸通常为 2×2 或者 3×3,因此操作作用的区域可能会相互重叠。在实际应用中,平均池化操作很少用于中间的网络层,因此通常 CNN 的池化层都使用最大池化层进行保持特征不变性的下采样操作。

3.2.3　激活函数层

在 CNN 的权重层(如卷积层和全连接层)之后通常会复合一个非线性激活函数(或分段线性函数),大多数激活函数是将大范围的输入值压缩到一个很小的范围内,通常是区间$[0,1]$或者$[-1,1]$。在权重层后复合一个非线性激活函数是非常重要的,因为非线性因素会使得 CNN 在训练过程中能够很好地拟合非线性映射,在没有非线性激活函数的情况下,多个权重层叠加形成的网络只能等价于一个从输入空间到输出空间的线性映射。一个非线性激活函数也可以被认为是一种开关或选择机制,它决定神经元是否减小或者舍弃得到的输入值。本节主要讲述两种重要的激活函数,即 Sigmoid 激活函数和 ReLU 激活函数[13]。

Sigmoid 激活函数能够模拟生物神经元的兴奋或抑制状态,因此其在神经网络发展历史中曾经有着举足轻重的地位,其表达式为

$$f(x)=\frac{1}{1+\exp(-x)} \tag{3-13}$$

图 3.9 是 Sigmoid 激活函数及梯度图,在经过 Sigmoid 激活函数的作用之后,输出的值域被压缩到$[0,1]$区间,而 0 对应生物神经元的"抑制状态",1 则对应"兴奋状态"。还可以看到,在 Sigmoid 激活函数两端,对于大于 5 或者小于 -5 的值,无论多大或者多小,都会压缩到 1 或者 0,这便带来一个非常严重的问题,即梯度"饱和效应",在大于 5 或者小于 -5 的区间内梯度接近 0,这会导致在误差反向传播过程中导数处于该区域的误差将很难甚至根本无法传递至前层,进而导致整个网络无法继续训练(导数为 0 将无法更新网络参数)。因此,在参数初始化的时候还须特别注意避免初始化参数直接将前层输出的值域带入这一区域,即当初始化参数过大时,将直接引发梯度饱和效应而无法训练。

为避免梯度饱和效应发生,引入了 ReLU 激活函数。ReLU 激活函数是目前 CNN 中最为常用的激活函数之一[14],它实际是一个分段函数,其定义为

$$f(x)=\begin{cases} x & x\geqslant0 \\ 0 & x<0 \end{cases} \tag{3-14}$$

图 3.10 是 ReLU 激活函数及梯度图,ReLU 激活函数的梯度在 $x \geqslant 0$ 时为 1,反之为 0。在 $x \geqslant 0$ 区间内完全消除了梯度饱和效应。同时,相比 Sigmoid 激活函数,ReLU 函数有助于加快随机梯度下降方法收敛,收敛速度约快 6 倍左右。正是由于 ReLU 激活函数的这些优越性质,目前其已成为 CNN 以及其他深度学习模型(如 RNN 等)激活函数的首选。

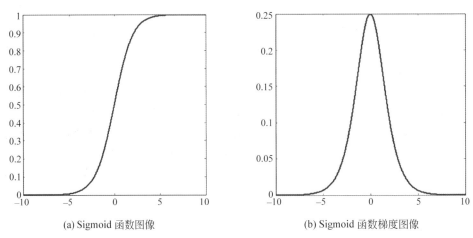

(a) Sigmoid 函数图像   (b) Sigmoid 函数梯度图像

图 3.9 Sigmoid 激活函数及梯度图

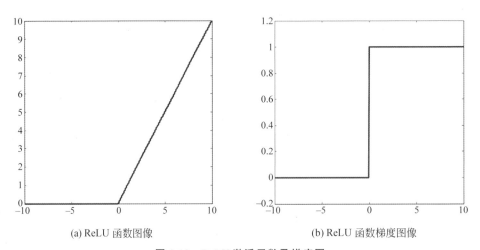

(a) ReLU 函数图像   (b) ReLU 函数梯度图像

图 3.10 ReLU 激活函数及梯度图

3.2.4 全连接层

在 CNN 结构中,多个卷积层和池化层之后,通常都会连接一个或者多个全连接层(Fully Connected Layer,FC),全连接层基本上可以看成一个卷积核大小为输入特征图尺寸,卷积核数量为输出维数的卷积层。全连接层中的每个输出单元都与输入的所有单元完全相连。在一般的 CNN 中,全连接层放置在网络的末端,但是有的研究学者也发现在 CNN 的中间层使用全连接层也能构造出效果很好的网络。全连接层可以表示为矩阵的乘法,如果在全连接层之后添加一个激活函数 f,则全连接层可以表示为

$$Y = f(WX + b) \tag{3-15}$$

式中，X 和 Y 分别为输入激活和输出激活的向量，W 为神经元之间连接的权值矩阵，b 为偏移向量。

全连接层与多层感知器中的权重层基本相同，其存在是为了将卷积层或者池化层中具有类别区分性的局部信息（特征信息）进行整合。因此，全连接层在整个 CNN 中起到"分类器"的作用[15]。

3.2.5　损失函数

CNN 中的最后一层使用一个损失函数（Loss Function），也被称为目标函数，用以评估网络对训练数据的预测质量，其中真实的标签是已知的。损失函数量化了模型的估计输出（预测）和正确输出（真实标签）之间的差距，网络训练的目的就是找到使损失函数最小化的网络参数。在 CNN 中使用的损失函数类型取决于对预测目的需求。常用的损失函数有 ℓ_2 损失函数和交叉熵损失函数，它们二者的详细叙述已经在 3.1.2 节中给出，这里不再赘述[16]。

3.3　卷积神经网络经典结构

CNN 的经典模型包括 LeNet 模型、AlexNet 模型、Network-In-Network 模型、VGG-Net 模型以及 GoogLeNet 模型。通过分析这些经典 CNN 模型，读者可以充分体会每一种 CNN 模型在不同领域的应用，实际应用中，需要读者根据具体的情景需求选择恰当的模型。

3.3.1　LeNet 模型

1989 年，LeCun 等提出权值共享策略，并由此设计出卷积层和池化层，接着在 1998 年，他们又设计了一个被命名为 LeNet-5 的卷积神经网络，其中数字 5 表示它拥有 5 层权重层，该卷积神经网络的网络结构如图 3.11 所示。

输入　　卷积层　池化层　卷积层　池化层　全连接层 全连接层
32×32　5×5(6)　(2×2)　5×5(16)　(2×2)　(64)　　(10)

图 3.11　LeNet-5 模型结构图（见彩插）

设计 LeNet-5 的初衷是用于识别手写数字，网络的输入是一幅单通道的 32×32 图像，第一层卷积层包含 6 个尺寸为 5×5 的卷积核，用这些卷积核对一幅尺寸为 32×32 的图像进行卷积操作，将生成 6 幅尺寸为 28×28 的特征图。第一层卷积层之后是池化层，其操作的步长为 2，因此第一层池化层的输出是 6 幅尺寸为 14×14 的特征图，它们共同组成一幅 6 通道的输入特征图。接着在第二层的卷积层中对此 6 通道图像应用 16 个尺寸为 5×5 的 6 通道卷积核，因此其实质尺寸为 5×5×6，此卷积层的输出为 16 幅尺寸为 10×10 的特征图，

合在一起是一幅 16 通道的特征图。接下来,第二层池化层应用步长 2 的池化操作,生成 16 幅尺寸为 5×5 的特征图,这些图像输入一层有 84 个神经元的全连接层,经过处理后再输入最后一层的全连接层中,全连接层实质上起到一个分类器的作用,由于 LeNet-5 模型的目的是识别手写数字,因此有 10 个输出神经元。需要特别提出的是,LeNet-5 模型中的池化操作并不是常用的最大池化操作或平均池化操作,它将池化核对应的 4 个数字相加,将它们除以 a 再加上偏差 b,并将结果作为输出,其中 a 和 b 都是训练得到的。此外,LeNet-5 模型使用 Sigmoid 激活函数,并且只在池化层之后应用激活函数,而在卷积层之后则不存在激活函数。由于 LeNet-5 模型是早期的 CNN 模型,因此结构比较简单,只有 60000 个需要训练的参数,难以处理较复杂的问题。

3.3.2 AlexNet 模型

AlexNet 模型是第一个引起计算机视觉中深度神经网络复兴的大型 CNN 模型,该模型在 2012 年以巨大的优势赢得 ILSVRC 竞赛的冠军。AlexNet 模型结构图如图 3.12 所示。

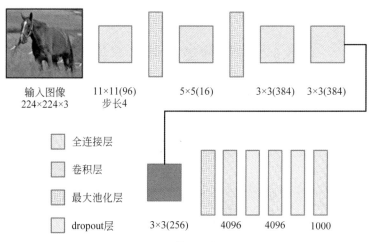

图 3.12　AlexNet 模型结构图(见彩插)

AlexNet 模型架构与其前身之间的主要区别是网络深度的增加,这导致网络参数显著增加,并且使用正则化方法(如 dropout 和数据增强)。它总共包含 8 个权重层,其中前 5 个是卷积层,后 3 个是全连接层。最后的全连接层(即输出层)是将输入图像分类为 ImageNet 数据集的 1000 类数据中的一种,因此有 1000 个神经元。dropout 应用于 AlexNet 模型中的前两个全连接层,这缓解了过拟合现象,使模型拥有更好的泛化性能。AlexNet 模型的另一个创新是在每层卷积层和全连接层后使用 ReLU 激活函数,这样可以大大提高训练效率。

AlexNet 模型在首次训练网络时,利用两块 GPU 进行训练,因为 3GB 显存的单个 NVIDIA GTX580 显卡不能容纳包含约 6200 万个参数的完整网络,ImageNet 训练数据集包含属于 1000 种不同对象的 1200 万幅图像,因此在完整的 ImageNet 数据集上训练该网络大约花了 6 天的时间。

3.3.3　Network-In-Network 模型

Network-In-Network 模型是一个简单而轻量级的 CNN 模型,它在小规模数据集上通常表现得非常好。图 3.13 是 Network-In-Network 模型结构图。

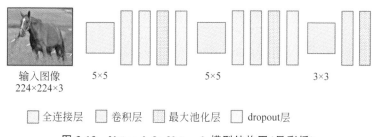

图 3.13　Network-In-Network 模型结构图(见彩插)

在此网络中提出两个 CNN 设计中的新想法。首先,在卷积层之间加入全连接层有助于网络训练。因此,该示例模型的 3 个卷积层分别位于权重层中的第 1 层、第 4 层和第 7 层,其卷积核的尺寸分别为 5×5、5×5 和 3×3。每层卷积层后面都紧跟着一层全连接层和一层最大池化层。其次,该模型在网络的末尾使用一层平均池化层进行正则化操作。值得注意的是,在前两个最大池化层之后使用 dropout 正则化方法,也有助于在给定的数据集上实现更低的测试错误率。

3.3.4　VGG-Net 模型

VGG-Net 模型是自 2014 年以来最受欢迎的 CNN 模型之一,其在 2014 年的 ILSVRC 竞赛分类项目中取得第二名,并且在定位项目中荣获第一名。它受欢迎的原因是其模型的简单性和其使用了小型的卷积核,但这也导致网络的层次非常深。常见的 VGG-Net 模型有两种,分别是 VGG16 与 VGG19[17]。

VGG-Net 模型中的卷积核尺寸都为 3×3,多层卷积层和夹杂其中的池化层用于特征提取,最后 3 层全连接层用于分类。在 VGG-Net 模型中,每层卷积层之后都有一个 ReLU 激活函数,并且使用尺寸较小的卷积核,使网络参数数量相对减少,从而可以进行更有效的训练和测试。此外,通过使用一系列尺寸为 3×3 的卷积核,增大了感受野的范围。最重要的是,使用更小的卷积核,就可以堆叠更多的层,从而产生更深层的网络,这使得 VGG-Net 模型在计算机视觉领域上有更好的表现。因此,VGG-Net 模型设计的中心思想就是使用更深层次的网络改进特征学习。图 3.14 是 VGG-Net 中性能最好的模型(VGG16 模型)结构图。

VGG16 模型有 1.38 亿个参数,与 AlexNet 模型类似,它也在前两个全连接层后应用 dropout 操作避免过拟合。

3.3.5　GoogLeNet 模型

CNN 经典模型中的 LeNet 模型、AlexNet 模型、Network-In-Network 模型和 VGG-Net 模型都是只有一条路径的顺序结构。在这条路径上,不同类型的层,如卷积层、池化层、

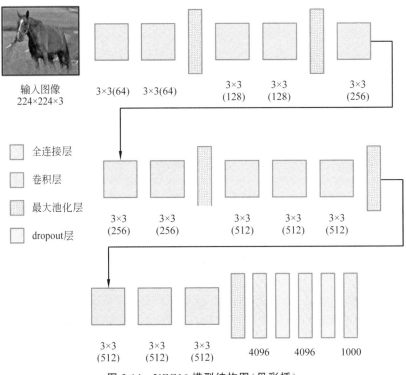

输入图像
224×224×3

3×3(64)　3×3(64)　3×3(128)　3×3(128)　3×3(256)

全连接层

卷积层

最大池化层

dropout层

3×3(256)　3×3(256)　3×3(512)　3×3(512)　3×3(512)

3×3(512)　3×3(512)　3×3(512)　4096　4096　1000

图 3.14　VGG16 模型结构图（见彩插）

ReLU 激活函数、dropout 方法和全连接层相互堆叠，以创建所需的模型。GoogLeNet 模型是首个使用具有几个网络分支的复杂架构的流行模型，2014 年它在 ILSVRC 竞赛中以 6.7% 的分类错误率获得前五名。

GoogLeNet 模型总共有 22 层权重层，其设计的基础是 Inception 模块，因此 GoogLeNet 模型也被称为 Inception 网络。Inception 模块中网络层的运算是并行的，这与模型的顺序运算相反[18]。Inception 模块示意图如图 3.15 所示。

其核心思想是将所有基本网络层并行放置，并将输出的特征进行结合后再输出。这种设计的好处是多个 Inception 模块可以堆叠在一起，从而组成一个巨型网络，而不需要考虑每个单独网络层的设计。然而，如果通过增加通道数的方式将各个网络层的输出特征进行结合，将产生一个维数非常高的特征输出结果。为了解决这个问题，完整的 Inception 模块在将特征输入卷积层之前进行降维操作，这种降维方法是通过添加一层卷积核尺寸为 1×1 的卷积层实现的。假设此卷积层有 d_0 个卷积核，输入图像尺寸为 $h\times w\times d$ 且 $d_0<d$，该层的输出将降低维数至 $h\times w\times d_0$，通过使用这样的一层卷积层可以在降维的同时组合来自多个特征通道的信息，从而提高 Inception 模块的性能。

尽管 GoogLeNet 模型架构看起来比较复杂，但它包含的参数数量明显少得多（600 万），因此，GoogLeNet 模型对显存的需求更小，相比于其他网络模型拥有更高的训练效率和精度，也是最直观的 CNN 模型之一，这充分说明了良好的网络模型设计的重要性。

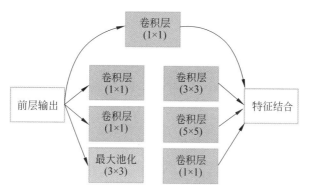

图 3.15　Inception 模块示意图（见彩插）

3.4　本章小结

本章首先对 CNN 进行了叙述，内容包括 CNN 的发展历程、基本结构、前馈预算及反馈运算，其次对 CNN 中的各层网络及操作进行详细叙述，内容包括卷积层、池化层、激活函数层、全连接层和损失函数，最后对 CNN 经典结构中的 LeNet 模型、AlexNet 模型、Network-In-Network 模型、VGG-Net 模型以及 GoogleNet 模型进行叙述。通过本章内容的学习，读者可以全面了解 CNN 模型。

3.5　章节习题

1. 查阅相关资料，并结合本书总结卷积层有哪些基本参数。
2. 卷积核是否越大越好？
3. 编程实现一个卷积神经网络模型和一个全连接神经网络模型，在 MINIST 手写数字数据集（数据集见 http://yann.lecun.com/exdb/mnist/）上进行实验测试，并对比二者的结果。

参 考 文 献

[1] 郭丽丽，丁世飞. 深度学习研究进展[J]. 计算机科学，2015,42(5)：28-33.

[2] HUBEL D H，WIESEL T N. Receptive fields，binocular interaction and functional architecture in the cat's visual cortex [J]. The Journal of Physiology，1962,160(1)：106-154.

[3] FUKUSHIMA F K. Neocognitron：A self-organizing neural network model for a mechanism of pattern recognition unaffected by shift in position [J]. Biological Cybernetics，1980,36(4)：193-202.

[4] LECUN Y，BOTTOU L，BENGIO Y，et al. Gradient-based learning applied to document recognition [J]. Proceedings of the IEEE，1998,86(11)：2278-2324.

[5] KRIZHEVSKY A，SUTSKEVER I，GEOFFREY E. Hinton. Imagenet classification with deep

convolutional neural networks [J]. Advances in neural information processing systems，2012，25：1097-1105.

[6] LIN M，CHEN Q，YAN S. Network in network[J]. arXiv preprint arXiv，2013：1312-4400.

[7] 邱锡鹏. 神经网络与深度学习[M]. 北京：机械工业出版社，2020.

[8] RUMELHART D E，HINTON G E，WILLIAMS R J. Learning representations by back-propagating errors[J]. Nature，1986，323(6088)：533-536.

[9] 孙志军，薛磊，许阳明，等. 深度学习研究综述[J]. 计算机应用研究，2012，29(8)：2806-2810.

[10] 袁梅宇. 机器学习基础：原理、算法与实践[M]. 北京：清华大学出版社，2018.

[11] WU J. Introduction to convolutional neural networks[J]. National Key Lab for Novel Software Technology，2017，5(23)：495.

[12] GOODFELLOW I J，POUGET-ABADIE J，MIRZA M，et al. Generative adversarial nets[C]// International Conference on Neural Information Processing Systems，2014：2672-2680.

[13] 刘玉良. 深度学习[M]. 西安：西安电子科技大学出版社，2020.

[14] NAIR V，HINTON G E. Rectified linear units improve restricted boltzmann machines[C]// International Conference on Machine Learning (ICML)，2010：807-814.

[15] 王汉生. 深度学习：从入门到精通[M]. 北京：人民邮电出版社，2021.

[16] ZHANG C L，ZHANG H，WEI X S，et al. Deep bimodal regression for apparent personality analysis [C]//European Conference on Computer Vision，2016：311-324.

[17] SIMONYAN K，ZISSERMAN A. Very deep convolutional networks for large-scale image recognition [J]. arXiv preprint arXiv，2014：1409-1556.

[18] SZEGEDY C，LIU W，JIA Y，et al. Going deeper with convolutions[C]//Proceedings of the IEEE Conference on Computer Vision and Pattern Recognition(CVPR)，2015：1-9.

第 4 章 循环神经网络

循环神经网络(Recurrent Neural Network，RNN)在自然语言处理和语音分类识别等领域都得到了很好的应用,本章以 RNN 的简介为切入点,介绍 RNN 的结构,并详细叙述 RNN 的算法,分析长期依赖的挑战,在此基础上对改进的 RNN 进行详细叙述,具体包括双向循环神经网络、长短期记忆网络和门控循环单元网络的结构。

4.1　循环神经网络简介

1983 年,美国物理学家 John Hopfield 提出 Hopfield 网络,这是一个用于求解复合优化提问的单层反馈神经网络,可以说它是 RNN 的雏形网络系统[1]。1986 年,Michael I. Jordan 对循环系统(Recurrent)的定义进行了界定,此后,RNN 在研究学者的探索和完善下日益成型。RNN 是一个具备短期记忆学习力量的神经网络,在 RNN 中,神经元不仅能接收其他神经元的信号,而且还能接收自己的信号,因而构成一个环状的网络组织[2]。

RNN 解决了传统机器学习方式对输入与输出数据的诸多束缚问题,使之成为深度学习领域中一个十分关键的研究模型。与前馈神经网络对比,RNN 更适合生物神经网络的构建,目前 RNN 及其变体网络已成功应用于各种任务,特别是在数据处理中具有某种时间依赖性的时刻,如语音识别、机器翻译、语言建模、文本分析、词向量形成、消息搜索等,这些任务都要求把带有顺序特性的数据信息当作输入对象加以学习。实际上,在应用中许多任务都必须解决序列关联,例如,当了解某一句话时,单一地认识这句话中的各个英文单词是不行的,必须解决将这些英文单词联络起来的全部序列,在对含有"早上好"语义的话音加以辨别时,RNN 会通过历史数据信息综合"好"话音所处的时间位置,参照时间位置之前的话音信号"早上"比较方便地辨别出话语意义为"好"的话音信息。

4.1.1　循环神经网络的结构

1990 年,Jeff Elman 提出简单的循环网络(Simple Recurrent Network，SRN),又称为 Elman Network。SRN 采用最浅的三层网络结构,是一种非常简单的 RNN,但目前常用的 RNN 均使用此种网络结构。SRN 增加了由隐含层到隐含层中间的反馈联系,因为在一个两层的前馈神经网络中,由于链接存在于邻近的层和层中间,所以隐含层的节点间是没有联系的。

令向量 $\boldsymbol{x}_t \in \mathbb{R}^M$ 表示在时刻 t 时网络的输入，$h_t \in \mathbb{R}^D$ 表示隐含层状态(即隐含层神经元活性值)，则 h_t 不仅和当前时刻的输入 $\boldsymbol{x}_t$ 相关，也和上一时刻的隐含层状态 h_{t-1} 相关，在时刻 t 的更新公式为

$$z_t = \boldsymbol{W}h_{t-1} + \boldsymbol{U}\boldsymbol{x}_t + \boldsymbol{b} \tag{4-1}$$

$$h_t = f(z_t) \tag{4-2}$$

式中，z_t 为隐含层的净输入，$\boldsymbol{U}$ 为输入 x 的权重，$\boldsymbol{W}$ 为上一次的 h_{t-1} 作为这一次输入的权值矩阵，$\boldsymbol{b} \in \mathbb{R}^D$ 为偏置向量，f 是输入处的激活函数，通常是 Sigmoid 函数或 Tanh 函数。g 是输出处的激活函数，通常为 Softmax 函数。

式(4-1)和式(4-2)也可以写为

$$h_t = f(\boldsymbol{W}h_{t-1} + \boldsymbol{U}\boldsymbol{x}_t + \boldsymbol{b}) \tag{4-3}$$

先定义一个完全连接的 RNN，其输入为 $\boldsymbol{x}_t$，输出为 O_t，则有

$$h_t = f(\boldsymbol{W}h_{t-1} + \boldsymbol{U}\boldsymbol{x}_t) \tag{4-4}$$

$$O_t = g(\boldsymbol{V}h_t) \tag{4-5}$$

将式(4-5)反复代入式(4-4)，可得

$$\begin{aligned}
O_t &= g(\boldsymbol{V}f(\boldsymbol{W}h_{t-1} + \boldsymbol{U}\boldsymbol{x}_t)) \\
&= g(\boldsymbol{V}f(\boldsymbol{W}f(\boldsymbol{W}h_{t-2} + \boldsymbol{U}\boldsymbol{x}_{t-1}) + \boldsymbol{U}\boldsymbol{x}_t)) \\
&= g(\boldsymbol{V}f(\boldsymbol{W}f(\boldsymbol{W}f(\boldsymbol{W}h_{t-3} + \boldsymbol{U}\boldsymbol{x}_{t-2}) + \boldsymbol{U}\boldsymbol{x}_{t-1}) + \boldsymbol{U}\boldsymbol{x}_t)) \\
&= \cdots
\end{aligned} \tag{4-6}$$

由式(4-4)和式(4-6)可知，对于任意时刻 t，隐含层状态 h_t 和输出 O_t 都与 t 时刻及 t 时刻前的输入 x_t、x_{t-1}、x_{t-2}…有关。

如果把每个时刻的状态都看作前馈神经网络的一层，RNN 可以看作在时间维度上权值共享的神经网络。

4.1.2 循环神经网络的输入层

RNN 的输入层是将输入进行抽象，得到能够表示所有信息的向量，并将得到的向量传递给隐含层进行计算，t 表示第 $t(t=1,2,3)$ 时间步的输入[3]。例如，在处理文本数据时，x_t 为第 t 个单词的词向量。当在输入层上处理自然语言时，必须把自然语言转换为机器可以辨识的字符，所以在处理的时候可以将单词视为基本单元并将它数值化为词向量。词向量主要有两种表现形式，即 one-hot 词向量和 Word2vec 词向量[4]。one-hot 词向量，又称为一位有效编码，主要是采用 N 位状态寄存器对 N 个状态进行编码，每个状态都有它独立的寄存器位，并且在任意时候只有一位有效。one-hot 词向量是分类变量，作为二进制向量的表示，首先要求将分类值映射到整数值，每个整数值被表示为二进制向量，除整数的索引之外，其他都是零值，索引被标记为 1。例如 {I love china}，love 的单词向量就是 [0,1,0]，该表达形式简洁，但字汇表非常大时，所占用空间也就非常大。Word2vec 词向量是 Google 研究团队的 Tomas Mikolov 等提出的一种高效训练词向量的模型，基本出发点是上下文相似的两个词，它们的词向量也应该相似，如香蕉和梨在句子中可能经常出现在相同的上下文中，因此这两个词的表示向量比较相似。

4.1.3 循环神经网络的输出层

RNN 的输出层对所有隐含层的输出进行加权和函数处理,得到的数值就是输出层的结果,O_t 表示第 t 时间步的输出,这是时刻 t 的输入与所有历史输出一起作用的结果[5],如在自然语言领域中,只要想得到预测序列中下一步的输出,就必须对下一个词所产生的概率加以模型化。而对于神经网络产生的概率值,可以通过 $O_t = \text{Softmax}(\boldsymbol{V}s_t)$ 进行计算,利用 Softmax 层作为神经网络的输出层。

4.1.4 循环神经网络的隐含层

RNN 的隐含层的输入信号主要是输入层的输出和隐含层的输出两种。隐含层的输出主要是传输给隐含层的自连接和传递给输出层,即输出层的输入。RNN 的反馈链接方式通常是输出层与隐含层的连接和隐含层之间的连接[5]。

1. 输出层与隐含层的连接

图 4.1 是 RNN 反向传播(输出层到隐含层的连接)结构示意图,在该结构图中,每一个时间步都产生一个输出,但只有当前时刻的输出到下一时刻的隐含单元之间有循环连接的 RNN,其中 x 为输入,h 为隐含单元,O 为输出,L 为损失函数,y 为训练集标签,历史信息通过输出 O 传递,没有隐含层状态 h 前向传播的直接连接,上一刻的 h 通过产生的预测 O 连接到当前状态。

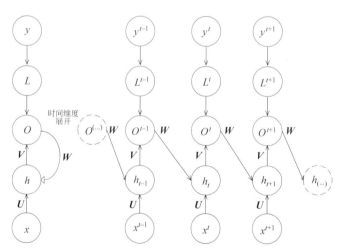

图 4.1 RNN 反向传播(输出层到隐含层的连接)结构示意图

2. 隐含层之间的连接

图 4.2 是考虑损失函数的 RNN 模型结构图,在各个时间步都有输出,而且隐含单位间也有 RNN[6]。在图 4.2 中,通过输入层到隐含层的权重矩阵 $\boldsymbol{U}$ 和隐含层到隐含层自连接的权重矩阵 $\boldsymbol{W}$,计算得到隐含层状态,t 时刻的隐含层状态 h_t 与 t 时刻的输入层结果 x_t 和 $t-1$ 时刻的输出 h_{t-1} 相关,隐含层状态的个数 n 由隐含层单元数目决定,然后通过隐含层到输出层的权重 $\boldsymbol{V}$,计算得到输出层结果 O_t。

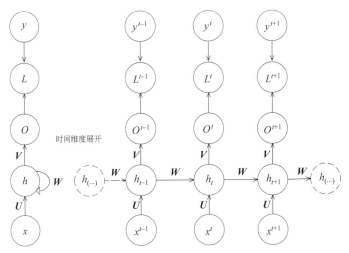

图 4.2　RNN 反向传播（隐含层到隐含层的连接）结构示意图

4.2　循环神经网络的算法

RNN 中主要有 3 个可以测量梯度弥散性的方法，即 RNN 的前向传播算法、随时间反向传播（BackPropagation Through Time，BPTT）算法和实时循环学习（Real-Time Recurrent Learning，RTRL）算法[4]。

4.2.1　RNN 的前向传播算法

RNN 的前向传播算法类似于传统神经网络的前向算法，对于 t 时刻，当前时刻的隐含单元 S_t 由当前时刻的输入单元 X_t 和上一时刻的隐含单元 S_{t-1} 共同得到[7]，于是有

$$S_t = f(\boldsymbol{W}S_{t-1} + \boldsymbol{U}X_t + \boldsymbol{b}) \tag{4-7}$$

将隐含单元 S_t 通过全连接层 G 神经网络与 Softmax 激活函数得到输出单元的输出，有

$$Y_t = \text{Softmax}(G(S_t)) \tag{4-8}$$

通常 RNN 是识别的分类模型，可以量化模型在当前位置的损失，计算得到当前时刻的损失函数，将所有时刻得到的损失函数相加得到最终的损失函数，将得到的损失函数通过随时间反向传播算法与实时循环学习算法计算梯度。

4.2.2　随时间反向传播算法

随时间反向传播算法（BPTT）是常用的训练 RNN 的方法，其本质还是误差反向传播算法，只不过 RNN 处理时间序列数据，所以要基于时间反向传播，故称为随时间反向传播[8]。其算法的主要思想是通过类似前馈神经网络的 BP 算法计算梯度，那么此算法的核心就是求 $\boldsymbol{U}$、$\boldsymbol{V}$ 和 $\boldsymbol{W}$ 3 个参数的梯度。

以图 4.1 所示的模型进行 BPTT 算法的推导，RNN 的损失函数选用交叉熵损失函数，其通常的表达式为

$$L = -\sum_{i=0}^{n} y_i \ln(y_i^*) \tag{4-9}$$

式(4-9)是交叉熵的标量形式，y_i 是真实标签值，y_i^* 为模型给出的预测值，累加 n 维损失。

RNN 的输出是向量形式，损失值用向量表达，RNN 模型在 t 时刻的损失函数 L_t 为

$$L_t = -[y_t \ln(O_t) + (y_t - 1)\ln(1 - O_t)] \tag{4-10}$$

由于 RNN 模型处理的是序列问题，全部 N 个时刻的损失函数（全局损失）为

$$L = \sum_{t=1}^{N} L_t = -\sum_{t=1}^{N} [y_t \ln(O_t) + (y_t - 1)\ln(1 - O_t)] \tag{4-11}$$

式(4-10)和式(4-11)中，y_t 是 t 时刻输入的真实标签值，O_t 为模型的预测值，N 代表全部 N 个时刻。

设激活函数 $f(\ )$ 为 Tanh 函数，激活函数 $g(\ )$ 为 Softmax 函数，则有

$$\begin{cases} f'(x) = 1 - f^2(x) \\ g'(x) = g(x)(1 - g(x)) \end{cases} \tag{4-12}$$

令 $h_t^* = \boldsymbol{W}h_{t-1} + \boldsymbol{U}x_t$，$O_t^* = Vh_t$，代入式(4-4)和式(4-5)，有

$$\begin{cases} h_t = f(h_t^*) \\ O_t = g(O_t^*) = \text{Softmax}(O_t^*) \end{cases} \tag{4-13}$$

t 时刻下，损失函数 L_t 关于 O_t^* 的微分为

$$\begin{aligned} \frac{\partial L_t}{\partial O_t^*} &= \frac{\partial L_t}{\partial O_t} \cdot \frac{\partial O_t}{\partial O_t^*} = \frac{\partial L_t}{\partial O_t} \cdot \frac{\partial L_t}{\partial O_t} \\ &= \frac{\partial L_t}{\partial O_t} \cdot \frac{\partial O_t}{\partial O_t^*} = \frac{\partial L_t}{\partial O_t} \cdot \frac{\partial g'(O_t^*)}{\partial O_t^*} \\ &= \frac{\partial L_t}{\partial O_t} \cdot g'(O_t^*) \end{aligned} \tag{4-14}$$

t 时刻下，损失函数 L_t 关于 $\boldsymbol{V}$ 的微分为

$$\frac{\partial L_t}{\partial \boldsymbol{V}} = \frac{\partial L_t}{\partial \boldsymbol{V}h_t} \cdot \frac{\partial \boldsymbol{V}h_t}{\partial \boldsymbol{V}} = \frac{\partial L_t}{\partial O_t^*} \cdot h_t = \frac{\partial L_t}{\partial O_t} \cdot g'(O_t^*) \cdot h_t \tag{4-15}$$

所以，全局损失 L 关于参数 $\boldsymbol{V}$ 的微分为

$$\frac{\partial L}{\partial \boldsymbol{V}} = \sum_{t=1}^{N} \frac{\partial L_t}{\partial \boldsymbol{V}} = \sum_{t=1}^{N} \frac{\partial L_t}{\partial O_t} \cdot g'(O_t^*) \cdot h_t \tag{4-16}$$

t 时刻下，损失函数 L_t 关于 h_t^* 的微分为

$$\begin{aligned} \frac{\partial L_t}{\partial h_t^*} &= \frac{\partial L_t}{\partial \boldsymbol{V}h_t} \cdot \frac{\partial \boldsymbol{h}_t^{\mathrm{T}}\boldsymbol{V}^{\mathrm{T}}}{\partial \boldsymbol{h}_t} \cdot \frac{\partial \boldsymbol{h}_t}{\partial h_t^*} \\ &= \frac{\partial L_t}{\partial O_t^*} \cdot \boldsymbol{V}^{\mathrm{T}} \\ &= \frac{\partial L_t}{\partial O_t} \cdot g'(O_t^*) \cdot \boldsymbol{V}^{\mathrm{T}} \cdot f'(h_t^*) \end{aligned} \tag{4-17}$$

t 时刻下，损失函数 L_t 关于 h_{t-1}^* 的微分为

$$\frac{\partial L_t}{\partial h_{t-1}^*} = \frac{\partial L_t}{\partial h_t^*} \cdot \frac{\partial h_t^*}{\partial h_{t-1}^*} = \frac{\partial L_t}{\partial h_t^*} \cdot \frac{\partial [\boldsymbol{W}f(h_{t-1}^*) + \boldsymbol{U}x_t]}{\partial h_{t-1}^*} = \frac{\partial L_t}{\partial h_t^*} \cdot \boldsymbol{W}f'(h_{t-1}^*) \tag{4-18}$$

t 时刻下,损失函数 L_t 关于 $\boldsymbol{U}$ 的微分为

$$
\begin{aligned}
\frac{\partial L_t}{\partial \boldsymbol{U}} &= \sum_{k=1}^{t} \frac{\partial L_t}{\partial h_k^*} \cdot \frac{\partial h_k^*}{\partial \boldsymbol{U}} \\
&= \sum_{k=1}^{t} \frac{\partial L_t}{\partial h_k^*} \cdot \frac{\partial(\boldsymbol{W}h_{k-1} + \boldsymbol{U}x_k)}{\partial \boldsymbol{U}} \\
&= \sum_{k=1}^{t} \frac{\partial L_t}{\partial h_k^*} \cdot x_k^{\mathrm{T}}
\end{aligned}
\tag{4-19}
$$

对于式(4-18),由于输入时间序列模型,因此 t 时刻关于 $\boldsymbol{U}$ 的微分与前 $t-1$ 个时刻都有关,具体计算时可以限定最远回溯到前 n 个时刻,但在推导时需要将前 $t-1$ 个时刻全部代入。

所以,全局损失 L 关于 $\boldsymbol{U}$ 的偏微分为

$$
\frac{\partial L}{\partial \boldsymbol{U}} = \sum_{t=1}^{N} \frac{\partial L_t}{\partial \boldsymbol{U}} = \sum_{t=1}^{N} \sum_{k=1}^{t} \frac{\partial L_t}{\partial h_k^*} \cdot \frac{\partial h_k^*}{\partial \boldsymbol{U}} = \sum_{t=1}^{N} \sum_{k=1}^{t} \frac{\partial L_t}{\partial h_k^*} \cdot x_k^{\mathrm{T}}
\tag{4-20}
$$

t 时刻下,损失函数 L_t 关于参数 $\boldsymbol{W}$ 的偏微分(此处仍要计算全部前 $t-1$ 时刻的情况)为

$$
\begin{aligned}
\frac{\partial L}{\partial \boldsymbol{W}} &= \sum_{k=1}^{t} \frac{\partial L_t}{\partial h_t^*} \cdot \frac{\partial h_k^*}{\partial \boldsymbol{W}} \\
&= \sum_{k=1}^{t} \frac{\partial L_t}{\partial h_t^*} \cdot \frac{\partial(\boldsymbol{W}h_{k-1} + \boldsymbol{U}x_k)}{\partial \boldsymbol{W}} = \sum_{k=1}^{t} \frac{\partial L_t}{\partial h_t^*} \cdot \boldsymbol{h}_{k-1}^{\mathrm{T}}
\end{aligned}
\tag{4-21}
$$

全局损失 L 关于 $\boldsymbol{W}$ 的偏微分为

$$
\frac{\partial L}{\partial \boldsymbol{W}} = \sum_{t=1}^{N} \frac{\partial L_t}{\partial \boldsymbol{W}} = \sum_{t=1}^{N} \sum_{k=1}^{t} \frac{\partial L_t}{\partial h_k^*} \cdot \frac{\partial h_k^*}{\partial \boldsymbol{W}} = \sum_{t=1}^{N} \sum_{k=1}^{t} \frac{\partial L_t}{\partial h_k^*} \cdot \boldsymbol{h}_{k-1}^{\mathrm{T}}
\tag{4-22}
$$

将式(4-16)、式(4-20)和式(4-22),即全局损失 L 关于 3 个主要参数 $\boldsymbol{V}$、$\boldsymbol{U}$、$\boldsymbol{W}$ 的微分公式,整理如下:

$$
\begin{cases}
\dfrac{\partial L}{\partial \boldsymbol{V}} = \sum\limits_{t=1}^{N} \dfrac{\partial L_t}{\partial \boldsymbol{Q}_t} \cdot g'(O_t^*) \cdot h_t \\[3mm]
\dfrac{\partial L}{\partial \boldsymbol{U}} = \sum\limits_{t=1}^{N} \sum\limits_{k=1}^{t} \dfrac{\partial L_t}{\partial h_k^*} \cdot \boldsymbol{x}_k^{\mathrm{T}} \\[3mm]
\dfrac{\partial L}{\partial \boldsymbol{W}} = \sum\limits_{t=1}^{N} \sum\limits_{k=1}^{t} \dfrac{\partial L_t}{\partial h_k^*} \cdot \boldsymbol{h}_{k-1}^{\mathrm{T}}
\end{cases}
\tag{4-23}
$$

进一步简化上述微分表达式,化简的主要方向为 t 时刻的损失函数关于 O_t 和 h_t^* 的微分,已知 t 时刻损失函数的表达式,则关于 O_t 的微分为

$$
\begin{aligned}
\frac{\partial L_t}{\partial O_t} &= -\frac{\partial[y_t \ln(O_t) + (y_t - 1)\ln(1 - O_t)]}{\partial O_t} \\
&= -\left(\frac{y_t}{O_t} + \frac{y_t - O_t}{1 - O_t}\right) = -\frac{y_t - O_t}{O_t(1 - O_t)}
\end{aligned}
\tag{4-24}
$$

对 Softmax 函数求导,得

$$
g'(O_t^*) = O_t(1 - O_t)
\tag{4-25}
$$

由式(4-22)和式(4-23),可得

$$\frac{\partial L_t}{\partial O_t} \cdot g'(O_t^*) = O_t - y_t \tag{4-26}$$

又因为

$$\begin{aligned}
\frac{\partial L_t}{\partial h_t^*} &= \frac{\partial L_t}{\partial \boldsymbol{V h}_t} \cdot \frac{\partial \boldsymbol{h}_t^{\mathrm{T}} \boldsymbol{V}^{\mathrm{T}}}{\partial \boldsymbol{h}_t} \cdot \frac{\partial \boldsymbol{h}_t}{\partial h_t^*} = \frac{\partial L_t}{\partial O_t^*} \cdot \boldsymbol{V}^{\mathrm{T}} \cdot f'(h_t^*) \\
&= \frac{\partial L_t}{\partial O_t^*} \cdot g'(O_t^*) \cdot \boldsymbol{V}^{\mathrm{T}} \cdot f'(h_t^*) \\
&= (O_t - y_t) \cdot \boldsymbol{V}^{\mathrm{T}} \cdot (1 - f^2(h_t^*)) \\
&= (O_t - y_t) \cdot \boldsymbol{V}^{\mathrm{T}} \cdot (1 - \boldsymbol{h}_t^2)
\end{aligned} \tag{4-27}$$

且

$$\begin{aligned}
\frac{\partial L_t}{\partial h_{t-1}^*} &= \frac{\partial L_t}{\partial h_t^*} \cdot \frac{\partial h_t^*}{\partial h_{t-1}^*} = \frac{\partial L_t}{\partial h_t^*} \cdot \frac{\partial [\boldsymbol{W} f(h_{t-1}^*) + \boldsymbol{U x}_t]}{\partial h_{t-1}^*} \\
&= \frac{\partial L_t}{\partial h_t^*} \cdot \boldsymbol{W} f'(h_{t-1}^*) = \frac{\partial L_t}{\partial h_t^*} \cdot \boldsymbol{W} \cdot (1 - \boldsymbol{h}_{t-1}^2)
\end{aligned} \tag{4-28}$$

将式(4-26)代入式(4-23)中,得

$$\begin{cases}
\dfrac{\partial L}{\partial \boldsymbol{V}} = \displaystyle\sum_{t=1}^{N} (O_t - y_t) \cdot h_t \\
\dfrac{\partial L}{\partial \boldsymbol{U}} = \displaystyle\sum_{t=1}^{N} \sum_{k=1}^{t} \frac{\partial L_t}{\partial h_k^*} \cdot \boldsymbol{x}_k^{\mathrm{T}} \\
\dfrac{\partial L}{\partial \boldsymbol{W}} = \displaystyle\sum_{t=1}^{N} \sum_{k=1}^{t} \frac{\partial L_t}{\partial h_k^*} \cdot \boldsymbol{h}_{k-1}^{\mathrm{T}}
\end{cases} \tag{4-29}$$

由于参数 $\boldsymbol{U}$ 和 $\boldsymbol{W}$ 的微分不仅与 t 时刻有关,还与前面的 $t-1$ 时刻有关,因此无法直接写出直接的计算公式,以上是关于 BPTT 算法的数学推导。

4.2.3　实时循环学习算法

与 BPTT 算法不同的是,实时循环学习(RTRL)算法是通过前向传播的方式计算梯度[9]。

以随机梯度下降为例,给定一个训练样本(x, y),其中 $\boldsymbol{x}_{1:T} = (x_1, x_2, \cdots, x_T)$ 是长度为 T 的输入序列,$\boldsymbol{y}_{1:T} = (y_1, y_2, \cdots, y_T)$ 是长度为 T 的标签序列,即在每个时刻 t,都有一个监督信息 y_t,定义时刻 t 的损失函数为

$$L_t = L(y_t, g(h_t)) \tag{4-30}$$

式中,$g(h_t)$ 是第 t 时刻的输出,L 为可微分的损失函数,如交叉熵。整个序列的损失函数为

$$L = \sum_{t=1}^{T} L_t \tag{4-31}$$

假设 RNN 中第 $t+1$ 时刻的状态 $\boldsymbol{x}_{t+1}$ 为

$$h_{t+1} = f(z_{t+1}) = f(\boldsymbol{U} h_t + \boldsymbol{W x}_{t+1} + \boldsymbol{b}) \tag{4-32}$$

关于参数 u_{ij} 的偏导数为

$$\frac{\partial h_{t+1}}{\partial u_{ij}} = \left(\frac{\partial z_{t+1}}{\partial u_{ij}} + \frac{\partial h_t}{\partial u_{ij}}\boldsymbol{U}^{\mathrm{T}}\right)\frac{\partial h_{t+1}}{\partial Z_{t+1}}$$

$$= (\ell_i([h_t]_j) + \frac{\partial h_t}{\partial u_{ij}}\boldsymbol{U}^{\mathrm{T}})\mathrm{diag}(f'(z_{t+1}))$$

$$= (\ell_i([h_t]_j) + \frac{\partial h_t}{\partial u_{ij}}\boldsymbol{U}^{\mathrm{T}})\odot(f'(z_{t+1}))^{\mathrm{T}} \tag{4-33}$$

式中，$\ell_i(x)$ 是除第 i 行值为 x 外，其余都为 0 的行向量。

RTRL 算法从第 1 个时刻开始，除了计算 RNN 的隐状态之外，还利用式(4-33)依次前向计算偏导 $\frac{\partial h_1}{\partial u_{ij}}, \frac{\partial h_2}{\partial u_{ij}}, \frac{\partial h_3}{\partial u_{ij}}\cdots$

假设第 t 个时刻存在一个监督信息，其损失函数为 L_t，则可以同时计算损失函数对 u_{ij} 的偏导数，有

$$\frac{\partial L_t}{\partial u_{ij}} = \frac{\partial h_t}{\partial u_{ij}} \cdot \frac{\partial L_t}{\partial h_t} \tag{4-34}$$

在 t 时刻，可以实时计算损失 L_t 关于参数 $\boldsymbol{U}$ 的梯度，并更新参数。参数 $\boldsymbol{W}$ 和 $\boldsymbol{b}$ 的梯度也可以按照上述方法实时计算。

RTRL 算法和 BPTT 算法都是基于梯度下降的算法，分别通过前向模式和反向模式应用链式法则计算梯度[10]。在 RNN 中，一般网络的输出维度远低于输入维度，因此 BPTT 算法的计算量会更小，但是 BPTT 算法需要保存所有时刻的中间梯度，空间复杂度较高。RTRL 算法不需要梯度回传，因此非常适合用于需要在线学习或无限序列的任务中。

4.3　长期依赖性挑战

RNN 当输入数据顺序相当长时，会产生梯度的破坏或消失问题，又称为长期依赖性问题，即如果时间步较大或较小，RNN 的梯度很容易发生衰退或破坏等问题[11]。实际应用中，RNN 往往会遇到训练方面的困难，特别是由于模型深度不断提高，而 RNN 并没有很好地解决长期依赖性问题，长时间依赖的挑战是预测点和依赖的关键信号距离相当远的时候，RNN 记忆单元中较早记录的信号会因为时间步的延长而冲淡，从而导致无法获得该关键信号。

为防止梯度爆炸或消失等实际问题，一个最直观的方法是选取适当的参量，同时采用非饱和的激活函数方法，但这个办法要求充分的人工调参经验，制约了模型的实际应用，更可行的方法则是采用改进模型或通过最佳优化方式缓解 RNN 的梯度消失和梯度爆炸问题[12]。

4.4　改进的循环神经网络

RNN 之所以称为循环神经网络，是因为某个时间序列中当前的输入、输出和以前的输入、输出有关，最具体的表现就是网络会对以前的消息加以记忆并应用到当前输入、输出的

运算中,同时隐含层的输入不仅仅包括输入层的输出,还包括上一时刻隐含层的输出。理论上,RNN 可以处理任意长度的数据,但在实际应用中,为减少复杂性,通常假定当前的情况仅和之前的几种情况有关,并且为了应对长期依赖的挑战,RNN 衍生出多种结构及变体,这里选取较典型的双向循环神经网络、长短期记忆网络和门控循环单元网络进行介绍[13]。

4.4.1　双向循环神经网络

在传统的 RNN 中,所有状态的传递都是从前往后单向的[14],但是,在某些问题中,当前时刻的输出值不但与先前的状态有关,而且与随后的状态也有关,这时双向循环神经网络(Bidirectional Recurrent Neural Networks,BRNN)可以处理这一类问题。例如,在某个句子中预测缺失的单词时,不但必须通过前文确定,而且还必须根据后面的内容,BRNN 可以发挥它的作用,因为 BRNN 是由两个 RNN 上下重叠在一起构成的,输出由这两种 RNN 的状态共同确定[15]。图 4.3 是 BRNN 结构示意图。

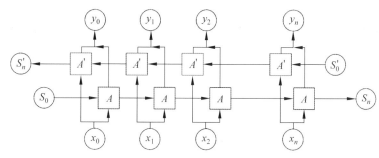

图 4.3　BRNN 结构示意图

假设输入的序列为 $X = [x_0, x_1, \cdots, x_n]$,那么先从 x_0 开始向右计算,然后再从 x_n 开始向左计算,将两次计算得到的输出结合得到最终的输出。从图 4.3 中可以看出,BRNN 的构成主要是两种单向 RNN 的组合,在每一个时刻,输入会同时提供给这两个方向相反的RNN,而输出则是由这两个单向 RNN 共同决定(可以拼接或者求和等)。

4.4.2　长短期记忆网络

RNN 的出现,主要是因为它们能够将以前的信息应用到现在,从而解决现在的问题,但是梯度消失和梯度爆炸的影响,使得传统的 RNN 很难进行信息的长期存储,为了解决此类问题,霍克赖特(Hochreiter)等提出长短期记忆(Long-Short Time Memory,LSTM)网络,用于改进传统的 RNN[6]。最常用的一个例子,如当要预计词"the clouds are in the (…)"的时候,相关的信息和预测的词位置之间的间隔很小,RNN 会使用先前的信息预测出词是"sky"。但是如果想预测"I grew up in France … I speak fluent (…)",语言模型推测下一个词可能是一种语言的名字,但是具体是什么语言,需要用到间隔很长的前文中的 France,这种情况下,RNN 因为"梯度消失"的问题,并不能利用间隔很长的信息,然而,LSTM 在设计上明确避免了长期依赖的问题,这主要归功于 LSTM 精心设计的"门"结构(输入门、遗忘门和输出门)具有消除或者增加信息到细胞状态的能力,这些门控单元决定了信息是遗弃还是保留,使得 LSTM 能够记住长期的信息。

LSTM 在长期依赖性任务中的表现力远高于 RNN,在梯度反向传递过程中也没有因为梯度消失问题而产生影响,所以 LSTM 可以解决因为短期或长期依赖性的数据而无法进行精确建模的问题。LSTM 和 RNN 的差异主要是因为 LSTM 已经实现了一种更精细的内部信息处理单元,进行上下文信息的高效保存与自动更新[16]。因为其出色的特性,LSTM 一直广泛用于更大规模的与序列学习有关的各项任务中,包括语音识别、语句模型、词性标记和机器编译等。通过 LSTM 学习带有语义的句子向量,然后将该特征向量用于网络中的文档检索任务,网络的隐含层提供了整个句子的语义表示并且能够检测句子中的关键字。Miyamoto 等提出基于双向长短期记忆网络(Bi-directional LSTM,BLSTM)的语言模型,并且引入词字符门用于解决未登录词的表示问题,可以自适应地对词和字符级的词向量进行混合得到最终的词向量表示。

为了更好地理解 LSTM 结构,图 4.4 是 LSTM 模块的具体结构示意图。LSTM 相比传统 RNN 多了一个状态流,也被称为细胞状态,用 C 表示,符号 $\otimes$ 表示逐点乘法操作,符号 $\oplus$ 表示逐点加法操作,σ 表示 Sigmoid 函数。通过这些操作,在 LSTM 模块中分别设置了输入门、遗忘门以及输出门,以达到门控的作用,这些门控单元决定了信息是遗弃还是保留[15]。

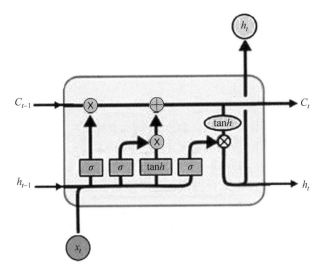

图 4.4　LSTM 模块的具体结构示意图

遗忘门决定丢弃哪些信息,这些信息是从上一时刻的状态流 C_{t-1} 中获取的。遗忘门输出值的范围为[0,1],表示从完全丢弃,到完全保留的一个决定。遗忘门可以表示为

$$f_t = \sigma(\boldsymbol{W}_f \cdot [h_{t-1}, x_t] + \boldsymbol{b}_f) \tag{4-35}$$

式中,f_t 表示遗忘门,其输出值通过一个 Sigmoid 函数计算。遗忘门的输入为 $[h_{t-1}, x_t]$,由上一时刻的隐藏状态 h_{t-1} 和当前时刻的输入 x_t 组合而成,这既考虑到历史时刻的信息,又考虑到当前时刻的信息,$\boldsymbol{W}_f$ 为需要训练的权值矩阵,$\boldsymbol{b}_f$ 为对应的偏置向量。

输入门决定要在当前时刻的状态流 C_t 中存储什么新信息,这由输入门的输出值决定。输入门的输出值范围为[0,1],表示从完全丢弃当前状态更新状态流 $\widetilde{C}_t$,到完全保留当前状态更新状态流 $\widetilde{C}_t$ 的一个决定。输入门可以表示为

$$i_t = \sigma(\boldsymbol{W}_i \cdot [h_{t-1}, x_t] + \boldsymbol{b}_i) \tag{4-36}$$

式中，i_t 表示输入门，其输出值同样通过 Sigmoid 函数计算。其中 $\boldsymbol{W}_i$ 和 $\boldsymbol{b}_i$ 分别为待计算的输入门的权值矩阵和偏置向量。

当前时刻的状态流更新方式为

$$\widetilde{C}_t = \tanh(\boldsymbol{W}_c \cdot [h_{t-1}, x_t] + \boldsymbol{b}_c) \tag{4-37}$$

输出门的计算为

$$o_t = \sigma(\boldsymbol{W}_o \cdot [h_{t-1}, x_t] + \boldsymbol{b}_o) \tag{4-38}$$

式中，o_t 代表输出门，$\boldsymbol{W}_o$ 代表权值矩阵，$\boldsymbol{b}_o$ 代表偏置向量。最终输出如式(10-39)所示。

$$h_t = o_t \times \tanh(C_t) \tag{4-39}$$

4.4.3 门控循环单元网络

LSTM 网络的概念在 1997 年首次被提出，并于近年被 Alex Graves 加以改进与推广。针对许多问题，LSTM 都获得了相当大的成果，并且得到普遍的应用[17]。如今 LSTM 各种各样的变体很常见，许多变体都做了一些改进。LSTM 的一个缺陷是结构较为复杂，门控循环单元(Gate Recurrent Unit，GRU)是 LSTM 的一个改进，其结构相比 LSTM 更简单，其具体结构示意图如图 4.5 所示。

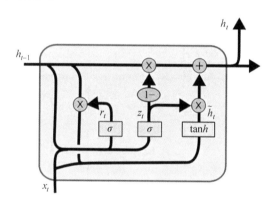

图 4.5 GRU 具体结构示意图

GRU 和 LSTM 相比，去掉了其中的输入门以及遗忘门，取而代之的是两者结合组成的更新门[17]。更新门的计算为

$$z_t = \sigma(\boldsymbol{W}_z \cdot [h_{t-1}, x(t)] + \boldsymbol{b}_z) \tag{4-40}$$

式中，z_t 表示更新门，$\boldsymbol{W}_z$ 和 $\boldsymbol{b}_z$ 是其待训练的权值矩阵以及偏置向量。

此外，GRU 包含的重置门决定了新的输入与前面的信息结合的方式，其计算方式为

$$r_t = \sigma(\boldsymbol{W}_r \cdot [h_{t-1}, x(t)] + \boldsymbol{b}_r) \tag{4-41}$$

式中，r_t 表示重置门，$\boldsymbol{W}_r$ 和 $\boldsymbol{b}_r$ 是其待训练的权值矩阵和偏置向量。

隐藏状态更新 $\widetilde{h}_t$ 为

$$\widetilde{h}_t = \tanh(\boldsymbol{W} \cdot [r_t \otimes h_{t-1}, x(t)] + \boldsymbol{b}) \tag{4-42}$$

其中，$\boldsymbol{W}$ 为隐藏状态更新 $\widetilde{h}_t$ 的偏置向量，$\otimes$ 为逐点乘法。

最终输出的隐藏状态为

$$x_t = (1 - z_t) \otimes h_{t-1} + z_t \otimes \widetilde{h}_t \qquad (4\text{-}43)$$

其中,$(1-z_t) \otimes h_{t-1}$ 表示对隐藏状态的选择性"遗忘",可以理解成取代了遗忘门,$z_t \otimes \widetilde{h}_t$ 表示对当前节点信息进行选择性"记忆"。

相比 LSTM,GRU 模型的结构更简单,它使用一个更新门同时实现了遗忘和选择记忆,在减少参数的同时效果基本与 LSTM 相当,故在数据量较小等情况下可以尝试使用 GRU 替代 LSTM。

更新门和重置门都可以完全独立地忽略目标状态向量的一部分,更新门用于控制前一时刻的状态信息被代入当前状态中的程度,更新门的值越大,说明前一时刻的状态信息被代入的越多。重置门控制前一状态有多少信息被写入当前的候选集上,重置门越小,被写入的前一状态的信息越少。与 LSTM 相比,GRU 内部少了一个"门控",参数比 LSTM 少,但是也能够达到与 LSTM 相当的功能。考虑到硬件的计算能力和时间成本,因而很多时候会选择更加实用的 GRU。

图 4.6 是 GRU 单个门控单元的结构图,门控循环单元不会随时间而清除以前的信息,它会保留相关的信息并传递到下一个单元,因此它利用全部信息,而避免了梯度消失问题。

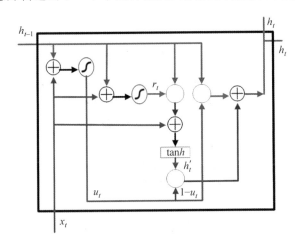

图 4.6 GRU 单个门控单元的结构图

除了上述提及的门控循环单元网络,还有很多由其他门构成的 RNN,在应用过程中可根据实际需求做出选择,但是这些改进后的 RNN 无法同时优于改进之前的那两种原始网络架构,一种原始网络架构的关键是使用了遗忘门,另一种原始网络架构的关键是在遗忘门中引入了偏置行为。

4.5 本 章 小 结

本章对 RNN 的简介进行叙述,随后对 RNN 的结构进行介绍,内容包括 RNN 的输入层、RNN 的输出层和 RNN 的隐含层,在 RNN 的算法中,详细叙述了 RNN 的前向传播算法、随时间反向传播算法和实时循环学习算法，在此基础上还分析了长期依赖的挑战，最后对改进的 RNN 中的 BRNN、LSTM GRU 进行叙述。通过本章内容的学习，读者可深入理解 RNN 的结构和应用。

4.6 章 节 习 题

1. RNN 中为什么会出现梯度消失？如何解决？

2. LSTM 中有哪几个门？它们分别使用什么激活函数？

3. 编程实现一个 LSTM 模型，并在 Tushare 金融大社区的数据集（数据集见 https://tushare.pro）上进行测试，预测股票的走势。

参 考 文 献

[1] 杨丽，吴雨茜，王俊丽，等. 循环神经网络研究综述[J]. 计算机应用，2018，38(S2)：1-6，26.

[2] 张剑，屈丹，李真. 基于词向量特征的循环神经网络语言模型[J]. 模式识别与人工智能，2015，28(4)：299-305.

[3] MIKOLOV T，SUTSKEVER I，CHEN K，et al. Distributed representations of words and phrases and their compositionality[C]//Proceedings of the 26th International Conference on Neural Information Processing Systems. Red Hook：Curran Associates Inc，2013，2：3111-3119.

[4] 刘长龙. 从机器学习到深度学习：基于 Scikit-learn 与 TensorFlow 的高效开发实战[M]. 北京：电子工业出版社，2019.

[5] 贾壮. 机器学习与深度学习算法基础[M]. 北京：北京大学出版社，2019.

[6] OLAH C，SHAN C. Attention and augmented recurrent neural networks[J]. Distill，2016，1(9)：100-120.

[7] SEPP H，Schmidhuber J. Long short-term memory[J]. Neural Computation，1997，9(8)：1735-1780.

[8] PASCANU R，GULCEHRE C，CHO K，et al. How to construct deep recurrent neural networks[J]. arXiv preprint arXiv：1312. 6026(2013).

[9] GRAVES A，MOHAMED A R，HINTON G. Speech recognition with deep recurrent neural networks[C]. 2013 IEEE International Conference on Acoustics，Speech and Signal Processing. Vancouver，Canada，2013：6645-6649.

[10] GRE F K，SRIVASTAVA R K，KOUTNÍK J，et al. LSTM：A search space odyssey[J]. IEEE Transactions on Neural Networks & Learning Systems，2016，28(10)：2222-2232.

[11] CHUNG J，GULCEHRE C，CHO K H，et al. Empirical evaluation of gated recurrent neural networks on sequence modeling[J]. Eprint arXiv，2014.

[12] BENGIO Y，SIMARD P，FRASCONI P. Learning long-term dependencies with gradient descent is difficult[J]. IEEE Transactions on Neural Networks，1994，5(2)：157-166.

[13] CHO K，VAN M B，BAHDANAU D，et al. On the properties of neural machine translation：encoder-decoder approaches[J]. arXiv preprint arXiv，2014.

[14] JOZEFOWICZ R，ZAREMBA W，SUTSKEVER I. An empirical exploration of recurrent network architectures[C]//International Conference on Machine Learning. PMLR，2015：2342-2350.

［15］ 张宪超. 深度学习［M］. 北京：科学出版社，2019.

［16］ LIU Q，WU S，WANG L，et al. Predicting the next location：a recurrent model with spatial and temporal contexts［C］. 30th Association-for-the-Advancement-of-Artificial-Intelligence （AAAI） Conference on Artificial Intelligence. Phoenix，USA，2016：194-200.

［17］ TJANDRA A，SAKTI S，MANURUNG R，et al. Gated recurrent neural tensor network［C］. International Joint Conference on Neural Networks (IJCNN). Vancouver，Canada，2016：448-455.

第 5 章　生成对抗网络

生成对抗网络(Generative Adversarial Network, GAN)在诸多领域都取得了较好的应用效果,本章将以生成模型概述为切入点,介绍生成模型的基本概念和生成模型的意义及应用,在此基础上详细叙述 GAN,并分析 GAN 的延伸模型——SGAN 模型、CGAN 模型、StackGAN 模型、InfoGAN 模型和 Auxiliary Classifier GAN 模型的结构。

5.1　生成模型概述

深度神经网络的热门话题是分类问题,即给定一幅图像,神经网络可以告知你它是什么内容,或者属于什么类别。近年来,生成模型成为深度神经网络新的热门话题,它想做的事情恰恰相反,即给定一个类别,神经网络可以无穷无尽地自动生成真实而多变的此类别图像,如图 5.1 所示,它可以包括各种角度,而且会在此过程中不断进步。

图 5.1　生成模型示例

5.1.1　生成模型的基本概念

在深度学习中,可以将其模型分为生成模型和判别模型两大类[1]。生成模型可以通过观察数据,学习样本与标签的联合概率密度分布 $P(x,y)$,然后生成对应的条件概率分布 $P(y|x)$,从而得到所预测的模型 $Y=f(x)$。判别模型强调直接从数据中学习决策函数[2]。生成模型的目标是给定训练数据,希望能获得与训练数据相同的新数据样本。判别模型的目标是找到训练数据的分布函数。在深度学习中,监督学习和非监督学习都包含其对应的生成模型,根据寻找分布函数的过程,可以把生成模型大致分为概率估计和样本生成。

概率估计是在不了解事件概率分布的情况下,通过假设随机分布,观察数据确定真正的概率密度分布函数,此类模型也可定义为浅层生成模型,典型的模型有朴素贝叶斯、混合高

斯模型和隐马尔可夫模型等。

样本生成是在拥有训练样本数据的情况下,通过神经网络训练后的模型生成与训练集类似的样本,此类模型也可以定义为深度生成模型,典型的模型有受限玻尔兹曼机、深度信念网络、深度玻尔兹曼机和广义除噪自编码器等。

5.1.2 生成模型的意义及应用

著名物理学家费曼说过一句话:"只要是我不能创造的,我就还没有理解。"生成模型恰如其所描述的,其应用包括:

(1)生成模型的训练和采样是对高维概率分布问题的表达和操作,高维概率分布问题在数学和工程领域有很广泛的应用[3]。

(2)生成模型可以以多种方式应用到强化学习中。基于时间序列的生成模型可用来对未来可能的行为进行模拟;基于假设环境的生成模型可用于指导探索者或实验者,即使发生错误行为,也不会造成实际损失[4]。

(3)生成模型可以使用有缺失的数据进行训练,并且可以对缺失的数据进行预测。

(4)生成模型可以应用于多模态的输出问题,一个输入可能对应多个正确的输出,每一个输出都是可接受的[5]。图 5.2 是预测视频的下一帧图像的多模态数据建模示例。

神经网络的发展大致可以分为神经网络的兴起、神经网络的萧条与反思、神经网络的复兴与再发展、神经网络的流行度降低和深度学习的崛起共 5 个阶段。

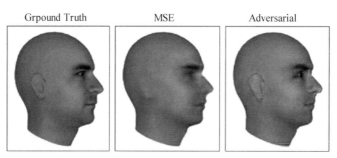

图 5.2 多模态数据建模示例

5.2 GAN 概述

2014 年,自蒙特利尔大学的博士生 Ian Goodfellow 提出 GAN 以来,对 GAN 的研究便成了深度学习领域的一大热门问题,GAN 甚至被称为过去十年深度学习领域最有趣的想法[6]。GAN 使用两个神经网络,将一个神经网络与另一个神经网络进行对抗,其潜力巨大,因为它们能学习模仿任何数据分布,因此,GAN 能在任何领域创造类似于图像、音乐、演讲、散文等形式的数据。图 5.3 是 GAN 的应用示例,在某种意义上,它们是机器人艺术家,它们的输出令人印象深刻,甚至人们能够被它们的输出深刻打动。

图 5.3　GAN 的应用示例

5.2.1　GAN 简介

GAN 对抗的两个网络分别为生成器 G 和鉴别器 D，生成器 G 是一个生成图像的网络，它接收一个随机的噪声 z，通过这个噪声生成图像，记为 $G(z)$，相当于编码器[4]。鉴别器 D 是一个判别网络，判别一幅图像是不是"真实的"。它的输入参数是 x，代表一幅图像，输出 $D(x)$ 代表 x 为真实图像的概率，$D(x)$ 为 1 时代表是真实的图像，$D(x)$ 为 0 时代表由生成器生成的图像，相当于解码器。

在训练过程中，生成器的目标就是尽量生成真实的图像去欺骗鉴别器。而鉴别器的目标是尽量把生成器生成的图像和真实的图像区分开。这样，生成器和鉴别器就构成了一个动态的"博弈过程"。在最理想的状态下，生成器可以生成足以"以假乱真"的图像，而对于鉴别器来说，它难以判定生成器生成的图像究竟是不是真实的，因此，理想情况下，当 $D(G(z))=0.5$ 时，得到一个生成式的模型 G，它可以用来生成所需的数据类型，鉴别器无法分辨。

5.2.2　GAN 的损失函数

GAN 的损失函数以及背后具有的数学原理是其另一个难点[7]。GAN 的目标是让生成器生成足以欺骗鉴别器的样本，从数学角度看，希望生成数据样本和真实数据样本拥有相同的概率分布，也可以说，生成数据样本和真实数据样本拥有相同的概率密度函数，即 $P_G(x)= P_{\text{data}}(x)$。

GAN 的损失函数源自二分类对数似然函数的交叉熵损失函数，有

$$L=-\frac{1}{N_i}\big[y_i\log p_i+(1-y_i)\log(1-p_i)\big] \tag{5-1}$$

式中，$y_i\log p_i$ 的作用是使来自真实数据的预测样本结果为 1，即当 $x\sim P_{\text{data}}(x)$ 时，$D(x)=1$，x 为真实样本数据，$D(x)$ 表示当数据为真实样本时鉴别器的输出结果。

$y_i\log p_i$ 可以表示为

$$E_{x\sim P_{\text{data}}(x)}\log(D(x)) \tag{5-2}$$

式中,$(1-y_i)\log(1-p_i)$的作用是使来自生成器样本的预测结果为0,即当$x \sim P(G(z))$时,$D(G(z))=0$,$G(z)$为来自生成器的生成样本数据。

$(1-y_i)\log(1-p_i)$可以表示为

$$E_{x \sim P_{G(z)}}\log(1-D(G(z))) \tag{5-3}$$

结合式(5-2)和式(5-3),鉴别器的优化目标是最大化式(5-2)和式(5-3)之和,可以表示为

$$V(G,D)=E_{x \sim P_{data}(x)}\log(D(x))+E_{x \sim P_{G}(z)}\log(1-D(G(z))) \tag{5-4}$$

因此,在给定生成器的情况下,得到最优的鉴别器为

$$D_G^* = \arg \max_D V(G,D) \tag{5-5}$$

生成器的优化目标与鉴别器的优化目标相反,它需要鉴别器的结果尽可能地差,即当鉴别器达到最优时,需要对生成器进行优化,目的是最小化式(5-5),于是可以得到最优的生成器表示为

$$G^* = \arg \min_G V(G,D_G^*) \tag{5-6}$$

综上所述,可以得到GAN中生成器和鉴别器的极大、极小博弈的损失函数,有

$$\min_G \max_D V(G,D)=E_{x \sim P_{data}(x)}\log(D(x))+E_{x \sim P_{G}(z)}\log(1-D(G(z))) \tag{5-7}$$

5.2.3 GAN 的算法流程

以训练GAN生成人脸图片为例,GAN体系的核心结构如图5.4所示,其中包含以下4种类型。

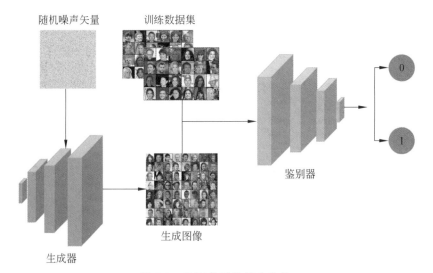

图 5.4　GAN 体系的核心结构

(1)训练数据集:希望生成器以近乎完美的质量学习并模仿训练数据集,因此训练数据集由人脸图像组成,并将该数据集用作鉴别器的输入。

(2)随机噪声矢量:作为生成器的原始输入z,这个输入是一个随机数向量,生成器使用它作为合成假样本的起点。

（3）生成器：生成器将随机数向量 z 作为输入并输出假样本 x^*，它的目标是使生成的假样本与训练数据集中的真实数据样本无法区分。

（4）鉴别器：鉴别器将来自训练数据集的真实数据样本 x 或生成器生成的假样本 x^* 作为输入，对于每个样本，鉴别器将确定并输出样本为真实数据样本的概率。

GAN 的生成器和鉴别器通过博弈的手段对两个网络进行迭代优化，在训练过程中采用交叉训练的方式进行，基本流程如下。

（1）初始化生成器的参数 θ_G 和鉴别器的参数 θ_D。

（2）从分布为 $P_{\text{data}}(x)$ 的数据集中采样 m 个真实数据样本 $\{x^{(1)}, x^{(2)}, \cdots, x^{(m)}\}$，同时从噪声先验分布 $P_G(z)$ 中采样 m 个噪声样本 $\{z^{(1)}, z^{(2)}, \cdots, z^{(m)}\}$，并且使用生成器获得 m 个生成数据样本 $\{\widetilde{x}^{(1)}, \widetilde{x}^{(2)}, \cdots, \widetilde{x}^{(m)}\}$。

（3）固定生成器，使用梯度上升策略训练鉴别器使其能够更好地判断样本是真实数据样本还是生成数据样本，有

$$\nabla_{\theta_D} \frac{1}{m} \sum_{i=1}^{m} \left[\log D(x^i) + \log(1 - D(G(z^i))) \right] \tag{5-8}$$

（4）循环多次对鉴别器的训练后，使用较小的学习率对生成器进行优化，固定鉴别器，生成器使用梯度下降策略进行优化，有

$$\nabla_{\theta_G} \frac{1}{m} \sum_{i=1}^{m} \log(1 - D(G(z^i))) \tag{5-9}$$

（5）多次更新之后，理想状态是生成器生成一个鉴别器无法分辨的样本，即最终鉴别器的分类准确率是 0.5。

图 5.5 是 GAN 在训练过程中的鉴别器和生成器变化图，循环多次优化鉴别器，再优化生成器，因为想先拥有一个有一定效果的鉴别器，它能够比较正确地区分真实数据样本和生成数据样本，这样才能够根据鉴别器的反馈对生成器进行优化。

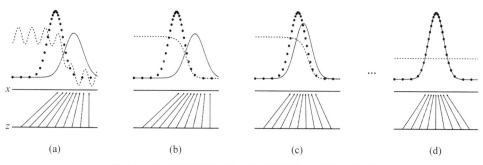

图 5.5　GAN 在训练过程中的鉴别器和生成器变化图

图 5.5 中，圆点线代表真实数据样本分布，实线代表生成的数据样本分布，虚线代表鉴别器判别概率的分布情况，z 表示噪声。从图 5.5 中可以看出，图 5.5(a)处于初始状态，此时生成数据样本和真实数据样本的差距比较大，而且鉴别器也不能对它们很好地进行区分，因此需要先对鉴别器进行优化。对鉴别器优化若干轮后，进入图 5.5(b)所示状态，此时鉴别器已能够很好地区分真实数据样本和生成数据样本，但生成数据样本和真实数据样本的分布差异还是非常明显的，因此需要对生成器进行优化。经过训练后真实数据样本和生成数据

样本的差异缩小很多,也就是图 5.5(c)所示状态。经过若干轮对鉴别器和生成器的训练后,生成数据样本和真实数据样本的分布已经完全一致(图 5.5(d)),此时鉴别器无法再区分,已达到预期的结果。

5.2.4　GAN 的算法分析

GAN 的训练过程都是无监督的,数据集是没有经过人工标注的,只知道这是真实的图像,如全是人脸图像,系统中的鉴别器并不知道该图像的类型,它只需要分辨真假。生成器也不知道自己生成的数据是什么类型,它只需要尽可能地学习真数据集欺骗鉴别器。

正由于 GAN 的无监督,在生成过程中,生成器就会按照自己的意思天马行空地产生一些诡异的图像,同时鉴别器可能给出一个很高的分数,如人脸极度扭曲的图像,这就是无监督学习目的性不强所导致的。

在 GAN 中,生成器和鉴别器两个网络有相互竞争的目标,即若一个网络变得更好,另一个网络必将变得更差。博弈论可能会认为这是一种零和博弈,一方的收益等于另一方的损失,所有的零和博弈都有一个纳什均衡点[8]。在纳什均衡点上,任何一方都不能通过改变自己的行为改善自己的处境或获得回报。

GAN 到达纳什均衡点,满足如下条件时,有

(1)生成器生成的数据样本与训练数据集中的真实数据样本无法区分。

(2)鉴别器最多只能随机猜测一个特定的数据样本是真或是假。

从鉴别器的角度看,当每个假样本 x^* 与来自训练数据集的真实数据样本 x 不可区分时,鉴别器就不能用任何方法分辨它们,因为鉴别器收到的数据样本有一半是真的,一半是假的,鉴别器能做的事情最好就是掷硬币,以 50% 的概率将每个数据样本归类为真的或假的。从生成器的角度看,生成器同样处于一个点上,它从进一步的调整中没有任何收益,因为它产生的数据样本已经与真实的数据样本无法区分,所以,即使对它用来将随机噪声向量 z 转化为假数据样本 x^* 的过程进行微小的改变,也可能给鉴别器一个如何从真实数据样本中辨别假数据样本的线索,从而使生成器变得更糟。

实际应用中,由于在非零博弈中达到收敛复杂性较大,因此几乎不可能找到 GAN 的纳什均衡。事实上,GAN 收敛仍然是 GAN 研究中最重要的课题。

5.3　GAN 模型

GAN 常用于图像生成、人脸生成、图像转换、超分辨率和文本到图像的转换等领域,本节主要介绍 SGAN 模型、CGAN 模型、StackGAN 模型、InfoGAN 模型和 AC-GAN 模型。通过分析这些模型,读者可以充分体会它们在不同领域的应用。

5.3.1　SGAN 模型

半监督生成对抗网络(Semi-Supervised GAN,SGAN)模型作为 GAN 的一种,其鉴别器是多分类器,该鉴别器不只是区分两个类(真和假),还要学会区分 $N+1$ 类,N 是训练数据集中的类数,生成器生成的伪样本增加一个类[9]。

要将鉴别器变成半监督分类器,除了计算其输入是否为实数的概率外,鉴别器还需要学习它所训练的每个原始数据集类的概率,通过该概率,鉴别器能够将一个信号发送回生成器,从而有可能提高生成器创造真实图像的能力。SGAN 模型的鉴别器须将其梯度发送回生成器,因为这是生成器在训练期间调整参数的唯一信息来源,然而,在真实图像的情况下,鉴别器还必须为每个单独的数据集类输出单独的概率,为此,可以将 Sigmoid 激活函数输出转换为具有 N 个类输出的 Softmax 函数,前 $N-1$ 个类为数据集的单个类概率($0\sim N-2$),第 N 个类是来自生成器的所有假图像,如果将第 N 类概率设置为 0,那么 $N-1$ 个概率的和表示先前使用 Sigmoid 激活函数计算的相同概率。图 5.6 是 SGAN 模型的结构示意图。

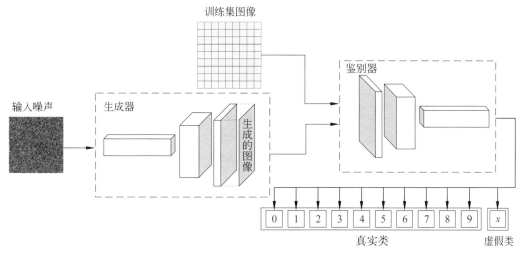

图 5.6　SGAN 模型的结构示意图

SGAN 模型生成器的目的与原始 GAN 相同,接收一个随机数向量并生成假样本,力求使假样本与训练数据集别无二致[10]。但是,SGAN 鉴别器与原始 GAN 实现有很大不同,它接收 3 种输入数据用于训练,具体情况如下。

(1) 带有标签的真实图像 X,与任何常规的监督分类问题相同,提供图像标签对。

(2) 无标签真实图像 X,分类器只知道这些图像是真实的。

(3) 来自生成器的图像 X^*,鉴别器会把它们归类为假的。

所有这些数据的组合使分类器能够从更广泛的角度进行学习,从而能够更精确地确定正确的结果。

SGAN 模型的生成器和鉴别器通过两个目标设置损失函数,具体情况如下。

(1) 为使得鉴别器能够帮助生成器产生真实的图像,可以通过学习区分真实和虚假的数据样本。

(2) 使用生成器的图像与标注后和未标注的训练图像对数据集精确分类。

对于 SGAN 模型的损失函数,除计算鉴别器的损失值,还必须计算生成器中有监督训练样本的损失 $D(x,y)$。所以,SGAN 模型有两种损失值,即有监督损失和无监督损失,具体为

$$L = L_{\text{supervised}} + L_{\text{unsupervised}} \tag{5-10}$$

$$L_{\text{supervised}} = -E_{x,y \sim P_{\text{data}}(x,y)} \log p_{\text{model}}(y \mid x, y < K+1) \qquad (5\text{-}11)$$

$$L_{\text{unsupervised}} = -\left\{\begin{array}{l} E_{x \sim P_{\text{data}}(x)} \log[1 - p_{\text{model}}(y = K+1 \mid x)] \\ + E_{x \sim G}[\log p_{\text{model}}(y = K+1 \mid x)] \end{array}\right\} \qquad (5\text{-}12)$$

SGAN 模型引入半监督学习的思想将鉴别器改进为多分类器,这是其与普通 GAN 最大的区别。

5.3.2 CGAN 模型

如果 GAN 的生成器和鉴别器都基于一些额外的信息 y,则 GAN 可以扩展为一个条件模型,y 可以是任何类型的辅助信息,如类标签或来自其他形式的数据,通过将鉴别器和生成器作为额外的输入层执行条件作用,进一步提出条件生成对抗网络(Conditional GAN,CGAN)模型[11],如图 5.7 所示。

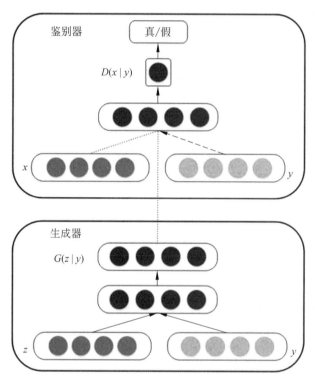

图 5.7 CGAN 模型的结构示意图

在生成器中,预先输入的噪声 z 和 y 组合在隐含层中,对抗训练框架在隐含层具有相当大的灵活性。

在鉴别器中,x 和 y 作为输入和鉴别函数,将条件输入和先验噪声作为多层感知机的单个隐含层的输入,可以使用更高阶的交互允许复杂的生成机制。

CGAN 模型的损失函数为

$$\min_G \max_D V(G,D) = E_{x \sim P_{\text{data}}(x)} \log(D(x \mid y)) + E_{x \sim P_G(z)} \log(1 - D(G(z \mid y)))$$

$$(5\text{-}13)$$

GAN 虽然能生成新的数据,但是无法确切地控制新样本的类型,如手写数字集,无法通过 GAN 指定要生成的具体数字,而 CGAN 模型可以轻松地解决这个问题。

5.3.3　StackGAN 模型

从文本中生成逼真的图像有广泛的应用,包括图片编辑、计算机辅助设计等。基于给定文本描述,虽然 CGAN 模型能够生成与文本含义高度相关的图像,但训练 GAN 从文本描述生成高分辨率的逼真图像是非常困难的,如在 GAN 模型中添加更多的上采样层生成高分辨率图像(如 256×256 像素),会导致训练不稳定,并产生无意义的输出。StackGAN 模型将文本到图像的合成问题分解为 Stage-Ⅰ GAN 和 Stage-Ⅱ GAN 两个更容易处理的子问题[12-13],StackGAN 模型将两个 GAN 堆叠在一起,从而形成一个能生成高分辨率图像的网络。Stage-Ⅰ 以文本描述为条件生成具有基本颜色和粗略草图的低分辨率图像。通过对 Stage-Ⅰ 的结果和文本进行条件设置,Stage-Ⅱ GAN 学会捕捉 Stage-Ⅰ GAN 忽略的文本信息,并为对象绘制更多的细节,产生更高分辨率的图像(如 256×256 像素)[14]。

Stage-Ⅰ GAN 和 Stage-Ⅱ GAN 网络主要由文本编码器(text encoder)、条件增强网络(conditioning augmentation network)、生成器网络(generator network)、鉴别器网络(discriminator network)和嵌入压缩网络(embedding compressor network)组成。

对于 Stage-Ⅰ GAN 和 Stage-Ⅱ GAN 的文本编码器和条件增强网络,其中文本编码器的唯一目的是将文本描述(t)转换为文本嵌入(ϕt),文本编码器网络将句子编码为高维(如 1024 维)文本嵌入。从文本编码器获取文本嵌入(ϕt)之后,将它们传输到一个全连接层,以生成均值等于 μ_0 和标准差等于 σ_0 的值,将它们用于创建对角线协方差矩阵,即将 σ_0 放在矩阵 $\Sigma(\phi t)$ 的对角线。最后,使用 μ_0 和 Σ_0 创建高斯分布,具体表示为

$$N(\mu_0(\phi t), \Sigma_0(\phi t)) \tag{5-14}$$

从刚创建的高斯分布中获取高斯条件增强变量 $\hat{c}_0$,有

$$\hat{c}_0 = \mu_0 + \sigma_0 N(0, I) \tag{5-15}$$

添加 CA 网络(Conditioning Augmentation network)能增加网络的随机性,通过捕获具有各种姿势和外观的对象,可以使生成网络更强大,它能产生更多的图文对。使用大量的图文对,可以训练一个抗干扰的强大网络。

Stage-Ⅰ GAN 的生成器网络是具有多个上采样层的深度卷积神经网络,生成网络是 CGAN 模型,其条件是高斯条件变量 $\hat{c}_0$ 和随机噪声变量 z,z 是从高斯分布 p_z 采样的随机噪声变量(尺寸为 N_z),生成器网络生成的图像可以表示为 $s_0 = G_0(z, \hat{c}_0)$。鉴别器网络是一个深度卷积神经网络,其中包含一系列下采样卷积层,下采样层从图像生成特征图,无论它们是来自真实数据还是由生成器网络生成的图像,将特征映射连接到文本嵌入,使用压缩和空间复制将文本嵌入转换为连接所需的格式,空间压缩和复制包括一个全连接层,该层用于将文本嵌入压缩为一个 N_d 维输出,然后通过在空间上复制文本将其转换为 $N_d \times N_d \times N_d$ 维张量,将特征图以及压缩和空间复制的文本嵌入沿通道维合并。最后,具有一个节点的全连接层用于二分类。

鉴别器网络损失表示为

$$L^{(D_0)} = E_{(I_0, t) \sim p_{data}} \left[\log D_0(I_0, \phi) \right] +$$

$$E_{z\sim p_z, t\sim p_{\text{data}}}\big[\log(1-D_0(G_0(z,c_0),\phi_t))\big] \tag{5-16}$$

生成器网络损失表示为

$$L^{(G_0)} = E_{z\sim p_z, t\sim p_{\text{data}}}\big[\log(1-D_0(G_0(z,c_0),\phi_t))\big] +$$
$$\lambda D_{KL}(N(\mu_0(\phi t),\Sigma_0(\phi t))\parallel N(0,I)) \tag{5-17}$$

Stage-Ⅱ GAN 的主要组件是生成器网络和鉴别器网络[8]。生成器网络是深层卷积神经网络,Stage-Ⅰ GAN 的结果(即低分辨率图像)通过几个下采样层生成图像特征,将图像特征和文本条件变量沿通道尺寸连接在一起,将连接的张量送入一些残差块,这些残差块学习跨图像和文本特征的多峰表示,最后一个操作的输出被输入一组上采样层,它们会生成高分辨率图像。鉴别器网络是一个深度卷积神经网络,并且包含额外的下采样层,因为图像的大小比 Stage-Ⅰ GAN 中的鉴别器网络大,是一个可识别是否匹配的鉴别器,这能够更好地匹配图像和条件文本,在训练期间,鉴别器将真实图像及其对应的文本描述作为正样本对,而负样本对则由两组组成:第一组是具有不匹配文本嵌入的真实图像;第二组是具有相应文本嵌入的合成图像。

Stage-Ⅱ GAN 中的生成器网络和鉴别器网络也可以通过使鉴别器网络的损失最大并使生成器网络的损失最小进行训练。

生成器损失表示为

$$L^{(D_0)} = E_{(I,t)\sim p_{\text{data}}}\big[\log D_0(I,\phi)\big] +$$
$$E_{s_0\sim p_{G_0}, t\sim p_{\text{data}}}\big[\log(1-D(G(s_0,\hat{c}),\phi_t))\big] \tag{5-18}$$

Stage-Ⅰ GAN 和 Stage-Ⅱ GAN 的两个生成器网络都以文本嵌入为条件,主要区别在于 Stage-Ⅱ GAN 是在 Stage-Ⅰ GAN 结果的基础上生成高分辨率图像,它以低分辨率的图像为条件,并再次嵌入文本,以纠正 Stage-Ⅰ GAN 结果中的缺陷。Stage-Ⅱ GAN 完成了之前忽略的文本信息,以生成更逼真的细节。

Stage-Ⅱ GAN 中的鉴别器网络损失表示为

$$L^{(D_0)} = E_{s_0\sim p_{G_0}, t\sim p_{\text{data}}}\big[\log(1-D(G(s_0,\hat{c}),\phi_t))\big] +$$
$$\lambda D_{KL}(N(\mu_0(\phi t),\Sigma_0(\phi t))\parallel N(0,I)) \tag{5-19}$$

5.3.4 InfoGAN 模型

无监督生成对抗网络(Information Maximizing GAN,InfoGAN)模型是 GAN 的信息论扩展,能够以完全无监督的方式学习分离表示[15]。另外,InfoGAN 模型能最大化小部分潜在变量和观测值之间的互信息。InfoGAN 模型不需要任何形式的监督,可以分离离散的和连续的潜在因素,扩展到复杂的数据集,且通常不需要比 GAN 更多的训练时间[16]。

InfoGAN 模型将输入噪声向量分解为不可压缩噪声 z 和隐含编码 c,并将数据分布进行结构化语义特征,采用 $c_1,c_2,\cdots,c_L$ 表示结构化的隐含变量集,代表生成数据不同的特征维度,如 MNIST 数据集可以由一个取值范围为 $0\sim9$ 的离散随机变量表示数字,使用隐含编码 c 表示所有的潜在变量 c_i,为生成器网络提供不可压缩噪声 z 和隐含编码 c,因此生成器的形式变为 $G(z,c)$。然而,在 GAN 中,生成器可以通过找到满足式(5-20)的解来忽略额外的隐含编码,使其完全不起作用,即

$$P_G(x \mid c) = P_G(x) \tag{5-20}$$

为了能够无监督地辨别隐含编码,提出一种信息论正则化方法,即隐含编码 c 与生成器的分布 $G(z,c)$ 之间应具有较高的互信息 $I(c;G(z,c))$。

在信息论中,x 与 y 之间的互信息 $I(x;y)$,指从随机变量 y 的知识中学到的关于其他随机变量 x 的“信息量”。互信息可表示为两个随机变量信息熵之差,有[17]

$$I(x;y) = H(x) - H(x \mid y) = H(y) - H(y \mid x) \tag{5-21}$$

式中,$H(x \mid y)$ 衡量的是“给定 y 的情况下,x 的不确定性”,如果 x 和 y 是独立的,那么 $I(x;y)=0$,因为知道一个变量对另一个变量没有任何影响;相反,如果 x 和 y 由一个确定的可逆函数关联,则可获得最大互信息。

为了能够增加隐含编码和生成数据间的依赖程度,可以增大隐含编码和生成数据间的互信息,使生成数据变得与隐含编码更相关,同时使潜在编解码器中的信息不在生成过程中丢失。因此,解决信息正则化的极小极大对策损失函数为

$$\min_{G,Q} \max_{D} V_{\text{InfoGAN}}(G,D,Q) = V(D,G) - \lambda L_1(G,Q) \tag{5-22}$$

实际上,互信息项 $I(c;G(z,c))$ 很难直接最大化,因为它需要访问后验概率 $p(c \mid x)$。可以通过定义一个辅助分布 $Q(c \mid x)$ 近似 $p(c \mid x)$,获得辅助分布的下界来获得互信息项的下界,于是有

$$I(c;G(z,c)) \geqslant E_{x \sim G(z,c)}[E_{c' \sim p(c \mid x)}[\log Q(c' \mid x)]] + H(c) \tag{5-23}$$

这种下边界互信息方法被称为变分互信息最大化。

到目前为止,我们已经绕过了必须通过这个下界显式计算后验概率 $p(c \mid x)$ 的问题,但仍然需要能够从内部期望的后验概率中采样。在适当的正则条件下,对于给定的随机变量 x、y 以及函数 $f(x,y)$,有

$$E_{x \sim X, y \sim Y \mid x}[f(x,y)] = E_{x \sim X, y \sim Y \mid x, x' \sim X \mid y}[f(x',y)] \tag{5-24}$$

通过式(5-24),可以定义互信息 $I(c;G(z,c))$ 的变分下界 $L_1(G,Q)$,有

$$L_1(G,Q) = \{E_{x \sim G(z,c)}[E_{c' \sim p(c \mid x)}[\log Q(c' \mid x)]] + H(c)\} \leqslant I(c;G(z,c)) \tag{5-25}$$

$L_1(G,Q)$ 可以用蒙特卡罗算法模拟近似,特别是可以通过再参数化技巧最大化 Q 和 G,因此 $L_1(G,Q)$ 可以添加到 GAN 的目标中,而不改变 GAN 的训练过程,通常将得到的算法称为 InfoGAN 模型。

当辅助分布 Q 接近真实后验分布时,有

$$E_x\left[D_{\text{KL}}\left(P(\cdot \mid x) \sim Q(\cdot \mid x)\right)\right] \rightarrow 0 \tag{5-26}$$

当隐含代码的变分下界达到最大值 $L_1(G,Q) = H(c)$ 时,达到最大互信息。因此,可以得到 InfoGAN 生成器及鉴别器的极大极小博弈的损失函数:

$$\min_{G,Q} \max_{D} V_{\text{InfoGAN}}(G,D,Q) = V(D,G) - \lambda L_1(G,Q) \tag{5-27}$$

InfoGAN 模型能够在大量图像数据集上发现高度语义和有意义的隐含表示。

5.3.5　AC-GAN 模型

辅助分类器生成对抗网络(Auxiliary Classifier GAN, AC-GAN)模型是 GAN 的变体,在 GAN 潜在空间中添加更多的结构以及一个特殊的代价函数,以便得到更高质量的样本以

及 GAN 中的感知可变性度量[18-19]。

在 AC-GAN 中,除噪声 z 外,每个生成的样本都有一个对应的类标签 y,将这两个参数加起来以生成图像 $x_{fake}=G(y,z)$。鉴别器给出噪声 z 上的概率分布和类标签 y 上的概率分布,即 $P(S|z)=D(z)$ 和 $P(C|y)=D(y)$。目标函数有真假判断的损失函数 L_S 和分类的损失函数 L_C:

$$L_S = E[\log P(S = real \mid X_{real})] + E[\log P(S = fake \mid X_{fake})] \tag{5-28}$$

$$L_C = E[\log P(C = real \mid X_{real})] + E[\log P(C = fake \mid X_{fake})] \tag{5-29}$$

L_S 是面向数据真实与否的代价函数,L_C 是数据分类准确性的代价函数。在优化过程中希望鉴别器能够使得 $L_S + L_C$ 尽可能最大,而生成器使得 $L_S - L_C$ 尽可能最大,即希望鉴别器能够尽可能区分真实数据和生成数据并且能对数据进行有效分类,对生成器来说希望生成数据被尽可能认为是真实数据且数据都能被有效分类。图 5.8 是 AC-GAN 模型的结构示意图。

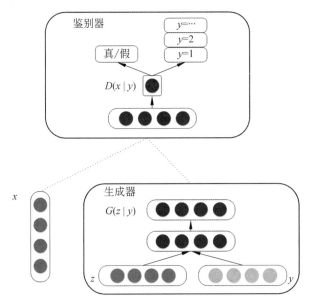

图 5.8 AC-GAN 模型的结构示意图

从图 5.8 可以看出,AC-GAN 模型与现有模型似乎没有太大区别,但此模型却产生了极好的效果,并且可以稳定训练。

5.4 本 章 小 结

本章首先对生成模型进行了介绍,内容包括生成模型的基本概念、生成模型的意义及应用,其次对 GAN 进行了详细介绍,内容包括 GAN 简介、GAN 的损失函数、GAN 的算法流程和 GAN 的算法分析,最后对 GAN 延伸模型中的 SGAN 模型、CGAN 模型、StackGAN 模型、InfoGAN 模型和 AC-GAN 模型进行了介绍。通过本章内容的学习,读者可以深入理解 GAN 的发展和应用。

5.5 章节习题

1. 简述 GAN 和 CGAN 的原理。

2. 简述 SGAN 与 InfoGAN 的区别。

3. 试说明 StackGAN 中的 Stage-Ⅰ GAN 和 Stage-Ⅱ GAN 有何作用。

4. 编程实现一个 GAN 模型,并在 Celeb-A Faces 数据集(数据集见 https://mmlab.ie. cuhk.edu.hk/projects/CelebA.html)上进行测试。

参 考 文 献

[1] GOODFELLOW I, BENGIO Y, COURVILLE A. Deep learning: adaptive computation and machine learning series[M]. Boston: The MIT Press, 2016.

[2] 方熙, 曾剑平, 吴承荣. 背景流量生成模型综述[J]. 计算机应用, 2019, 39(S1): 124-131.

[3] HINTON G, OSINDERO S, TEH Y W. A fast learning algorithm for deep belief nets[J]. Neural Computation, 2006, 18: 1527-1554.

[4] RADFORD A, METZ L, CHINTALA S. Unsupervised representation learning with deep convolutional generative adversarial networks[J]. Computer Science Mathematics. 2016: 1511-1527.

[5] 李航. 统计学习方法[M]. 2 版. 北京: 清华大学出版社, 2019.

[6] GOODFELLOW I J, POUGET-ABADIE J, MIRZA M. Generative adversarial networks [J]. Advances in Neural Information Processing Systems, 2014, 3: 2672-2680.

[7] 王兴梅. 基于深度学习的水下信息处理方法研究[M]. 北京: 北京航空航天大学出版社, 2021.

[8] LANGR J, BOK V. Gans in action[M]. Greenwich: Manning Publications Press, 2019.

[9] CHANG C, CHEN T, CHUNG P. Semi-supervised learning using generative adversarial networks [C]//2018 IEEE Symposium Series on Computational Intelligence (SSCI), Bengaluru, 2018: 892-896.

[10] 吕云翔. Python 深度学习[M]. 北京: 机械工业出版社, 2020.

[11] MIRZA M, OSINDERO S. Conditional generative adversarial nets[J]. Computer Science, 2014: 2672-2680.

[12] ZHANG H, XU T, LI H, et al. Stackgan: Text to photo-realistic image synthesis with stacked generative adversarial networks [C]//2017 IEEE International Conference on Computer Vision. Venice, 2017: 5907-5915.

[13] DHIVYA K, NAVAS N S. Text to realistic image generation using stackgan[C]//2020 7th IEEE International Conference on Smart Structures and Systems (ICSSS), 2020: 1-7.

[14] ZHANG H, XU T, LI H, et al. Stackgan++: Realistic image synthesis with stacked generative adversarial networks[J]. IEEE Transactions on Pattern Analysis and Machine Intelligence, 2018, 41(8): 1947-1962.

[15] 吴飞. 人工智能导论: 模型与算法[M]. 北京: 高等教育出版社, 2020.

[16] CHEN X, DUAN Y, HOUTHOOFT R, et al. InfoGAN: interpretable representation learning by information maximizing generative adversarial nets[J]. arXiv, 2016: 2180-2188.

［17］ SEB F. Control: digitality as cultural logic［M］. Boston: The MIT Press，2015.

［18］ ODENA A，OLAH C，SHLENS J. Conditional image synthesis with auxiliary classifier GANs［C］// Proceedings of the 34th International Conference on Machine Learning，PMLR，2017，70：2642-2651.

［19］ SENTHIL K，WASNIK N G，KIM Y J. Generation and analysis of exPressed sequence tags from leaf and root of Withania somnifera［J］. Molecular Biology Reports，2010，37(2)：893-902.

第6章　孪生神经网络

近年来,随着人工智能的发展,孪生神经网络(Siamese Neural Network)得到广泛的应用。本章首先介绍孪生神经网络,内容包括孪生神经网络的概念、发展、基本结构和特殊结构,在此基础上详细介绍孪生神经网络在目标识别、目标跟踪和自然语言处理等领域的常见应用模型。

6.1　孪生神经网络概述

6.1.1　孪生神经网络的概念

孪生神经网络主要用于处理两个输入"比较类似"的情况,如计算两幅图像或视频的语义相似度,输出其嵌入高维度空间的表征,以比较两个样本的相似程度。它是基于两个人工神经网络建立的耦合构架。狭义的孪生神经网络由两个结构相同,且权重共享的神经网络拼接而成。

孪生神经网络不仅能用于人脸识别,而且在目标跟踪和自然语言处理等领域都有较好的应用。

6.1.2　孪生神经网络的发展

孪生神经网络在 1993 年由 LeCun Yann 等首次提出,使用了一种用于验证手写输入板签名的算法,该算法基于新的人工神经网络,称为"孪生"神经网络[1]。2005 年,Sumit Chopra 等提出一种从数据中训练相似性度量的方法[2]。

2015 年,Elad Hoffer 等首次提出 Triplet Network,即三重神经网络,其输入有 3 个,即一个正例和两个负例,或两个正例和一个负例,训练的目标是使相同类别间的距离尽可能小,让不同类别间的距离尽可能大[3]。Sergey Zagoruyko 等提出从图像数据中学习用于比较图像斑块的通用相似性函数,这对许多计算机视觉而言是至关重要的任务,为了对这种功能进行编码,选择基于 CNN 模型,经过训练可以解决图像外观的多种变化,并在此基础上提出多种表现不错的神经网络模型结构[4]。同年,Gregory Koch 等提出将孪生网络应用于小样本学习(One-shot Learning)中,训练卷积孪生网络模型完成图像分类[5]。

2016 年,Aditya Thyagarajan 等提出一种 MaLSTM 模型,将孪生神经网络应用于文本识别[6]。同年,Luca Bertinetto 等提出一种 SiamFC 模型,使用全卷积孪生网络进行相似性学习,解决目标跟踪问题,它也是目前最经典的孪生神经网络目标跟踪算法[7]。

2018 年，Xiaolin Hu 等在 SiamFC 的基础上借鉴目标检测的区域生成网络（Region Proposal Network，RPN）结构提出 SiamRPN 模型，它抛弃了传统的多尺度测试和在线跟踪，从而使得跟踪速度非常快，在视觉目标跟踪（Visual Object Tracking，VOT）数据集上实时跟踪达到了最好的效果，速度最高为 160fps[8]。

2021 年，Yunhong Wang 等提出一种 STMTrack 模型，将时空记忆模型加入孪生神经网络目标跟踪算法中，使得算法能够充分利用与目标相关的历史信息，以很好地适应跟踪过程中的外观变化[9]。目前，孪生神经网络及其衍生算法已在诸多领域达到 SOTA（State-of-the-Art）水平，并且依然有很大的发展空间。

6.1.3 孪生神经网络的基本结构

孪生神经网络包含两个子网络，每个子网络各自接收一个输入，将其映射至高维特征空间，并输出对应的表征。通过计算两个表征的距离（例如欧几里得距离），可以比较两个输入的相似程度。孪生神经网络的子网络可以是卷积神经网络或循环神经网络，其权重可以由能量函数或分类损失优化。孪生神经网络的基本结构示意图如图 6.1 所示[10]。

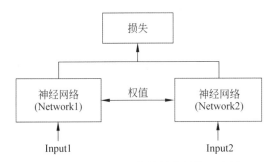

图 6.1　孪生神经网络的基本结构示意图

图 6.1 中，神经网络（Network1 和 Network2）是两个共享权值的网络，实际上就是两个完全相同的网络。孪生神经网络有两个输入（Input1 和 Input2），这两个输入分别输入到两个神经网络（Network1 和 Network2），这两个神经网络分别将输入映射到新的空间，形成输入在新空间中的表示。通过损失的计算，评价两个输入的相似度。

6.1.4 孪生神经网络的特殊结构

孪生神经网络的特殊结构是伪孪生神经网络与三重神经网络，它们的目的也在于学习一个相似性测度函数，并应用于匹配不同输入的相似性，常常用于处理“两个输入有一定差别”的情况和多输入的情况。

1. 伪孪生神经网络

当网络中的两个输入差别较大时，通常采用伪孪生神经网络。如果两个子网络不共享权重，即两个子网络是不同的神经网络（如一个是 CNN，一个是 RNN），则称为伪孪生神经网络（Pseudo Siamese Network）。伪孪生神经网络的两个子网络，可以是结构相同但权重不同，也可以是完全不同的结构，CNN 和 RNN 的这种连体网络，可以用来比对不同数据类型的信息所表达的内容的相似性，如一个图像和一段文字。

2. 三重神经网络

三重神经网络是孪生神经网络的一种延伸,其通常用于多输入的情况。图 6.2 是其网络结构示意图。三重神经网络的特征提取部分有 3 个相同的子网络,它需要 3 个输入,即一个正例和两个负例,或两个正例和一个负例,训练的目标是使相同类别间的距离尽可能小,让不同类别间的距离尽可能大[3]。

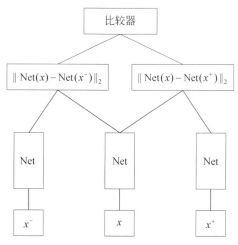

图 6.2 三重神经网络结构示意图

在图 6.2 中,x 为候选样本,x^- 为负样本,x^+ 为正样本,$\| \cdot \|_2$ 为计算特征距离过程。

三重神经网络由 3 个相同的前馈神经网络(彼此共享参数)组成。每次输入 3 个样本,网络会输出候选样本与正样本,以及候选样本与负样本的值,网络对 x^+ 和 x^- 相对于 x 的距离进行编码,其数学表示为

$$\mathrm{LTripletNet}(x, x^-, x^+) = \begin{bmatrix} \| \mathrm{Net}(x) - \mathrm{Net}(x^-) \|_2 \\ \| \mathrm{Net}(x) - \mathrm{Net}(x^+) \|_2 \end{bmatrix} \in R^2_+ \tag{6-1}$$

6.2 孪生神经网络在目标识别中的应用

假设建立一个大约有 500 人的人脸识别模型,如果用 CNN 从零开始建立人脸识别模型,需要这 500 个人的很多图像来训练网络,以获得良好的准确度[11],但是不会为这 500 个人提供太多的图像,所以使用 CNN 或任何深度学习模型建立模型是不可行的,除非有足够的数据点。因此,在这种情况下,可以使用复杂的小样本学习算法,如孪生神经网络,它可以从更少的数据点学习。

6.2.1 DeepFace 模型

DeepFace 模型是 FaceBook 提出的,该模型通过孪生神经网络实现单样本学习[12]。DeepFace 模型是 CNN 在人脸识别的奠基之作。DeepFace 模型的识别过程分为 4 个阶段,分别是检测、对齐、表征和分类。

DeepFace 模型采用基于检测点的人脸检测方法，先选择 6 个基准点：2 只眼睛的中心点、1 个鼻子点、3 个嘴上的点。通过局部二值模式（Local Binary Pattern，LBP）利用支持向量回归（Support Vector Regression，SVR）学习得到基准点。

在人脸对齐部分，DeepFace 模型对检测后的图像进行二维裁剪，将人脸部分裁剪出来，然后用一个 3D 模型，通过 67 个基点把 2D 人脸裁切成 3D 人脸，并采用三角剖分算法，在轮廓处添加三角形来避免不连续，最后将三角化后的人脸转换成 3D 形状，并将三角网做偏转，使人脸的正面朝前。

使用显式的 3D 人脸模型应用分段线性仿射变换，并使用一个 9 层的卷积神经网络模型获得人脸表征。网络中包含 12000 万个参数，并使用了一些没有权值共享的局部连接层。

DeepFace 模型的分类部分使用孪生神经网络模型将两幅面部图像分别输入两个相同的 CNN 子网络，比对提取到的特征后输出二者的向量距离，其计算公式为

$$d(f_1, f_2) = \sum_i \alpha_i \mid f_1[i] - f_2[i] \mid \qquad (6\text{-}2)$$

式中，f_1 与 f_2 分别为两组输入图像，α_i 为权重，$f_1[i]$ 与 $f_2[i]$ 为两组图像中对应的面部图像。

6.2.2 FaceNet 模型

FaceNet 模型是一个三重神经网络，它直接通过 CNN 学习输入人脸图像的欧几里得空间特征，两幅图像特征向量间的欧几里得距离越小，表示两幅图像是同一个人的可能性越大[13]。一旦有了这个人脸图像特征提取模型，那么人脸验证就变成了两幅图像相似度和指定阈值比较的问题，人脸识别就变成特征向量集的 K 最邻近（K-Nearest Neighbor，KNN）分类问题，人脸聚类就可以通过对人脸特征集进行 K 均值（K-Means）聚类完成。

FaceNet 模型直接利用三元组损失（Triplet Loss）训练模型，输出 128 维的特征向量，输入由来自一人的两幅人脸图像和来自另一人的第三幅图像组成，训练的目的是使来自同一人的人脸对之间的欧几里得距离远小于来自不同人的人脸对之间的欧几里得距离。输入的人脸图像只是检测的结果，没有进行任何的二维和三维对齐操作，其优化函数为

$$\| x_i^a - x_i^p \|_2^2 + \alpha < \| x_i^a - x_i^n \|_2^2, \quad \forall (x_i^a, x_i^p, x_i^n) \in T \qquad (6\text{-}3)$$

FaceNet 模型并没有用传统的 Softmax 方式进行分类学习，而是直接端对端地学习一个从图像到欧几里得空间的编码方法，FaceNet 模型得到最终表示后可直接计算距离，模型简单有效。

6.3 孪生神经网络在目标跟踪中的应用

随着深度学习技术的兴起，跟踪领域中的研究学者也开始尝试将深度神经网络应用于该领域中，并且自 2017 年之后，孪生神经网络研究热度越来越火，以 SINT 模型和 SiamFC 模型为代表的孪生神经网络跟踪展现了超快的跟踪速度和较高的跟踪精度[14]。

6.3.1 SINT 模型

SINT 模型是基于孪生神经网络的目标跟踪算法的开山之作，即首次开创性地将目标跟

踪问题转化为一个目标匹配问题，并通过神经网络实现[15]。

SINT 模型采用孪生神经网络提取目标特征，计算目标和候选区域在特征空间的距离，预测目标位置。在进行跟踪时，以上一帧目标位置为中心，对 10 个不同的半径、不同角度的位置进行采样提取候选区域，为应对目标尺度变化，采用 $\left(\frac{\sqrt{2}}{2}, 2, \sqrt{2}\right)$ 3 种不同尺度的输入，最终选择目标图像的特征空间距离最小的候选区域作为目标，跟踪时选择当前帧和目标最相关的候选区域作为新一帧的目标，SINT 算法流程图如图 6.3 所示。

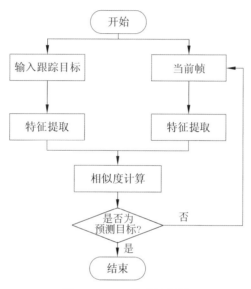

图 6.3　SINT 算法流程图

SINT 模型使用 OTB(Object Tracking Benchmark)数据集进行验证，并和比较优秀的传统目标跟踪算法(MEEM 算法和 Struck 算法)进行比较，精度和鲁棒性都有所提高。

6.3.2　SiamFC 模型

SiamFC 模型是一个端到端的跟踪网络，几乎和 SINT 模型同时提出，它们的思想相同，总体框架一致，但在具体的实现方法上却有所不同，这两个模型是使用孪生神经网络进行目标跟踪的代表性算法[7]。SiamFC 模型使用全卷积网络，优点是待搜索图像不需要与样本图像具有相同的尺寸，就可以为网络提供更大的搜索图像作为输入。SiamFC 模型的网络结构图如图 6.4 所示。

图 6.4 中，z 表示样本图像(即目标)，x 表示搜索图像，φ 表示 AlexNet 嵌入函数，$*$ 表示卷积运算。

在数学上，相关操作可以用于计算两个数据之间的相似度。而在 CNN 中，对卷积操作的定义就是相关操作，因此可以通过卷积操作计算模板图像和检测图像各个区域之间的相似度。

SiamFC 模型的 CNN 层是基于 AlexNet 架构的，其中的填充层和全连接层被移去，加入批标准化层。在经过 CNN 提取特征后，SiamFC 模型使用交叉相关作为相似度的度量，

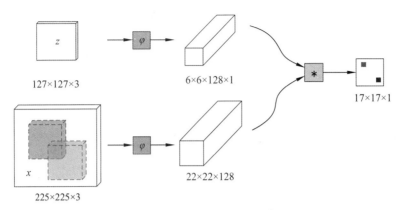

图 6.4   SiamFC 模型的网络结构图

计算两个特征图各位置（区域）上的相似度，相当于输入特征 $6\times6\times128\times1$ 作为卷积核，对 $22\times22\times128$ 的特征图进行卷积操作，得到 $17\times17\times1$ 的输出。

SiamFC 模型的相似度函数为

$$f(z,x)=g(\varphi(z),\varphi(x))+b_1 \tag{6-4}$$

式中，b_1 表示每个得分位置对应的取值。

SiamFC 模型在跟踪时以第一帧的目标作为模板，后续不再进行任何更新，仅进行前向传导得到目标在特征空间的位置，然后映射到图像空间得到目标中心位置，使用不同尺寸的输入根据相似度得分确定目标大小，运动模型采用滑动窗口，直接将上一帧目标中心作为搜索中心，将两倍目标大小作为搜索区域大小。

SiamFC 模型显著提高了深度学习方法跟踪器的跟踪速度，之后的相关深度学习跟踪器的方法也大多基于此方法进行改进和优化，具有里程碑意义。

6.3.3   SiamRPN 系列模型

商汤智能视频团队在孪生神经网络上做了一系列工作，首先在 SiamFC 模型的基础上提出一种基于 RPN(Region Proposal Network)的孪生神经网络结构 SiamRPN 模型，其是将检测引入跟踪后实现第一个高性能孪生神经网络跟踪算法的 SiamRPN 模型，在此基础上提出能更好地利用训练数据增强判别能力的 DaSiamRPN 模型和最新的解决跟踪无法利用到深层网络问题的 SiamRPN ++ 模型，其中 SiamRPN ++ 模型在多个数据集上完成了 10% 以上的超越，是目前最好的目标跟踪算法。

1. RPN 模型

区域候选网络(Region Proposal Network，RPN)首次提出是在目标检测 Faster R-CNN 模型中，Faster R-CNN 模型是通过 RPN 将候选区域的生成纳入端到端的学习中，RPN 的引入可以说是真正意义上把目标检测的整个流程融入一个神经网络中[16]。

RPN 针对 CNN 输出特征图上的每一个点(也称为锚点)生成具有不同尺度和宽高比的锚点框，锚点框的坐标(x,y,w,h)是在原始图像上的坐标$((x,y,w,h)$代表候选框的中心点以及宽、高)，将这些锚点框输入两个网络层中，一个用来分类，即这个锚点框的特征图是否为前景，另外一个输出 4 个位置坐标(相对于真实目标框的偏移)。

在 RPN 中,假设卷积层输出的特征图的大小为 $N \times 16 \times 16$,经过一个 3×3 的卷积,得到一个 $256 \times 16 \times 16$ 的特征图,也可以将其看作 16×16 个 256 维的特征向量,然后经过两次 1×1 的卷积,分别得到一个 $18 \times 16 \times 16$ 的特征图和一个 $36 \times 16 \times 16$ 的特征图,也就是 $16 \times 16 \times 9$ 个结果,每个结果包含 2 个分数和 4 个坐标,再结合预先定义的锚点框,经过处理,得到目标位置。

2. SiamRPN 模型

SiamRPN 模型由孪生神经网络和 RPN 组成,孪生神经网络用来提取特征,RPN 用来产生候选区域。SiamRPN 模型抛弃了传统的多尺度测试和在线更新,从而使得跟踪速度非常快[8]。

SiamRPN 模型的网络结构图如图 6.5 所示,用于特征提取的网络与 SiamFC 模型一致,模板和背景分别经过结构相同的特征提取网络,模板经过 CNN 得到 $6 \times 6 \times 256$ 的特征图,背景经过 CNN 得到 $22 \times 22 \times 256$ 的特征图。在 RPN 处理过程中,RPN 分为两部分:一部分做分类;另一部分做回归。在分类分支中,模板经过一个卷积核将通道数从 256 上升到 $256 \times 2k$(k 为锚点框数量,SiamRPN 模型中 $k=5$)。由于在分类任务中,每个锚点框代表的区域有可能是目标,也可能是背景,k 个锚点框就是 $2k$ 种,此时模板变为 $4 \times 4 \times (2k \times 256)$。背景经过 CNN 后通道数不变,特征图的尺寸变为 $20 \times 20 \times 256$。在回归分支中,模板经过一个卷积核将通道数从 256 上升到 $256 \times 4k$($k=5$)。由于在回归任务中,回归的目的是为了得到目标的精确位置,目标位置可以通过中心点坐标以及目标宽和高等参数确定,回归分支经过训练可以得到与目标的相对位置差,然后可以得到背景中目标的位置,背景经过卷积核后通道数不变,特征图尺寸变为 $20 \times 20 \times 256$。最后,分别将分类与回归分支中的模板作为卷积核与背景进行卷积,经过训练后的网络,分类分支最终得到背景中各区域是正样本(目标)或负样本(背景),回归分支可分别得到目标在背景中的精确位置。

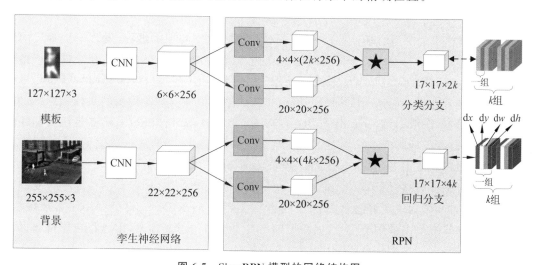

图 6.5　SiamRPN 模型的网络结构图

3. DaSiamRPN 模型

SiamRPN 模型虽然取得了非常好的性能,但由于训练集目标类别过少,限制了跟踪的

性能。同时,在训练方式中,负样本只有背景信息,一定程度上也限制了网络的判别能力,网络只具备区分前景和不含语义的背景能力,因此 SiamRPN 模型的检测分数并不标准,即使在视野外和完全遮挡的情况下仍然能找到一个目标,导致跟踪漂移。基于这两个问题,DaSiamRPN 模型设计了两种数据增强方式[17],具体如下。

(1) 因为孪生神经网络的训练只需要一对图像,而不一定需要非完整的视频,所以图像检测数据集也可以扩展为训练数据。因此,在 DaSiamRPN 模型中,COCO(Common Objects in Context)和 ImageNet 数据集也被引入训练集中,极大地丰富了训练集中的类别信息。同时,数据量本身的增大也带来了性能上的提升。

(2) 在训练过程中,通过构造有语意的负样本增强跟踪器的判别能力,即训练过程中不再让模板和搜索区域是相同目标,而是让网络学习判别能力,寻找搜索区域中和模板更相似的目标,因此网络的判别能力变得更强,检测分数也变得更有辨别力,检测得分能与跟踪相位的变化更为一致。基于此,DaSiamRPN 模型可以根据检测分数判断目标是否消失,将短时跟踪拓展到长时跟踪。

DaSiamRPN 模型中还设计了一种在跟踪失败的情形下,通过全局优化搜索策略逐渐增加搜索区域的方法,即将搜索区域的大小以一个恒定的步长迭代增加。

DaSiamRPN 模型在 ECCV2018(European Conference on Computer Vision 2018)的 VOT 挑战中取得冠军。

4. SiamRPN++ 模型

在 SiamFC 模型之后,孪生神经网络基本上都使用浅层的 AlexNet 模型作为基准特征提取器,直接使用预训练好的深层网络反而会导致跟踪算法的精度下降。由于孪生神经网络无法利用深层网络,所以与先进算法相比精度仍然存在差距。SiamRPN++ 模型主要解决的问题是将 ResNet 模型和 Inception 模型等深层网络应用到基于孪生神经网络的跟踪模型中。

在 DaSiamRPN 模型的基础上,通过分析孪生神经网络的训练过程,发现孪生神经网络在使用深度神经网络时存在位置偏见问题,而这一问题是由于 CNN 的填充层会破坏严格的平移不变性,然而深层网络并不能去掉填充层,为了缓解这一问题,让深层网络能够在目标跟踪任务中提升性能,SiamRPN++ 模型提出在训练过程中加入位置均衡的采样策略——空间感知抽样策略(Spatial Aware Sampling Strategy),即以均匀分布的采样方式让目标在中心点附近偏移,有效地缓解填充层对严格平移不变性的破坏,即消除位置偏见,让深层网络可以应用于跟踪算法中[18]。SiamRPN++ 模型的网络结构图如图 6.6 所示。

通过这种采样策略,使深层网络能够在跟踪任务中发挥作用,让跟踪的性能不再受制于网络的容量。同时,为了更好地发挥深层网络的性能,SiamRPN++ 模型利用了多层融合。由于浅层特征具有更多的细节信息,而深层网络具有更多的语义信息,因此将多层融合以后可以兼顾细节和深层语义信息,从而进一步提升性能。

SiamRPN++ 模型中还使用了一种新的轻量级互相关层,即深度可分离相关层(Depthwise Cross Correlation),它的参数规模比 SiamRPN 模型中使用的升维相关层(UpChannel Correlation)参数规模小,但性能却很高。通过这种方式,模板和搜索分支上的参数数量得到平衡,从而使训练过程更加稳定。

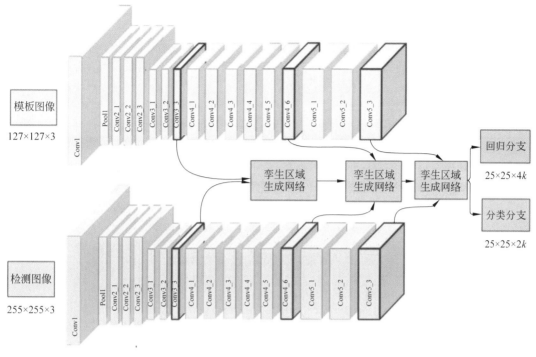

图 6.6 SiamRPN++ 模型的网络结构图

SiamRPN++ 模型在常用的 VOT 和 OTB(Object Tracking Benchmark,目标跟踪基准)数据集,以及如 LaSOT(Large-scale Single Object Tracking)和 TrackingNet 的大规模数据集上进行验证,都取得了 SOTA 的结果。

6.4 孪生网络在自然语言处理中的应用

文本匹配是自然语言处理领域一个基础且重要的方向,通常研究两段文本之间的关系。文本相似度、自然语言推理、问答系统、信息检索都可以看作针对不同数据和场景的文本匹配应用[19]。孪生神经网络通过定义两个网络结构分别表征句子对,然后通过曼哈顿距离、欧几里得距离、余弦相似度等度量两个句子之间的空间相似度。

6.4.1 Siamese LSTM 模型

Siamese LSTM 模型是一种主要针对短语/句子/序列的相似性比较的评价模型,该模型的输入为句子对,输出为输入句子对的相似性得分(得分为 1~5),在 SemEval 2014(Semantic Evaluation 2014)数据集上取得了 SOTA 的结果[20]。

在深度学习出现之前,比较两段文本的相似性习惯用词袋模型或者 TF-IDF 模型,但是这些模型有几个很明显的缺点:一是没有用到上下文的信息;二是词与词之间联系不紧密,词袋模型难以泛化。这种问题直到深度学习中 LSTM 模型的出现或者说普及才被慢慢解决。LSTM 模型或者说 RNN 模型,由于其天然的结构特点,可以适应不同长度的句子,例

如，当比较两个不同长度的句子的相似性时，可以通过 RNN 模型将它们编码成一个相同长度的语义向量，这个语义向量包含各自句子的语义信息，可以直接用来比较相似性。Siamese LSTM 模型就是通过这种方式，将两个不一样长的句子分别编码成相同长度的向量，以此比较两个句子的相似性。Siamese LSTM 模型的网络结构图如图 6.7 所示。

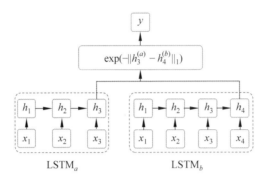

图 6.7　Siamese LSTM 模型的网络结构图

Siamese LSTM 模型通过两个 LSTM 模型（可以是孪生神经网络，也可以是伪孪生神经网络）处理句子对，取 LSTM 最后时刻的输入作为两个句子的向量表示，用曼哈顿距离度量两个句子的空间相似度。

6.4.2　Sentence-BERT 模型

自从 2018 年年底 BERT（Bidirectional Encoder Representation from Transformers）预训练语言模型被提出，在计算资源允许的条件下，BERT 成为解决很多问题的首选[21]。但是，BERT 的缺点也很明显，1.1 亿参数量使得推理速度明显比 CNN 等模型慢了不止一个量级，对资源要求更高，也不适合处理某些任务。例如，从 10000 条句子中找到最相似的一对句子，由于可能的组合众多，因此需要完成 49995000 次推理，如果在一块 V100GPU 上使用 BERT 计算，将消耗 65h。

考虑到孪生神经网络的简洁有效性，将孪生神经网络和 BERT 结合到一起，提出 Sentence-BERT（Sentence Embeddings Using Siamese BERT-Networks）模型[22]，图 6.8 是 Sentence-BERT 模型的网络结构图。

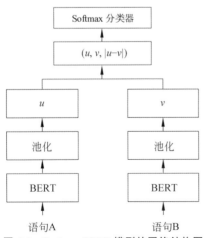

图 6.8　Sentence-BERT 模型的网络结构图

BERT 处理文本匹配任务时，将匹配转换成二分类任务，输入的两个文本拼接成一个序列（中间用特殊符号 SEP 分割），经过 12 层或 24 层 Transformer 模块编码后，将输出层的字向量取平均或者取特殊符号 CLS 位置的特征作为句向量，经 Softmax 完成最终分类。

Sentence-BERT 模型沿用孪生神经网络的结构，其编码部分用同一个 BERT 处理，池化对 BERT 输出的字向量进行进一步特征提取和压缩，得到 u

和 v。关于 u 和 v 整合优化采用交叉熵损失函数。

Sentence-BERT 模型直接用 BERT 的原始权重初始化,在具体数据集上微调,训练过程和传统的孪生神经网络差异不大,这种训练方式能让 BERT 更好地捕捉句子之间的关系,生成更优质的句向量。在测试阶段,Sentence-BERT 模型直接使用余弦相似度衡量两个句向量之间的相似度,极大提升了推理速度。

Sentence-BERT 模型在众多文本匹配工作中(包括语义相似性、推理等)都取得了相当优秀的结果。更让人惊讶的是,上文所述的从 10000 条句子寻找最相似对任务,Sentence-BERT 模型仅需 5s 就能完成。

6.5　本 章 小 结

本章首先对孪生神经网络进行了叙述,内容包括孪生神经网络的概念、孪生神经网络的发展、孪生神经网络的基本结构和特殊结构,其次对孪生神经网络在目标识别中的应用模型——DeepFace 模型和 FaceNet 模型进行了详细叙述,对在目标跟踪中的应用模型——SINT 模型、SiamFC 模型、SiamRPN 系列模型中的 RPN 模型、SiamRPN 模型、DaSiamRPN 模型和 SiamRPN++ 模型进行了详细叙述,最后对在自然语言处理中的应用模型——Siamese LSTM 模型以及 Sentence-BERT 模型进行了详细叙述。通过本章内容的学习,读者能够掌握孪生神经网络在目标识别、目标跟踪和自然语言处理等应用领域的常用模型。

6.6　章 节 习 题

1. 简述孪生神经网络和伪孪生神经网络的原理。
2. 简述 SiamRPN 与 SiamFC 的区别。
3. 编程实现一个孪生神经网络模型,并在 Fashion-MNIST 数据集(数据集见 https://research.zalando.com/ welcome/mission/research-projects/fashion-mnist/)上进行测试。

参 考 文 献

[1]　JANE B,ISABELLE G,YANN L,et al. Signature verification using a "siamese" time delay neural network[J]. Advances in Neural Information Processing Systems,1993,6:737-744.

[2]　CHOPRA S, HADSELL R, LECUN Y. Learning a similarity metric discriminatively, with application to face verification[C]//2005 IEEE Computer Society Conference on Computer Vision and Pattern Recognition (CVPR'05),2005:539-546.

[3]　HOFFER E,AILON N. Deep metric learning using Triplet network[C]//SIMBAD 2015:Similarity-Based Pattern Recognition,2015:84-92.

[4]　ZAGORUYKO S, KOMODAKIS N. Learning to compare image patches via convolutional neural networks[C]//Proceedings of the IEEE Conference on Computer Vision and Pattern Recognition,2015:4353-4361.

［5］ KOCH G，ZEMEL R，SALAKHUTDINOV R. Siamese neural networks for one-shot image recognition［C］//ICML Deep Learning Workshop，2015：2.

［6］ THYAGARAJAN A，MUELLER J. Siamese recurrent architectures for learning sentence similarity ［C］//Thirtieth AAAI Conference on Artificial Intelligence，2016.

［7］ BERTINETTO L，VALMADRE J. Fully-convolutional siamese networks for object tracking［C］//ECCV 2016：Computer Vision-ECCV 2016 Workshops，2016：850-865.

［8］ LI B，YAN J，WU W，et al. High-performance visual tracking with siamese region proposal network ［C］//The IEEE Conference on Computer Vision and Pattern Recognition(CVPR)，2018：8971-8980.

［9］ FU Z，LIU Q，FU Z，WANG Y. STMTrack：Template-free visual tracking with space-time memory networks［C］//Proceedings of the IEEE/CVF Conference on Computer Vision and Pattern Recognition (CVPR)，2021：13774-13783.

［10］ GULLI A，KAPOOR A. TensorFlow 深度学习实战［M］. 北京：机械工业出版社，2019.

［11］ 王天庆. Python 人脸识别：从入门到工程实践［M］. 北京：机械工业出版社，2019.

［12］ TAIGMAN，YANIV，et al. Deepface：closing the gap to human-level performance in face verification ［C］//Proceedings of the IEEE Conference on Computer Vision and Pattern Recognition，2014.

［13］ FLORIAN S，KALENICHENKO D，PHILBIN J. Facenet：A unified embedding for face recognition and clustering ［C］//Proceedings of the IEEE Conference on Computer Vision and Pattern Recognition，2015.

［14］ 孟录，杨旭. 目标跟踪算法综述［J］. 自动化学报，2019，45(7)：1244-1260.

［15］ TAO R，GAVVES E. Siamese instance search for tracking ［C］//The IEEE Conference on Computer Vision and Pattern Recognition (CVPR)，2016：1420-1429.

［16］ REN Q，HE M，GIRSHICK R，et al. Faster R-CNN：towards real-time object detection with region proposal networks［J］. IEEE Transactions on Pattern Analysis and Machine Intelligence，2017，39 (6)：2805-2813.

［17］ ZHU Z，WANG Q，LI B，et al. Distractor-aware siamese networks for visual object tracking［J］. The European Conference on Computer Vision，2018，11213：103-119.

［18］ LI B，WU W，WANG Q，et al. SiamRPN++：evolution of siamese visual tracking with very deep networks ［C］//Proceedings of the IEEE/CVF Conference on Computer Vision and Pattern Recognition (CVPR)，2019：4282-4291.

［19］ NICK M. TensorFlow 机器学习实战指南［M］. 北京：机械工业出版社，2017.

［20］ MUELLER J，THYAGARAJAN A. Siamese recurrent architectures for learning sentence similarity ［C］//Thirtieth AAAI Conference on Artificial Intelligence，2016.

［21］ DEVLIN J，CHANG M，LEE K，et al. BERT：Pre-training of deep bidirectional transformers for language understanding. arXiv preprint arXiv：1810.04805(2018).

［22］ REIMERS N，GUREVYCH I. Sentence-BERT：sentence embeddings using siamese BERT-networks. arXiv preprint arXiv：1908.10084(2019).

第7章 遗传算法

7.1 算 法 介 绍

7.1.1 基本概念及发展历程

遗传算法是一种在迭代过程中使种群个体不断进化的算法,进化后的种群个体在自然环境中会更适合生存。其使用群体搜索技术,首先选择一组候选解留存在每一步迭代过程中,并按解的质量高低排序,再根据某一对策选择某些解,最终由遗传操作(如选择、交叉、变异等)运算当前种群,以求解新一代的候选解,反复进行以上过程,直到满足选定的收敛指标。

最优化问题在工业及工程中性质尤为复杂,传统方法很难进行优化求解。自 20 世纪 60 年代以来,这类难解的优化问题得到大量关注。针对这类问题,提出了名为遗传算法的随机优化技术,同传统算法相比,该技术在处理最优化难题,尤其是 NP 难问题中性能更为优越。遗传算法(Genetic Algorithm,GA)作为一种自适应全局最优算法,借鉴生物界中"适者生存、优胜劣汰"的自然选择与进化概念,形成了一种高度并行与随机的机制。它的适用性较好,已被大量应用于各种研究领域,并且由于它易于理解实现、拥有优秀的健壮性,因此特别适于处理复杂的问题和非线性问题。在组合优化、数据挖掘、人工生命、自动控制、图像处理等研究领域,遗传算法表现出极好的效果。目前,以遗传算法为基础核心的进化算法,以及某些启发性的算法、深度学习等成为研究的重点内容,引发广泛热议。

远观遗传算法研究的历史,20 世纪 60 年代末期,来自美国 Michigan 大学的 John Holland 教授针对自适应系统提出的思想——系统自身与外部环境的相互协调作用,已具有进化算法的雏形。之后,他又进行了许多适应系统方面的研究工作,在 1968 年他提出的模式理论成为遗传算法的基础理论。从自然界中生物的适应性过程这一角度进行切入研究,遗传算法对生物的进化机制进行模拟,构造出人工的模型系统。

John Holland 教授在 1975 年完成巨著——《自然界和人工系统适应性》(*Adaptation in Natural and artificial System*),这是第一本系统讲述遗传算法与自适应系统的著作。遗传算法目前已经形成了较为完整的理论体系,它通常由选择、变异、交叉等启发式运算求解高质量的优化搜索解。人们常把这一事件作为遗传算法得到承认的标志,因此 1975 年成为遗传算法的诞生年,John Holland 即遗传算法的创始人。

同年,De Jong 完成"遗传自适应系统的行为分析"一文,该论文定义了一种评估自适应系统性能的方法,包括大量的纯数值函数优化计算实验,使适应性系统能在广泛的环境中快

速地适应不同环境,并且他建立了 De Jong 五函数测试平台,实验表明该方法可以在具体的局部适应技术与纯随机搜索之间获得一席之地。

此后,大量的学者为遗传算法所吸引,进行种种研究探索,其中包括 John Holland 教授的学生。D.E.Goldberg 作为其中最为出色的一位,在 1989 年出版专著《遗传算法——搜索、优化及机器学习》(*Genetic Algorithms—in Search ,Optimization and Machine Learning*),此书完整地讲述了遗传算法的基础原理及相关应用,作为遗传算法的经典教科书,它使得遗传算法得到普及。同时,他利用自己提出的理论框架完成大量的函数优化实验,将遗传算法拓展应用至优化搜索等其他领域,令遗传算法在更多适合它的场所大放异彩。

21 世纪以来,玄光南等日本学者出版了《遗传算法与工程设计》,该书将遗传算法与大量工业工程问题进行结合应用,涉及生产调度、可靠性设计、交通运输、设备布局等有关最优化问题的应用领域,是一本实用性较强的参考书。

优化问题的每组个体进化成为更优秀个体的过程会给出对应的解决方案,它常用二进制数、实数等编码,而这种解决方案在遗传算法中将用染色体表示,且染色体可以根据情况进行改变。进化作为一种迭代过程,起始于一组随机生成的个体,每迭代一次,种群即为一代。而在每一代,将对总体中每个个体的适应性度量进行评估,评估结果实际由优化问题的目标函数的值表示。更合适的个体从种群中选出后,将被重组或突变形成新的一代,新一代解将被应用于算法的下一个迭代过程。在超过所设置的最大迭代数或达到要求的满意度时,算法终止。

通常,遗传算法要对决策空间中得到的解进行表示,再由适应度函数对解和算法性能进行评估。因数组长度固定,易于对齐,能够将交叉操作简单化,所以令其作为解决方案的标准表示形式。在初始化遗传表示(如种群大小、遗传概率等)与适应度函数后,遗传算法将根据某种策略确定一组初始解决方案,通过选择、交叉和变异反复优化该解决方案,直至达到满意的程度。

近年来,全世界掀起进化计算研究的热潮,随后是人工智能研究的兴起,计算智能作为其中的重要研究方向,正被大量热议中。而遗传算法更是以高度自适应、自学习的高性能优化计算方面的魅力,吸引了众多目光,其相应研究已渐趋成熟,对遗传算法的各方向的改进也逐渐增多,以适应更多类型的问题。

本章将对遗传算法的两个主要应用领域——约束优化问题和组合优化问题进行重点介绍,再从两个主要应用领域中各自举出一个应用实例辅助理解,以使读者在了解遗传算法的同时也能将其更快地投入应用。复杂函数的优化问题属于连续型问题,作业车间调度问题属于离散型问题,读者需掌握这两种问题的解法,也可尝试使用遗传算法解决其他相似类型的实际问题。

7.1.2　专业词汇

学习遗传算法,首先要掌握必要的生物进化理论以及遗传学知识。

达尔文的自然选择学说概括了生物的 3 种普遍特性。

(1) 遗传(Heredity):生物信息(主要指亲代表达相应性状的基因)由亲代传递给子代,子代由此生长发育,并显现出与亲代相同或相似的性状。遗传是使得物种维持稳定的重要特征。

（2）变异（Variation）：亲代和子代、不同子代个体之间出现差异的随机现象，即为变异，生命多样性由此产生。

（3）生存斗争和适者生存：繁殖过剩的生物经过激烈的生存斗争而产生的适者生存、不适者被淘汰的自然现象被称为自然选择，这是一个长期、缓慢且连续的过程。能够适应环境的变异个体存活，反之则被淘汰。通过环境进行的一代代选择，物种的变异会朝着统一的方向前进，演变为更适应环境（即适应度函数高）的物种（即种群）。

种群是指同时间、同地域的同一物种的全部个体，它的主要特征是其内部的雌雄个体通过有性生殖的方式进行基因交流。在遗传学进步发展的同时，科学家试图利用生物统计学、种群遗传等理论对达尔文的自然选择学说进行重新解释。由于个体总要消亡，种群却能长期保留，因此种群遗传学不再以个体为单位，而是以种群为单位，重点研究种群中基因的组成和变化。遗传算法的灵感正来自生物的进化过程，即个体基因的变化影响种群基因库的组成，进而影响种群进化，乃至生物进化。为更好地理解遗传算法，表 7.1 给出了遗传算法的基本概念与术语。

表 7.1　遗传算法的基本概念与术语

概　　　念	含　　　义
个体（Individual）	指一个群体中，染色体带有特征的特定主体
种群（Population）	指个体的集合，其中个体的总数为种群大小
进化（Evolution）	个体在其繁衍生存的过程中逐渐适应其生存环境，这种使个体基因不断改良的现象称为进化。生物的进化以种群为单位
适应度（Fitness）	适应度函数值（简称为适应度）主要衡量个体对环境的适应水平。适应度更高的个体，繁殖机会更大；反之，繁殖机会较小，甚至会出现个体灭绝的现象
编码（Coding）	将遗传信息按某种方式表现出来，并可以使计算机识别，即遗传编码，可以将其视作表现型到基因型的映射，如按一定标准在长链上排列基因信息
解码（Decoding）	即与编码对应的过程，可以视其为基因型到表现型的映射
交叉（Crossover）	指被选择的两个同源染色体（形状、大小完全相同的两条染色体）在繁殖时进行交换重组，交叉又称"基因重组"。最简单的交叉实例是：截断两个染色体的相同位置，将其前后两串相互交叉组合，以形成新的染色体
变异（Mutation）	在个体复制的过程中，小概率存在基因复制差错的情况，使基因发生某种变异，由此产生新的染色体

7.1.3　主要优点

大多数的传统优化算法是基于微积分等方法得到一个或一组确定性的实验解，而遗传算法是模拟生物进化过程对问题求解，通常先初始化一组解，然后通过选择、变异和交叉等遗传算子产生下一代候选解，并根据某种策略从中选出较优秀的个体，重复以上过程，直到满足停止条件，最后输出问题的近似最优解。遗传算法的搜索思想是爬山搜索和随机搜索的综合，它既注重搜索最好的解，又注重搜索空间的扩展。

具体来说，遗传算法起始于问题的潜在解集合。每个个体都是带有染色体特征（即基因

编码)的实体,这样一定数目的个体组成种群。染色体中包含遗传物质,决定个体的外部表现。算法首先要进行编码工作,将表现型映射为基因型,即选择一些个体构成初始种群。随后,遗传算法将遵循物竞天择的自然进化理论,在每一代(即每次迭代)中根据个体的适应度值选择一定数目的个体进行交叉和变异等操作,以生成下一代的新种群(即新解集)。算法迭代的过程即种群进化的过程,随着算法的运行,会得到越来越适应环境的种群(即越来越接近正确解的近似解)。最后一代种群中的最优个体的染色体通过解码操作,能够看作问题的近似最优解。遗传算法易于理解,便于实现,且鲁棒性极佳,特别适于处理复杂的问题和非线性问题。不过,需要指出的是,虽然标准的遗传算法留下的后代会越来越适应环境,但是生成的后代并不能确定是被改进的,本质上还是一种盲目的随机搜索算法。总结下来,遗传算法具有以下 5 个特点。

(1) 自组织、自适应和自学习性。当遗传算法确定求解该问题的编码方式、适应度函数和遗传算子后,它将根据演化过程得到的信息进行自行组织和搜索求解。无须像传统算法一样必须事先广泛全面地了解问题才能求解,遗传算法自组织、自适应的特性赋予它自主发觉环境变化规律的能力,能够解决复杂的非结构化问题。

(2) 并行性的本质。遗传算法并非搜索单点,而是并行地搜索一个种群大小的点。它的并行性主要体现在适合并行运算、算法内含并行特征两个方面。前者代表遗传算法天生就适合大规模的并行操作,简单讲是指它无须特定的并行系统机构,并且可以不进行通信(相互通信的独立种群求解效果一般更好),仅利用千百台计算机进行各自的种群演化计算,只在运算完成后通过对比选择最优个体。后者是指由遗传算法以种群形式进行问题搜索求解,因此是同时搜索解空间内的区域。

(3) 无须复杂的求导等辅助知识,遗传算法只根据目标函数(通常影响搜索方向)和合理的适应度函数便能对种群中的个体进行比较,比较结果将决定选出优秀个体用于下一次迭代。遗传算法每次迭代都将保留种群中适应值较高的个体,这样能够保证算法解的搜索方向始终向适应值更高的部分前进,效率得到极大提升。同时,由于它的进化特性,无须事先知晓问题的相关性质就能在线性或非线性、连续或离散,甚至混合型的搜索空间中求解。

(4) 遗传算法中,解的搜索方向以概率转换规则为核心。由于它在求解过程的一系列操作中都具有一定的发生概率,因此搜索过程被引入了不确定性,正是这种不确定性才使得种群中的个体更为多样化。虽然变异会导致种群中出现适应度差的个体,但在迭代求解的过程中会逐渐剔除它们,最终留下的都是适应度高的优秀个体。遗传算法没有规范求解方向的确定规则,这种做法看似盲目,实际却是以确定的方向进行搜索求解。

(5) 遗传算法对于各种给定问题,都可以使用灵活且独立的邻域构造方式产生许多潜在解,其由使用者根据适应度函数值和个体特征进行设计,从而保证算法可以解决各种问题。

遗传算法还有以下几方面与传统优化方法不同。

(1) 遗传算法不直接使用解集运算,而是使用编码后的解集运算。

(2) 遗传算法搜索的不是单个解,而是一个种群数目的解。

(3) 遗传算法不涉及复杂的数学知识,如导数等,而是只通过适应度函数值判断解的优劣,指导搜索。

（4）遗传算法并未采用确定的状态转移规则,选用的是概率状态转移规则。

7.1.4　标准遗传算法流程

不同于传统搜索算法,标准遗传算法是一种面向群体的随机搜索算法,它来源于生物界中的自然选择和遗传现象,从随机产生的初始种群(初始解)进行解的搜索。在遗传算法中,种群中的每个个体都是当前问题的一个解,通常称之为染色体。染色体在算法迭代的过程中不断进化的现象称为遗传。选择出的父代染色体通过交叉、变异等遗传算子处理后形成子代染色体。在新一代产生的同时,也将利用适应度评价所有染色体的优劣。适应度越高,代表对环境的适应程度越好。通过适应度值的高低判断,淘汰部分父代,选出部分子代,以维持种群的大小不变。经过多次迭代,算法将收敛于最优(适应度最高)的染色体,代表问题的最优解或次优解。

基本遗传算法的数学模型可以表示为如下的 8 元组:

$$\mathrm{SGA} = (C, E, P_0, N, \Phi, \Gamma, \psi, T) \tag{7-1}$$

其中,

C：个体染色体的编码方法;

E：个体的适应度评价函数;

P_0：初始种群;

N：种群大小;

Φ：选择算子;

Γ：交叉算子;

ψ：变异算子;

T：算法终止条件。

图 7.1 展示了基本遗传算法的过程。

根据图 7.1 写出的基本遗传算法的过程描述如下。

步骤 1：初始化种群：设置种群大小 N、交叉概率 P_c、变异概率 P_m、每个个体染色体的基因个数 n、遗传算法的最大迭代次数 T,并随机或按某种方式产生 N 个个体组成初始种群。

步骤 2：适应度计算：每个个体通过适应度函数计算出适应度值,该值用以判断个体优劣程度。

步骤 3：终止准则判断：若不满足终止准则,则重复算法步骤 4;若满足终止准则,则输出当前适应度最佳的个体作为最优解,算法结束。

步骤 4：选择操作：根据某种选择策略从当前种群中选择一定数量的个体,并将其作为父代种群。

步骤 5：交叉操作：随机生成一个数 $c \in [0, 1]$,若 $c < P_c$,则对父代种群中的任意两个个体进行交叉操作,产生两个新个体,直到产生的新个体个数达到 $N \times P_c$ 为止。

步骤 6：变异操作：随机生成一个数 $m \in [0, 1]$,若 $m < P_m$,则根据变异概率 P_m 对当前种群中的每个个体的每个基因位进行变异操作,且控制每个个体只改变一个基因,产生变异

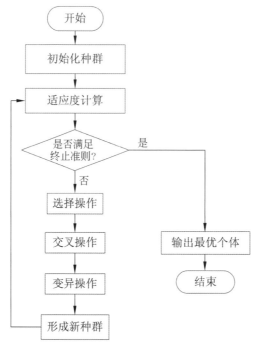

图 7.1　基本遗传算法的过程

个体,直到变异的基因数达到 $n \times N \times P_c$ 为止。

步骤 7:形成新种群:将当前种群中的个体按适应度函数值进行排序,用新生成的个体替换原种群中适应度函数值最低的个体,再转到步骤 2。

在上面的标准遗传算法中设置的 4 个参数的范围如下。

(1) 种群大小 N,即种群中所含个体的数目,通常 N 的取值范围为 $20 \sim 100$。

(2) 交叉概率 P_c,指定交叉操作发生的概率,一般其取值范围为 $0.4 \sim 0.99$。

(3) 变异概率 P_m,指定变异操作发生的概率,一般其取值范围为 $0.0001 \sim 0.1$。

(4) 遗传算法的最大迭代次数 T,通常 T 的取值范围是 $100 \sim 500$。

对于上面算法中步骤 3 中的终止准则,算法可以指定一种或多种终止条件的组合,常见的终止准则设定包括:

(1) 指定迭代次数(最常用的标准方式)。

(2) 计算耗费的资源限制(如算法所用的时间或计算所占用的内存空间等)。

(3) 个体已经满足最优解的条件,即算法已经找到最优解。

(4) 个体不再进化,即在一定的时间范围内,算法继续进化不会产生适应度值更好的个体。

(5) 其他的人为干预。

假设 $\text{Pop}(t)$ 代表第 t 代的种群,$C(t)$ 代表第 t 代产生的后代种群,则遗传算法的伪代码如算法 7.1 所示。

算法 7.1　遗传算法的伪代码

Begin

$t \leftarrow 0$；
初始化 **Pop**(t)；
使用适应度函数值对 **Pop**(t)进行评估；
While 不满足终止条件 do
Begin
　　对 **Pop**(t)进行选择、交叉、变异操作，获得 $C(t)$；
　　将 $C(t)$作为 **Pop**($t+1$)；
　　使用适应度函数值对 **Pop**($t+1$)进行评估；
　　$t \leftarrow t+1$；
end
end
end

7.2　遗传算法的关键参数与操作设计

对于优化问题求解的任何搜索算法而言，多样性和收敛性是具有重要意义的两个方面。遗传算法若想保证全局收敛，要达成如下条件：任意初始种群经有限步迭代都能到达全局最优解；算法必须设法保存最优解，避免遗失。与遗传算法收敛性有关的因素有种群大小、适应度函数、选择操作、交叉操作和变异操作等，这些因素也关系到算法的多样性。设计恰当的遗传算子和选取恰当的参数有利于提高算法性能，下面分别说明遗传算子和算法参数对性能的影响。

1. 种群大小

种群大小必须恰当、合适。若其太小，则不能保证采样点充足，影响算法性能。较大的种群可以通过添加优化信息，避免早熟收敛；若其太大，则会增加计算量，影响收敛速度。

2. 适应度函数

适应度函数是与问题相关的，为了解决不同的实际问题，需要选择合适的适应度函数，再使用解的遗传表示求得适应度值，以评价种群中的个体质量。因此，选择正确的适应度函数是遗传算法配置的一个重要步骤。

3. 选择操作

选择操作意味着适应度越高的个体生存概率越大，能够提高算法的全局收敛性。在最好的情况下，若采用最优保留策略，即父代中最优个体不参与交叉与变异，直接保留至下一代，则可使遗传算法以概率 1 收敛于全局最优解。但这种最优保留策略也容易造成种群多样性不足，使算法陷入局部最优而导致早熟收敛。该步最常使用的选择策略是轮盘赌选择、锦标赛选择和随机的普遍抽样。

4. 交叉操作

作用于从种群中选择出的一个个体对，使两个个体交叉产生新的个体。也就是说，利用

交叉操作产生新的子个体,子个体将同时具有两个亲代的特征,保证有效搜索解空间。交叉概率过大,种群个体更新加快,也会过早破坏适应度高的个体;交叉概率过小,会使搜索受阻,导致算法无法收敛。

5. 变异操作

变异是种群模式的扰动项,它作用于种群中选择出的个体,保证种群的多样性。变异概率过小,新模式不易产生;变异概率过大,遗传算法将失去其特点,转变为随机搜索算法。

种群初始化、选择适应度函数、选择操作、交叉操作和变异操作是遗传算法的基本操作,可以将以上操作应用于实际问题的求解中。此外,除了交叉和变异,还有其他遗传算子,如重组、定植、灭绝和迁移。

7.2.1　种群的初始化

遗传算法的初始化包括种群大小、算法停止条件的设置,交叉和变异的概率与最重要的染色体编码规则的制定。初始种群的解决方案通常数以百计,且都是随机生成,这能够保证对可能的方案进行理想抽样。

染色体的编码规则是遗传算法的骨干,对应不同类型的问题选择合适的编码方式,可以为算法求得的全局最优解奠定基础。对种群大小、交叉和变异的概率、算法迭代次数的设置是遗传算法的血液,通过合理设置这些数值,可以使遗传算法得到的解更加适应问题模型。标准遗传算法采用二进制编码,为了解决特殊问题,还可使用其他的编码方式,如实数编码、符号编码和格雷码编码。下面对 4 种编码方式分别进行介绍。

1. 二进制编码

二进制编码是最常见的编码方式,这种编码方式的染色体上每个基因位的数值非 0 即 1,初始种群通常采用随机赋值的方法。二进制编码符合最小字符集的编码原则,其编码、解码操作简单,交叉、变异算子易于实现,算法的性能分析也可直接采用模式定理。若要利用长度为 k 的二进制数字串对某参数进行编码表示,该参数的取值范围在 $[U_1, U_2]$,那么一共可以得到 2^k 个不同的二进制编码串,使得每个参数和每个编码串一一对应,对应关系如下。

$$00000 \cdots 0000 = 0 \;\text{----}\; U_1$$
$$00000 \cdots 0001 = 1 \;\text{----}\; U_1 + \delta$$
$$00000 \cdots 0010 = 2 \;\text{----}\; U_1 + 2\delta$$
$$\cdots\cdots$$
$$11111 \cdots 1111 = 2^k - 1 \;\text{----}\; U_2$$

其中,$\delta = \dfrac{U_2 - U_1}{2^k - 1}$。

二进制编码的解码方式:假设某一个体染色体的编码为 $b_k b_{k-1} b_{k-2} \cdots b_2 b_1$,则它对应的解码公式如下。

$$x = U_1 + \Big(\sum_{i=1}^{k} b_i \times 2^{i-1} \Big) \times \frac{U_2 - U_1}{2^k - 1} \tag{7-2}$$

例如,一个二进制串〈1000101110110101000111〉的范围在[0,1],表示实数值 0.54573,其计算过程如下。

$$\sum_{i=1}^{k} b_i \times 2^{i-1} = (1000101110110101000111)_2$$

$$= 2288967$$

$$x = 0 + 2288967 \times \frac{1}{2^{22} - 1} = 0.54573$$

2. 实数编码

实数编码又称为浮点型编码,此时染色体的基因位由实数表示。鉴于实数编码可以直接应用于描述函数优化问题,因此在求解过程中能够达到任意精度。使用连续函数的优化问题(具有多维度、高精度要求),可以有效消除应用二进制编码时存在的映射误差和编码不方便的问题;同时还降低了遗传算法的计算复杂性,便于结合经典优化算法,甚至可以针对特殊问题设计遗传算子。实数编码的个体染色体 x 可以表示为$(x^1, x^2, \cdots, x^n)$,其中 x^1,$x^2, \cdots, x^n$ 都为实数,n 为个体染色体的长度。

3. 符号编码

符号编码的个体染色体的基因位由符号集中的符号表示,这些符号可以是字符,也可以是数字,但是这里的数字不再有数值意义。符号编码可以表示特定问题和相关算法。例如,针对一个商务考查路线,假设需考查 n 个城市,分别记为 $t_1, t_2, \cdots, t_n$,则考查路线$[t_1, t_2, \cdots,$ $t_n]$ 可用来表示个体的染色体。

4. 格雷码编码

格雷码编码方法是二进制编码方法的一种变形,可以用来处理一些二进制编码方法不能解决的连续优化问题。连续的两个整数对应的格雷码编码值有且只有一个码位是不相同的,其余码位都相同,并且在相同位数下最大值与最小值也只有一个数字不同,即"首尾相连",因此也常被称作格雷反射码或者循环码。假设有一个二进制编码 $B = b_m, b_{m-1}, \cdots, b_2,$ b_1,其格雷码为 $G = g_m, g_{m-1}, \cdots, g_2, g_1$,则

$$\begin{cases} g_m = b_m \\ g_i = b_{i+1} \oplus b_i, i = m-1, m-2, \cdots, 1 \end{cases} \tag{7-3}$$

例如,二进制数 1001 的格雷码为 1101。

格雷码编码作为一种单步自补码,突出特征为反射和循环,这两个特征也有效消除了在随机取数时所产生的重大误差。自补属性使其求反极为便利。同时,格雷码也是一种错误最小化、可靠性极高的编码方式。在数字系统中,代码变化时常常需要遵循一定的顺序,如按照自然数递增的方式计数。如果采用二进制编码,则数 0111 变为 1000 需要改变 4 位,但在实际电路中不可能同时变换 4 位,因此容易出现传输错误,而使用格雷码则不会出现这样的现象。海明距离指两个长度相等的字符串在相同位置上不同字符的个数,使用格雷码对个体染色体最根本的原因是任意两个整数的差是它们所对应的格雷码编码的海明距离,因此在局部搜索能力上格雷码编码较二进制编码具有更高的效率。

另外,对于非二进制算法来说,染色体编码与问题的解之间主要存在以下 3 个问题。

(1) 染色体的可行性。

可行性是指染色体编码后的解是否在给定问题的可行域内。染色体的可行性概念存在于约束优化问题中,可行域由目标函数与约束条件表示,在这种问题中,最优点通常位于可行域的边界上,一般使用惩罚法使遗传搜索从可行域与不可行域两边同时逼近最优点。

(2) 染色体的合法性。

合法性是指染色体编码是否能够代表给定问题的一个解。染色体的合法性概念存在于组合优化问题中,许多组合优化问题的编码方式都是专用的,这些编码方式如果采用二进制编码的交叉变异策略,则会产生非法的后代,这样的后代就不能采用惩罚法进行评估。因此,需要在评估解之前使用修复方法将非法染色体转换为合法染色体,例如著名的部分匹配交叉 PMX 算子就是将两点交叉与修复策略结合的方法。

(3) 映射的唯一性。

映射的唯一性是指染色体到解的映射是唯一的。当映射唯一时,遗传算法的效果也是最好的。

7.2.2　个体适应度评价

在遗传算法中将使用适应度函数值评价个体对环境的适应程度,一般用 $F(x)$ 表示。通常,个体的适应函数可以直接使用问题的目标函数,也可能需要由问题目标函数的变形得到。适应度函数与目标函数呈正相关的关系,并且适应度函数需要调整为非负的函数。适应度函数的选取直接影响遗传算法的收敛速度,也关系到能否搜索出最优解。使用不恰当的适应度函数可能使算法在进化过程中陷入局部最优,比如:

(1) 在进化初期,精英个体过度影响其他个体的选择;

(2) 在进化末期,个体差异太小导致学习效率降低。

适应度函数的构建方式有如下 3 种。

(1) 如果处理无约束问题,则直接将目标函数作为适应度函数。

(2) 如果处理有约束问题,则可以将约束条件加入目标函数中,构造适应度评价函数,该方法有 3 种,分别是惩罚函数方法、拉格朗日乘子法、广义乘子法,后面将具体介绍这 3 种方法。也可以使用解修补法,将不可行解修补成满足约束的解,该方法根据不同的问题有不同的具体解决方案,运行效率更高,但需要自行设置策略,最常用的方式是双断点交叉法。

(3) 如果选用轮盘赌选择策略,则还需要将目标空间映射到非负的适应度函数上。如果可以得到目标函数的上下界,则可以通过式(7-4)进行映射。

$$f(\boldsymbol{x}) = \frac{F(\boldsymbol{x}) - F_{\min}}{F_{\max} - F_{\min}} \tag{7-4}$$

下面主要对有约束问题构造适应度评价函数的 3 种方法进行介绍。

1. 惩罚函数方法

惩罚函数方法是根据约束条件的特点,将惩罚函数加入目标函数中,构造出评估函数,从而将约束问题转换为无约束问题。当解在不可行区域内时,将会得到较差的评估函数值,因此平衡了目标函数值与违反约束的程度,得到的评估函数的解与目标函数的解基本一致。本方法作为自适应程度最高的一种方法,在使用机器学习和深度学习算法处理各领域约束问题时会作为首要方法使用,值得重点学习。在应用遗传算法时,采用惩罚函数方法可以使每代种群都能留存下部分不可行解,以结合可行域和不可行域的特点使种群更适应环境。

在不能对搜索空间进行任何假设的情况下,特别是当问题为非凸或非连通时,控制非可行解是一件很困难的事,但我们可以通过某种方式给不可行解增加惩罚参数。假设如图 7.2 所示,不可行解 a 到最优解 d 的距离比不可行解 b 和可行解 c 到最优解 d 的距离都近,因此可以判断不可行解 a 比 b 和 c 含有更多有关最优点的信息。在这种情况下则希望给 a 较小的惩罚,即使它比 b 离可行域更远。但是,由于在实际情况下,对于最优点 a,我们没有任何先验知识,所以无从判断哪个点更好。

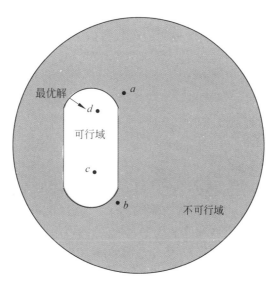

图 7.2 可行域和不可行域中的解

因此,需要把关注点放在如何设计惩罚函数 $p(x)$ 上,从而有效地引导遗传算法搜索到解空间中的最优解。设计惩罚函数没有固定的规则,需要根据待解决的问题确定。对不可行解设计的惩罚值本质上是在某种测度下,对解的不可行性进行测量,一般考虑可行解和不可行解的关系进行设计。

构造评估函数(其中带有惩罚函数)有两种方法:一种是加法形式;另一种采用乘法形式,大多数惩罚函数方法属于带参数的惩罚方法,并且是问题依赖的。假设给定义 7.1 中的约束问题的最小化问题设计一个惩罚函数,对于最小化问题来说,较好的解会具有较低的 eval 值,加法形式的带惩罚函数的评估函数如式(7-5)所示。

$$\min \mathrm{eval}(\boldsymbol{x},t) = f(\boldsymbol{x},t) + \lambda p(\boldsymbol{x},t) \tag{7-5}$$

$$\begin{cases} p(\boldsymbol{x},t) = 0, & \boldsymbol{x} \text{ 可行} \\ p(\boldsymbol{x},t) < 0, & \text{其他} \end{cases}$$

同时要求 $|p(\boldsymbol{x})|_{\max} \leqslant |f(\boldsymbol{x})|_{\min}$,以避免出现负的评价函数值。乘法形式的带惩罚函数的评估函数如式(7-6)所示。

$$\min \mathrm{eval}(\boldsymbol{x},t) = f(\boldsymbol{x},t) * \lambda p(\boldsymbol{x},t) \tag{7-6}$$

$$\begin{cases} p(\boldsymbol{x},t) = 1, & \boldsymbol{x} \text{ 可行} \\ p(\boldsymbol{x},t) > 1, & \text{其他} \end{cases}$$

式中,$\boldsymbol{x}$ 代表解,t 代表当前时间,λ 是惩罚因子,$p(\boldsymbol{x},t)$ 是根据时间变化的惩罚函数,在不考虑时间的情况下,t 项可以省略。在这里,惩罚函数可能在不可行区域内增加函数的坡度,将不可行解的不可能性加入评估。加入惩罚函数后也可能使搜索算法的性能降低,这取决于惩罚函数的设计。

当惩罚因子 λ 取值小时,代表违反约束条件带来的惩罚小;当惩罚因子 λ 取值大时,代表违反约束条件带来的惩罚大。选择加法形式还是乘法形式取决于公式约简之后的易计算程度。

惩罚函数通常由一系列约束条件对应的函数构成,以量化一个解违反约束的程度,如式(7-7)所示。

$$p(x^i,t) = \sum_{m=1}^{n_g+n_h} \lambda_m(t) * p_m(\boldsymbol{x}_i) \tag{7-7}$$

一种常用的惩罚函数构造方式如式(7-8)所示。

$$p_m(x^i) = \begin{cases} \max\{0, g_m(x^i)^\alpha\}, & m \in [1,2,\cdots,n_g] \text{(不等式约束)} \\ |h_m(x^i)|^\alpha, & m \in [n_g+1, n_g+2, \cdots, n_g+n_h] \text{(等式约束)} \end{cases} \tag{7-8}$$

式中,α 是惩罚的幂,$\alpha \in \mathbb{R}$,$\lambda_m(t)$ 代表随时间 t 变化,违反第 m 个约束的惩罚系数,这里的 $\lambda_m(t)$ 是动态的约束惩罚系数。如果约束的影响比较大,则惩罚系数值也比较大。当 $\lambda_m(t) = \lambda_m$ 时,是静态的约束惩罚系数。在实际应用中,静态的约束惩罚系数根据约束违反的程度确定,动态的约束惩罚系数则根据遗传算法的迭代次数进行调节。

一般来说,惩罚函数可以通过以下 3 种方式量化。

(1) 单一不可行解的绝对距离的函数。

(2) 当前种群中所有不可行解到可行域的相对距离的函数。

(3) 自适应惩罚项的函数。

具体的惩罚函数设计方式一般使用第(1)种方法。而在约束需要严格执行时,每代中的不可行解与可行解的比相对较高,这时可以采用第(2)、(3)种方法,从而能够在保留信息和增加对不可行性的压力之间进行平衡。

2. 拉格朗日乘子法

对于凸问题,可以使用拉格朗日乘子向量构造拉格朗日等式,直接将约束问题转化为非约束问题,再通过求解其对偶问题来求解原问题。

首先将问题转化为定义 7.1 中的标准约束优化问题,然后将转化后的问题作为拉格朗日乘子法的主问题。通过加权和的方式，使用拉格朗日乘子法可以将约束问题定义为拉格朗日函数。拉格朗日函数 $L(\boldsymbol{x},\lambda_g,\lambda_h)\in\mathbb{R}^{n_x}\times\mathbb{R}^{n_g}\times\mathbb{R}^{n_h}$ 的表现形式如式（7-9）所示。

$$L(\boldsymbol{x},\lambda_g,\lambda_h)=f(\boldsymbol{x})+\sum_{m=1}^{n_g}\lambda_{g,m}*g_m(\boldsymbol{x})+\sum_{m=n_g+1}^{n_g+n_h}\lambda_{h,m}*h_m(\boldsymbol{x}) \tag{7-9}$$

其中，$f(\boldsymbol{x})$ 为目标函数，$\lambda_g\in\mathbb{R}^{n_g}$ 为不等式约束 n_g 的权重，$\lambda_{g,m}$ 为 λ_g 的权重分量，$\lambda_h\in\mathbb{R}^{n_h}$ 为等式约束 n_h 的权重，$\lambda_{h,m}$ 为 λ_h 的权重分量。如果式（7-9）满足 KKT（Karush-Kuhn-Tucker）条件，就可将约束问题转化为非约束问题。KKT 条件如下所示。

$$\nabla_x L(\boldsymbol{x}^*,\lambda_g^*,\lambda_h^*)=0$$
$$\lambda_{g,m}*g_m(\boldsymbol{x})=0,m\in[1,2,\cdots,n_g]$$
$$Lg_m(\boldsymbol{x})\leqslant 0,m\in[1,2,\cdots,n_g] \tag{7-10}$$
$$\lambda_{g,m}\geqslant 0,m\in[1,2,\cdots,n_g]$$
$$h_m(\boldsymbol{x})=0,m\in[n_g+1,n_g+2,\cdots,n_g+n_h]$$

若主问题在搜索空间 S 中是一个凸函数，则主问题的解即为 $L(\boldsymbol{x},\lambda_g,\lambda_h)$ 的鞍点 $L(\boldsymbol{x}^*,\lambda_g^*,\lambda_h^*)$ 的向量 $\boldsymbol{x}^*$。求解最小化的主问题的解 $\boldsymbol{x}^*$ 和拉格朗日乘子向量 λ_g^*、λ_h^* 可以通过求解最小-最大化主问题的对偶问题得到，即将主问题转化为式（7-11）。

$$\min_{\boldsymbol{x}}\max_{\lambda_g,\lambda_h}L(\boldsymbol{x},\lambda_g,\lambda_h) \tag{7-11}$$
$$\text{s.t.}L(\boldsymbol{x}^*,\lambda_g,\lambda_h)\leqslant L(\boldsymbol{x}^*,\lambda_g^*,\lambda_h^*)\leqslant L(\boldsymbol{x},\lambda_g^*,\lambda_h^*)$$

其中，将主问题进行对偶变换后得到的对偶问题如式（7-12）所示。

$$\max_{\lambda_g,\lambda_h}L(\boldsymbol{x},\lambda_g,\lambda_h) \tag{7-12}$$
$$\text{s.t.}\lambda_{g,m}\geqslant 0,m=1,2,\cdots,n_g$$
$$\lambda_{h,m}\geqslant 0,m=n_g+1,n_g+2,\cdots,n_g+n_h$$

3. 广义乘子法

非凸问题、原问题的对偶问题如果出现与原问题的解不相同的情况，则很有必要在拉格朗日函数基础上再加上一个惩罚函数，构造出一个新的评估函数。对于主问题在搜索空间上是非凸问题的情况，要使用广义乘子法，因为针对非凸问题，其对偶问题的解同主问题的解不再一致。广义乘子法在拉格朗日乘子法的基础上增加了惩罚函数，表现形式如式（7-13）所示。

$$\min_{\boldsymbol{x}}LF(\boldsymbol{x},\lambda_g,\lambda_h,\lambda,t)=L(\boldsymbol{x},\lambda_g,\lambda_h)+\lambda*p(\boldsymbol{x},t) \tag{7-13}$$

其中，惩罚函数 $p(\boldsymbol{x},t)$ 设计公式中的 $\lambda_m(t)$ 取值为 1，α 取值为 2。

计算步骤是：首先在 λ 足够大的前提下使用拉格朗日乘子法的方式获得 $LF(\boldsymbol{x},\lambda_g,\lambda_h,\lambda,t)$ 的极小值，然后调整 λ_g、λ_h 的值，获得原问题的最优解。

7.2.3　选择操作

选择算子就是以某种选择方法从父代群体中选择一些个体遗传到下一代。进化算法通过选择操作对群体中的个体进行优胜劣汰，选择个体进行交叉或变异操作，个体的适应度值

越高,该个体被遗传到下一代种群中的概率越大。

比较流行的选择算子有如下 8 种。

1. 轮盘赌选择(Roulette Wheel Selection)

它是目前遗传算法中最基础、应用最普遍的选择方法,也叫适应度比例方法,该方法使选择概率与适应度函数值成正比,由于适应度值是非负的函数,因此可以求适应度函数值之和。该方法的具体操作步骤如下。

(1)计算种群中每个个体 $\boldsymbol{x}_i$ 的适应度函数值 $F(\boldsymbol{x}_i)$,$i=1,2,\cdots,N$,其中 N 为种群大小。

(2)计算种群中所有个体的适应度函数值之和,计算公式如式(7-14)所示。

$$F = \sum_{i=1}^{N} F(\boldsymbol{x}_i) \tag{7-14}$$

(3)计算出每个个体 $\boldsymbol{x}_i$ 被遗传到下一个种群的选择概率 p_i,选择概率与该个体的适应度函数值呈现出明显的正比例关系。计算公式如式(7-15)所示。

$$p_i = \frac{F(\boldsymbol{x}_i)}{F}, \quad i=1,2,\cdots,N \tag{7-15}$$

(4)计算出每个个体 $\boldsymbol{x}_i$ 的积累概率 q_i。第 i 个个体的积累概率是从第一个个体的选择概率到第 i 个个体的选择概率的和,最后一个个体的积累概率为 1,计算公式如式(7-16)所示。

$$q_i = \sum_{j=1}^{i} p_j \tag{7-16}$$

(5)在 $[0,1]$ 区间内产生 N 个随机数 r_i。若 $r_i \leqslant q_1$,则选择第一个个体 $\boldsymbol{x}_1$ 加入父代,否则选择第 i 个个体 $\boldsymbol{x}_i$ 加入父代,使得 $q_1 < r \leqslant q_i$ 成立。

以下为轮盘赌算法的一个简单实例。

假设有 5 条染色体,对应的适应度函数值分别为 $20,7,3,10,15$,则总适应度函数值为

$$F = \sum_{i=1}^{N} F(\boldsymbol{x}_i) = 20 + 7 + 3 + 10 + 15 = 55$$

则各个个体的选择概率分别为

$$p_1 = \frac{F(\boldsymbol{x}_1)}{F} \times 100\% = \frac{20}{55} \times 100\% \approx 36.4\%$$

$$p_2 = \frac{F(\boldsymbol{x}_2)}{F} \times 100\% = \frac{7}{55} \times 100\% \approx 12.7\%$$

$$p_3 = \frac{F(\boldsymbol{x}_3)}{F} \times 100\% = \frac{3}{55} \times 100\% \approx 5.4\%$$

$$p_4 = \frac{F(\boldsymbol{x}_4)}{F} \times 100\% = \frac{10}{55} \times 100\% \approx 18.2\%$$

$$p_5 = \frac{F(\boldsymbol{x}_5)}{F} \times 100\% = \frac{15}{55} \times 100\% \approx 27.3\%$$

则各个个体的积累概率分别为

$$q_1 = p_1 = 36.4\%$$
$$q_2 = q_1 + p_2 = 49.1\%$$
$$q_3 = q_2 + p_3 = 54.5\%$$
$$q_4 = q_3 + p_4 = 72.7\%$$
$$q_5 = q_4 + p_5 = 100\%$$

若产生的随机数 $r = [0.264, 0.653, 0.421, 0.887, 0.713]$，则父代种群 x' 变为 $[x_1, x_4, x_2, x_5, x_4]$

2. 随机遍历抽样（Stochastic Universal Samplings）

此方法是对随机的轮盘赌选择法的改进，可降低轮盘赌选择法的随机性，使选择规则更公平。采用的旋转指针为均匀分布，并且个数等于种群规模 N，相当于等距离选择个体，其中第一个指针位置由 $[0, 1/N]$ 区间的随机数决定，第二个指针位置由 $[1/N, 2/N]$ 区间的随机数决定，以此类推。

3. 局部选择法（Local Selection）

在局部选择法中，每个个体都有一些邻域个体，个体和这些邻域个体组成局部邻集（其他选择方法则将整个种群看作个体的邻集），交叉只出现在个体与其局部邻集中的个体之间，同时种群的分布结构直接决定了该邻集的定义。例如，可以将种群按适应度值进行均匀划分、随机划分等。

4. 最佳个体保存法（Elitist Model）

将种群中具备最强适应度的个体直接复制到下一代，不经过交叉、变异操作，这种选择方法即复制。该方法不利用变异或交叉破坏某一代进化后的最优解，保证了良好的算法收敛性，但会导致局部最优个体不易淘汰而使算法陷入局部最优状态，这使得该算法在全局搜索能力上欠佳，通常需要结合其他选择方法。例如，用它替换交叉和变异后适应度值最差的个体可以有较好的效果。

5. 期望值方法（Expected Value Model）

该方法将每一个个体的适应度函数值与种群的平均适应度函数值进行比较，确定该个体在后代中被选中的次数，即每个个体在下一代生存的期望数目。这里需要借助轮盘赌选择法中的选择概率 p_i，可以看出，适应度函数值越大的个体被选择的次数越多。实验表明，期望值方法也具有很好的实验效果。期望数目如式（7-17）所示。

$$E_i = \mathrm{round}(p_i) * N \tag{7-17}$$

另外，在实际使用过程中，若个体参与了交叉，则其下一代的生存期望数减 0.5；若直接复制，则减 1；若个体的期望值小于 0，则不参与选择。

6. 排序选择法（Rank-Selection Model）

轮盘赌选择法的一大缺陷是，当适应度函数值为 0 时，个体将 100% 不会被选中，使该个体后代产生的可能性为 0，因此我们需要安排一种排序法，目的是安排每个个体的被选中概率。该方法的步骤如下：①计算每个个体适应度函数值；②将该值排序；③对排序后的每个个体赋予一个序号。结论是以概率 $P_{\max}$ 选中最好的个体序号为 N，以概率 $P_{\min}$ 选中最差的个体序号为 1，两者之间个体选择的概率可以由式（7-18）得到，其余的个体选择方式与轮盘赌选择方式一致。

$$p_i = P_{\min} + (P_{\max} - P_{\min}) \frac{i-1}{N-1} \qquad (7\text{-}18)$$

7. 指数排序选择法（Exponential Rank- Selection Model）

它对选择排序中确定中间个体选择概率的公式进行了改写，以指数形式进行表达，选择底数 c，满足 $0 < c < 1$，并且不需要设置最大和最小概率值，表达式如式（7-19）所示。

$$p_i = \frac{c^{N-i}}{\displaystyle\sum_{j=1}^{N} c^{N-j}} \qquad (7\text{-}19)$$

8. 锦标赛选择方法（Tournament Selection Model）

从种群中随机选择一定数目的个体（一般情况下选择两个个体），其中适应度函数值最高的个体保存到父代，这个过程反复执行 N 次，选出 N 个优势个体。该方法属于有放回的抽样方法，在实际应用中使用它的效果比使用轮盘赌选择算法的效果好，具有 $O(n)$ 的低复杂度、易并行化处理、不易陷入局部最优和不需排序处理的特点。

7.2.4 交叉操作

交叉操作的原理是结合两个基准个体信息产生新个体，基准个体来自父代交配种群。交叉操作可以使种群中的个体具有多样性，以扩大搜索空间，增加个体搜索到全局最优解的概率，具体计算过程如下所示。

步骤 1：随机从父代种群中有放回地抽取两个个体进行交叉操作。若父代种群大小为 N_p，则共有 $\left(\dfrac{N_p \times (N_{p-1})}{2} \right)$ 对个体组。

步骤 2：针对每对相互配对的个体，随机设置某两个基因之间的位置作为交叉点。若个体长度为 l，则共有 $l-1$ 个交叉点可供选择。

步骤 3：根据设定的交叉概率 P_c，使每一对个体交叉后生成两个新个体。

下面分别介绍二进制编码的交叉算子和实数编码的交叉算子。

1. 二进制编码的交叉算子

1）单点交叉（Single-Point Crossover）

单点交叉也称简单交叉，首先在两个个体染色体中随机指定相同位置的交叉点，随后互换它们在该点前面或后面部分的结构，形成两个新个体。单点交叉的运算示例如下。

个体 A：10110111　00	单点交叉后	个体 A'：10110111　**11**
个体 B：00011100　11		个体 B'：00011100　**00**

2）双点交叉（Two-Point Crossover）

双点交叉的操作原理类似于单点交叉，不同的是，双点交叉需要随机设置两个交叉点，两个交叉点之间的部分交换后生成两个新的个体。双点交叉的运算示例如下。

个体 A：101　10111　00	双点交叉后	个体 A'：101　**11100**　00
个体 B：000　11100　11		个体 B'：000　**10111**　11

3）多点交叉（Multiple-Point Crossover）

多点交叉的概念来自单点交叉和双点交叉的延伸，又被称为广义交叉。该方式无论定义哪个点是双点，哪个点是单点，得到的结果都一致。由于按两个单点进行交叉后和双点交叉得到的结果一致，因此当个体定义更多的交叉点时，也会得到相同的结果。多点交叉的运算示例如下。

个体 A：10　1　10111　00	多点交叉后	个体 A'：10　**0**　10111　**11**
个体 B：00　0　11100　11		个体 B'：00　**1**　11100　**00**

4）均匀交叉（Uniform Crossover）

均匀交叉可决定新个体的基因继承于上代两个父代个体的哪个个体基因，这可以通过设置屏蔽字串实现。当屏蔽字串对应位为 0 时，A、B 对应位上的基因不进行交换，保持原样；当屏蔽字串对应位为 1 时，A、B 对应位上的基因相互交换，由此生成新个体 A' 和新个体 B'。均匀交叉的运算示例如下。

个体 A：1011011100	均匀交叉后	个体 A'：101**1010110**
屏蔽字：0101001010		
个体 B：0001110011		个体 B'：000**1111001**

5）均匀双点交叉（Uniform Two Point Crossover）

均匀双点交叉将随机产生两个交叉点，再按照随机产生的 0、1、2 这 3 个整数进行基因段交换。如果随机数为 0，则对两个基因串的第一段进行交换；如果随机数为 1，则对两个基因串的第二段进行交换；如果随机数为 2，则对两个基因串的第三段进行交换。均匀双点交叉的运算示例如下。

个体 A：101　10111　00	均匀双点交叉后	0	个体 A'：**000**　10111　00
			个体 B'：**101**　11100　11
		1	个体 A'：101　**11100**　00
			个体 B'：000　**10111**　11
个体 B：000　11100　11		2	个体 A'：101　10111　**11**
			个体 B'：000　11100　**00**

2. 实数编码的交叉算子

假设要进行交叉操作的两个父代染色体分别为 $\boldsymbol{x}^1 = (x_1^1, x_2^1, \cdots, x_n^1)$ 和 $\boldsymbol{x}^2 = (x_1^2, x_2^2, \cdots, x_n^2)$，则常见的交叉算子可以表示如下。

1）简单交叉（Simple Crossover）算子

该算子与二进制编码的单点交叉类似，首先随机选择一个交叉点 $k, k \in 1, 2, \cdots, n-1$，然后在 k 点处互换两个父代染色体的部分基因，该交叉算子可以按式（7-20）和式（7-21）生成两个新的子代染色体 c_i^1 和 c_i^2。

$$c_i^1 = (p_1^1, p_2^1, \cdots, p_k^1, p_{k+1}^2, \cdots, p_n^2) \tag{7-20}$$

$$c_i^2 = (p_1^2, p_2^2, \cdots, p_k^2, p_{k+1}^1, \cdots, p_n^1) \tag{7-21}$$

2）模拟二进制交叉（Simulated Binary Crossover，SBX）算子

它对遗传算法中二进制编码的单点交叉算子进行模拟，可以按式（7-22）和式（7-23）生成两个新的子代染色体 c_i^1 和 c_i^2。

$$c_i^1 = 0.5 \times \left[(1 + \gamma_j) \times x_i^1 + (1 - \gamma_j) \times x_i^2 \right] \tag{7-22}$$

$$c_i^2 = 0.5 \times \left[(1 - \gamma_j) \times x_i^1 + (1 + \gamma_j) \times x_i^2 \right] \tag{7-23}$$

其中，$\gamma_j = \begin{cases} 2u^{\frac{1}{\eta+1}}, & u \leqslant 0.5 \\ \dfrac{1}{2(1-u)}^{\frac{1}{\eta+1}}, & u > 0.5 \end{cases}$，$u \in U(0,1), \eta > 0$，建议 η 的取值为 1

3）算术交叉（Arithmetical Crossover）算子

该交叉算子可以按式（7-24）和式（7-25）生成两个新的子代染色体 c_i^1 和 c_i^2。当 a 为常量时，称为均匀算术交叉；当 a 随着算法的迭代不断变化时，称为非均匀算术交叉。

$$c_i^1 = a \times x_i^1 + (1 - a) \times x_i^2 \tag{7-24}$$

$$c_i^2 = a \times x_i^2 + (1 - a) \times x_i^1 \tag{7-25}$$

4）扩展线性交叉（Extend Line Crossover）算子

在区间 $[-0.25, 1.25]$ 内生成一个随机数 a，该交叉算子可以按式（7-26）和式（7-27）生成两个新的子代染色体 c_i^1 和 c_i^2。

$$c_i^1 = p_i^1 + a \times (p_i^2 - p_i^1) \tag{7-26}$$

$$c_i^2 = p_i^2 + a \times (p_i^2 - p_i^1) \tag{7-27}$$

5）扩展中间交叉（Extend Intermediate Crossover）算子

在扩展线性交叉的基础上，在区间 $[-0.25, 1.25]$ 内生成 n 个随机数 $a_1, a_2, \cdots, a_n, n$ 指函数解的维数，该交叉算子可以按式（7-28）和式（7-29）生成两个新的子代染色体 c_i^1 和 c_i^2。

$$c_i^1 = p_i^1 + a_i \times (p_i^2 - p_i^1) \tag{7-28}$$

$$c_i^2 = p_i^2 + a_i \times (p_i^2 - p_i^1) \tag{7-29}$$

6）BLX-a 交叉（BLX-a Crossover）算子

该交叉算子的产生也是基于区间模式的概念，并且每次只产生一个子代染色体 $c_i = (c^1, c^2, \cdots, c^n)$，基因改变公式为式（7-30）。

$$c^1 = (P_{\min_i} - I \times a) + a \times | (P_{\max_i} + I \times a) - (P_{\min_i} - I \times a) | \tag{7-30}$$

其中，$P_{\max_i} = \max(p_i^1, p_i^2), P_{\min_i} = \min(p_i^1, p_i^2), I = P_{\max_i} - P_{\min_i}$，参数 a 用于控制从父代个体生成后代解的位置，一般取 $a = 0.5$，当 a 的取值为 0 时，BLX-a 交叉可称为平坦交叉（Flat Crossover）。

7) 平均交叉（Average Crossover）算子

该算子将使用两个父代染色体等位基因的算术平均值作为交叉产生的子代染色体 $c_i = (c^1, c^2, \cdots, c^n)$，子代染色体改变公式为式（7-31）。

$$c^i = \frac{p_i^1 + p_i^2}{2} \tag{7-31}$$

8) 离散交叉（Discrete Crossover）算子

两个父代染色体交叉后生成的子代染色体 $c_i = (c^1, c^2, \cdots, c^n)$ 的每个等位基因由式（7-32）表示。

$$c^i = \begin{cases} p_i^1, & r \geqslant 0.5 \\ p_i^2, & r < 0.5 \end{cases} \tag{7-32}$$

其中，r 为 $[0,1]$ 区间的随机数。

7.2.5　变异操作

变异操作即对种群中某个染色体的某个基因重新赋值，其在分类时根据编码方式分成二进制编码和实数编码。假设要变异的染色体为 $C = (c_1, c_2, \cdots, c_n)$，变异后的染色体为 $C' = (c_1', c_2', \cdots, c_n')$，若 c_i 为该染色体的变异基因，$c_i \in [a_i, b_i]$，则函数定义域的下界为 a_i 和 b_i，变异后的基因为 c_i'。

1. 二进制编码的变异算子

1) 基本变异算子（Basic Mutation Operation）

基本变异算子是指变动染色体基因串的基因位，变动依据是变异概率，具体操作如下。

个体 A：1010 1 01010	基本变异后	个体 A'：1010 **0** 01010

2) 逆转算子（Inversion Operation）

逆转算子是指做部分基因值的逆向排序，逆向变动范围为个体染色体中随机选择的两个逆转点之间的基因值，具体操作如下。

个体 A：10 11010 00	逆转后	个体 A'：10 **01011** 00

3) 自适应变异算子（Adaptive Mutation Operation）

在操作方法上，该算子类同于基本变异算子，但在自适应性上，其变异概率具有强大的适应性，可根据种群中个体的多样性而自行调整。交叉而形成的两个新个体的海明距离 h_s 大大影响概率并呈现反比特性，即海明距离越大，概率 P_m 越小，反之 P_m 越大，表达式如式（7-33）所示。

$$P_m = \frac{l - h_s}{l} \tag{7-33}$$

2. 实数编码的变异算子

1) 步长变异

步长变异即使实数编码的基因数值加或减某个值。数值 $L_i * d$ 称为步长，变异后的新基因 c_i' 由式（7-34）表示。

$$\begin{cases} c'_i = c_i + 0.5 * L_i * d, & r \geqslant 0.5 \\ c'_i = c_i - 0.5 * L_i * d, & r < 0.5 \end{cases} \tag{7-34}$$

这里，L 为变量的取值范围，$L_i = P_{max i} - P_{min i}$，$r$ 为 0 或 1 的随机数，d 由式(7-35)表示。其中，$a(i)$ 以 $1/N$ 的概率取 1，以 $1-1/N$ 的概率取 0，N 为种群大小。

$$\begin{cases} d = \dfrac{a(0)}{2^0} + \dfrac{a(1)}{2^1} + \cdots + \dfrac{a(N)}{2^N} \end{cases} \tag{7-35}$$

2) 均匀变异(Uniform Mutation)算子

在对基因进行均匀变异后，变异后的新基因 c'_i 由式(7-36)计算。其中，r 为 $[0,1]$ 的一个均匀随机数。

$$c'_i = a_i + r \times (b_i - a_i) \tag{7-36}$$

3) 非一致变异(Non-uniform Mutation)

在对基因进行非一致变异后，变异后的新基因 c'_i 由式(7-37)计算。

$$c'_i = \begin{cases} c_i + \Delta(t, b_i - c_i), & \tau = 0 \\ c_i - \Delta(t, c_i - a_i), & \tau = 1 \end{cases} \tag{7-37}$$

其中，τ 是取值为 0 或 1 的随机数，$\Delta(t, y) = y \times (1 - r^{(1-t/T)^\alpha})$，$t$ 代表当前的进化代数，T 表示最大的进化代数，r 为 $[0,1]$ 的一个均匀随机数，α 是由用户选取的参数，一般取值为 2。

4) 边界变异(Boundary Mutation)算子

该算子适合进行最优解的优化问题(最优解需位于或接近可行搜索空间边界)，属于均匀变异的变种之一，将函数定义域中的两个边界之一设置为变异后的基因值。

变异后的新基因 c'_i 由式(7-38)计算，其中 r 为 $[0,1]$ 的一个均匀随机数。

$$c'_i = \begin{cases} a_i, & r \geqslant 0.5 \\ b_i, & r < 0.5 \end{cases} \tag{7-38}$$

5) 多项式变异[12]

在对基因进行多项式变异后，变异后的新基因 c'_i 由式(7-39)计算。

$$c'_i = c_i + (b_i - a_i) \times \bar{\delta} \tag{7-39}$$

其中，$\bar{\delta} = \begin{cases} (2d_i)^{1/(\eta_m+1)} - 1, & d_i \leqslant 0.5 \\ 1 - [2 \times (1 - d_i)]^{\frac{1}{\eta_m+1}}, & d_i > 0.5 \end{cases}$，$d_i$ 是 $[0,1]$ 的一个随机数，η_m 是分布指数。

6) 高斯变异

高斯变异就是在原有的基因值上加上一个随机扰动向量，该向量同样需要服从高斯分布。变异后的新基因 c'_i 由式(7-40)计算。

$$c'_i = c_i \times [1 + k \times N(0,1)] \tag{7-40}$$

其中，k 是 $[0,1]$ 的一个随机数，$N(0,1)$ 是均值为 0，方差为 1 的高斯分布。由分布的性质可知，变异后的基因值的数学期望仍为当前基因的实数数值，因此在局部搜索能力方面，高斯变异具有强大的优势。

7.3 遗传算法的性能分析

遗传算法是一种元启发式随机搜索算法,其具有鲜明的进化理论基础,在实际应用过程中取得了很大的成功。但是,由于其数学基础不够完善,因此在遗传算法方面的性能分析一直是该领域的研究热点。目前还需要对遗传算法进行完整的收敛性理论研究,解释其早熟的问题,研究其搜索效率及时间复杂度,从而使遗传算法更优且得到广泛应用。一般来说,可以设置对比实验,通过以下 7 个方面判断遗传算法的性能。

(1) 最好解之间对比。

(2) 最好解与最差解的偏差。

(3) 达到最好解的频率。

(4) 解的分布与统计分析。

(5) 收敛速度分析。

(6) 占用内存大小。

(7) 不同类型测试问题的适用情况。

7.4 算法应用实例

7.4.1 作业车间调度问题描述

本节将使用遗传算法解决作业车间调度问题(JSP),从而展示遗传算法的应用实例。调度问题来源于不同的领域,如生产计划、制造计划、课程安排计划、资源分配计划、计算机进程调度设计及通信计划等,该问题的特性是没有算法能够在多项式时间内求出其最优解,其中最著名的机器调度问题是古典的作业车间调度问题,该问题也是最经典的几个 NP 难问题之一。

该问题可以描述为:给定一个工件 j 的集合和一个机器 m 的集合,每个工件包含多道工序 o,每个工件的工序顺序不可改变,每道工序由特定的机器非间断地在某一时间段加工完成,且必须在前一道工序加工完成后才能开始加工,工件下达时间和交货期都不是给定的;同一时间,每台机器只能加工一道工序,且一个工件不能两次访问同一台机器。调度就是把所有工序对应分配给某台机器的某个时间段,最终找到最短完成时间的调度为问题的解。使用遗传算法解决该问题的思路就是要理清问题需要考虑的约束及目标函数,以求出满足约束条件的最优调度方案。

近年来,越来越多的学者将遗传算法应用于解决作业车间调度问题。在工程实验的实际应用中,不需要使用者额外学习太多的专业知识,只要能灵活使用变形的启发式就能求得很好的解,因此遗传算法一直是各工业领域的研究热点。所有解决这些问题的算法思路也可以用于其他组合优化问题上。

本节解决的是一个作业车间调度问题,由 10 台机器生产 10 个工件,每个工件需经过 10 道工序。每个工件的工序在对应机器上的工作时间见表 7.2。

表 7.2 每个工件的工序在对应机器上的工作时间

工件	[工序,机器,加工时间]									
j_1	[1,1,62]	[2,6,65]	[3,7,41]	[4,2,57]	[5,5,49]	[6,4,21]	[7,9,2]	[8,8,64]	[9,3,11]	[10,10,51]
j_2	[1,1,31]	[2,10,81]	[3,4,10]	[4,8,94]	[5,9,98]	[6,7,86]	[7,3,95]	[8,5,36]	[9,6,17]	[10,2,28]
j_3	[1,1,63]	[2,5,28]	[3,4,58]	[4,7,54]	[5,6,91]	[6,10,43]	[7,2,56]	[8,3,37]	[9,8,53]	[10,9,57]
j_4	[1,5,25]	[2,6,40]	[3,8,78]	[4,7,81]	[5,2,46]	[6,9,59]	[7,3,34]	[8,1,58]	[9,10,91]	[10,4,49]
j_5	[1,4,53]	[2,7,11]	[3,9,89]	[4,2,2]	[5,6,5]	[6,5,28]	[7,8,47]	[8,1,76]	[9,3,64]	[10,10,21]
j_6	[1,5,46]	[2,9,85]	[3,1,22]	[4,10,16]	[5,6,78]	[6,3,51]	[7,2,66]	[8,7,45]	[9,4,98]	[10,8,56]
j_7	[1,10,15]	[2,5,27]	[3,6,52]	[4,3,10]	[5,1,93]	[6,7,45]	[7,4,93]	[8,2,90]	[9,9,42]	[10,8,10]
j_8	[1,5,99]	[2,6,45]	[3,1,40]	[4,9,31]	[5,3,91]	[6,4,45]	[7,10,33]	[8,2,82]	[9,8,46]	[10,7,47]
j_9	[1,5,3]	[2,6,45]	[3,7,59]	[4,1,36]	[5,3,14]	[6,8,12]	[7,4,20]	[8,9,92]	[9,10,67]	[10,2,19]
j_{10}	[1,3,44]	[2,1,23]	[3,2,52]	[4,4,22]	[5,6,18]	[6,10,22]	[7,7,39]	[8,9,62]	[9,8,21]	[10,10,5,4]

7.4.2　遗传算法设计

本节作业车间调度问题的编码方式为实数编码。在处理非可行解或非法解时,最佳方案是采用修复策略,其效果高于删除策略和惩罚策略。

首先需要确定一种表达作业车间调度问题的解的合适方式和基于该问题的遗传算子,使得算法在运行过程中能够产生可行的调度方案,这是影响遗传算法效果的重点阶段。本文使用的是基于工件的表达法,除此之外,也可以使用基于工序、基于机器、基于优先规则、基于优先表、基于非连接图、基于完成时间的表达法和随机键表达法。

基于工件的表达法中的染色体由包含 n 个工件的实数列表组成,每个调度方案根据工件的顺序构造。对于一个给定的工件顺序列表,首先按工件顺序依次调度第一道工序,然后再考虑按工件顺序依次调度第二道工序,以此类推,直到所有的工序安排完毕。在算法迭代过程中,每个工件将以不同的顺序构造解,每个顺序对应一个可行的调度方案。因此,10 个工件,每个工件 10 道工序,共使用 10 台机器的作业车间调度问题将使用长度为 10 的染色体进行表示。例如,假定染色体为[5,9,6,4,1,2,3,7,10,8],则要加工的第一个工件是 j_5,工件 j_5 的工序-机器约束为[o_1,m_4]、[o_2,m_7]、[o_3,m_9]、[o_4,m_2]、[o_5,m_6]、[o_6,m_5]、[o_7,m_8]、[o_8,m_1]、[o_9,m_3]、[o_{10},m_{10}],对应的工作时间分别为 53、11、89、2、5、28、47、76、64、21。然后为每个工件的每道工序安排在机器上加工的时间,例如 j_5 的第 1 道工序在第 4 台机器上从 0 时刻加工到 53 时刻,则使用['c5_1_4',[0,53]]表示。

本算法的交叉算子选择的是基于位置的两点交叉(PBX),选择步骤变为选择种群中的第奇数个染色体与第偶数个染色体作为多对父代。PBX 首先需要随机选择两个交叉点,交换两个交叉点之间的基因段,再对两条交换过的染色体进行修补,修补方法如下。

步骤 1:修补前部基因位时,将从前到后搜索前部基因位,看其是否在后部基因位存在重复情况,如果存在,就把另一条染色体相同位置的基因与待更换的前部基因进行交换,直至前部基因不再重复。

步骤 2:修补后部基因位时,将从前到后搜索后部基因位,看其是否在前部基因位存在重复情况,如果存在,就把另一条染色体相同位置的基因与待更换的后部基因进行交换,直至后部基因不再重复。

具体操作示例如下。

| 1324 | 提取交叉 | 32 | 交换交叉 | 1414 | 重构交叉段前 | 1->2,2->3 | 子代 | 2413 |
| 3412 | 基因段 | 41 | 基因段 | 3322 | 部和后部 | 3->4,2->1 | 变为 | 4321 |

变异操作选择了两种变异方式,分别是交换变异和局部逆序变异。交换变异的操作是:首先随机选择两个不同的变异点,然后将两个点的基因进行交换,形成一条新的染色体。局部逆序变异的操作是:进行逆序排列,需要逆序排列的局部内容是随机选择的两个不同变异点之间的基因。由于本算法选择的是基于工件的表达法,因此修补方式比较简单,改变工件的顺序并不会对可行解进行过大的破坏,所以本算法采用了此种方式对染色体进行表达和编码。

7.4.3 实验结果与分析

遗传算法参数见表 7.3。其中最终的最优调度结果可以使用两种甘特图进行表示:一种是工件甘特图;另一种是机器甘特图。两种甘特图都可以表示各道工序的加工时间情况,可以根据实际应用时关注工件的完成情况或者机器的工作情况,选择相应的甘特图进行参考。最优调度方案的工件甘特图如图 7.3 所示。最优调度方案的机器甘特图如图 7.4 所示。

表 7.3 遗传算法参数

参 数	含 义	取 值
population_num	种群规模	10
variation_rate	变异概率	0.2
iters	迭代次数	50

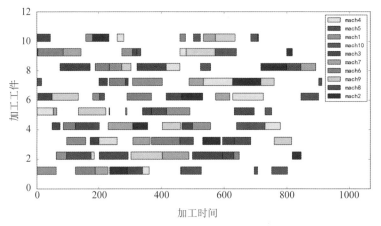

图 7.3 最优调度方案的工件甘特图

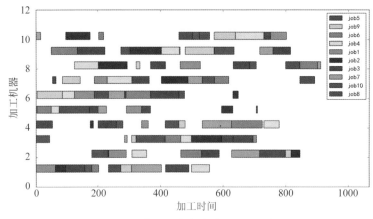

图 7.4 最优调度方案的机器甘特图

最优解的详细加工时间表见表 7.4,其中的数据含义为['c 工件号_工序号_机器号',[起始加工时间,终止加工时间]]。

表 7.4 最优解的详细加工时间表

['c5_1_4', [0,53]]	['c9_1_5', [0,3]]	['c6_1_5', [3,49]]	['c4_1_5', [49,74]]	['c1_1_1', [0,62]]
['c2_1_1', [62,95]]	['c3_1_1', [95,158]]	['c7_1_10', [0,15]]	['c10_1_3', [0,44]]	['c8_1_5', [74,173]]
['c5_2_7', [53,64]]	['c9_2_6', [3,84]]	['c6_2_9', [49,134]]	['c4_2_6', [84,124]]	['c1_2_6', [124,189]]
['c2_2_10', [95,176]]	['c3_2_5', [173,201]]	['c7_2_5', [201,228]]	['c10_2_1', [158,181]]	['c8_2_6', [189,234]]
['c5_3_9', [134,223]]	['c9_3_7', [84,143]]	['c6_3_1', [181,203]]	['c4_3_8', [124,202]]	['c1_3_7', [189,230]]
['c2_3_4', [176,186]]	['c3_3_4', [201,259]]	['c7_3_4', [201,259]]	['c10_3_2', [181,233]]	['c8_3_1', [234,274]]
['c5_4_2', [233,235]]	['c9_4_1', [274,310]]	['c6_4_10', [203,219]]	['c4_4_7', [230,311]]	['c1_4_2', [235,292]]
['c2_4_8', [202,296]]	['c3_4_7', [311,365]]	['c7_4_3', [286,296]]	['c10_4_4', [259,281]]	['c8_4_9', [274,305]]
['c5_5_6', [286,291]]	['c9_5_3', [310,324]]	['c6_5_6', [291,369]]	['c4_5_2', [311,357]]	['c1_5_5', [292,341]]
['c2_5_9', [305,403]]	['c3_5_6', [369,460]]	['c7_5_1', [310,403]]	['c10_5_6', [460,478]]	['c8_5_3', [324,415]]
['c5_6_5', [341,369]]	['c9_6_8', [324,336]]	['c6_6_3', [415,466]]	['c4_6_9', [403,462]]	['c1_6_4', [341,362]]
['c2_6_7', [403,489]]	['c3_6_10', [460,503]]	['c7_6_7', [489,534]]	['c10_6_10', [503,525]]	['c8_6_4', [415,460]]
['c5_7_8', [369,416]]	['c9_7_4', [460,480]]	['c6_7_2', [466,532]]	['c4_7_3', [466,500]]	['c1_7_9', [462,464]]
['c2_7_3', [500,595]]	['c3_7_2', [532,588]]	['c7_7_4', [534,627]]	['c10_7_7', [534,573]]	['c8_7_10', [525,558]]
['c5_8_1', [416,492]]	['c9_8_9', [480,572]]	['c6_8_7', [573,618]]	['c4_8_1', [500,558]]	['c1_8_8', [464,528]]
['c2_8_5', [595,631]]	['c3_8_3', [595,632]]	['c7_8_2', [627,717]]	['c10_8_9', [573,635]]	['c8_8_2', [717,799]]
['c5_9_3', [632,696]]	['c9_9_10', [572,639]]	['c6_9_4', [627,725]]	['c4_9_10', [639,730]]	['c1_9_3', [696,707]]
['c2_9_6', [631,648]]	['c3_9_8', [632,685]]	['c7_9_9', [717,759]]	['c10_9_8', [685,706]]	['c8_9_8', [799,845]]
['c5_10_10', [730,751]]	['c9_10_2', [799,818]]	['c6_10_8', [845,901]]	['c4_10_4', [730,779]]	['c1_10_10', [751,802]]
['c2_10_2', [818,846]]	['c3_10_9', [759,816]]	['c7_10_8', [901,911]]	['c10_10_5', [706,710]]	['c8_10_7', [845,892]]

遗传算法的迭代收敛曲线如图 7.5 所示,从中能够看到算法随着迭代次数增加,正逐渐收敛到加工总时长较小的值,得到最优解。算法迭代 50 次运行 2.62s,收敛速度很快,在实际生产前使用也可以有很好的效果。

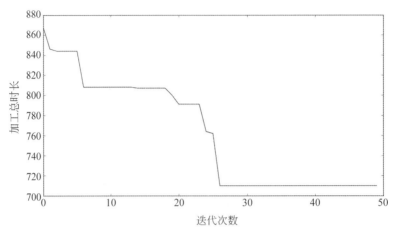

图 7.5　遗传算法的迭代收敛曲线

7.5　本 章 小 结

本章首先对遗传算法的基本情况进行了介绍,其次对初始种群的设计、适应度函数的选取及适应度评价、选择操作、交叉操作和变异操作中的关键参数和操作设计进行讲解,最后对遗传算法的性能进行了分析。为了帮助大家更清楚地了解遗传算法的原理,我们以作业车间调度问题为例,介绍了具体的实验设计。

遗传算法借鉴物竞天择、适者生存的生物进化理论,发展后形成了高度并行、随机发展、智能搜索的全局最优算法。其因具有广泛的适应性,目前已经广泛应用于研究工程的各个领域。其由于思想简单、易于实现以及表现出来的健壮性,因此特别适于处理复杂的和非线性的问题,该技术在最优化难题,尤其是在 NP 难问题中显示出其优于传统优化算法的性能。在遗传算法中,针对优化问题的一组个体逐渐发展为更好的个体,用实数或二进制数或其他某种方法进行编码的每个解决方案均可以由一组染色体或基因表示,该染色体或基因是能够改变的。进化作为迭代过程,通常从一组随机生成的个体开始,每次迭代后的种群称为一代。每次迭代都会评估所有个体的适应性度量,这通常是目标函数在要解决的优化问题中的值。其使用群体搜索技术,在每次迭代时留存一组解作为候选,并按其质量高低排序,选择某些解时需遵循某种策略,种群运算时利用一系列遗传操作(如选择、交叉和变异等)选出新的候选解并重复该过程,使得种群逐步进化,直到满足某种收敛指标为止。当计算结果达到最大代数或者总体水平令人较为满意时,算法就可完成并终止。

计算智能作为人工智能的重要领域,其研究已经趋于成熟,在系统优化、智能适应和自我学习方面体现出极高的性能和成型的建模方法,从而在遗传算法各方向的改进也逐渐增多,以适应更多类型的问题。

7.6　章 节 习 题

1. 简述标准遗传算法的算法流程。

2. 简述种群大小、适应度函数、选择操作、交叉操作和变异操作对遗传算法性能的影响。

3. 请回答下述有关遗传算法的问题。

（1）列出初始化时常用的编码方式。

（2）简述有约束问题下构造适应度函数的方法。

（3）常用的选择算子有哪些？（至少说出 5 种）

（4）二进制编码的变异算子和实数编码的变异算子各有哪些？

4. 进行如下的交叉运算。

（1）单点交叉

个体 A：01101101　01	单点交叉后	个体 A'：
个体 B：11010101　10		个体 B'：

（2）双点交叉

个体 A：011　01101　01	双点交叉后	个体 A'：
个体 B：110　10101　10		个体 B'：

（3）多点交叉

个体 A：01　1　01101　01	多点交叉后	个体 A'：
个体 B：11　0　10101　10		个体 B'：

（4）均匀交叉

个体 A：0110110101	均匀交叉后	个体 A'：
屏蔽字：0011010010		
个体 B：1101010110		个体 B'：

（5）均匀双点交叉

个体 A：011　01101　01	均匀双点交叉后	0	个体 A'：
			个体 B'：
		1	个体 A'：
			个体 B'：
个体 B：110　10101　10		2	个体 A'：
			个体 B'：

参 考 文 献

[1] HOLLAND J. Adaptation in natural and artificial systems：An introductory analysis with applications to biology，control，and artificial intelligence[M]. Ann Arbor：U Michigan Press，1975.

[2] DE JONG K A. An analysis of the behavior of a class of genetic adaptive systems[D]. Doctoral Dissertation，1975.

[3] GOLDBERG D E，Alleles R L. Loci and the traveling salesman problem [J]. Inventiones Mathematicae，1990，102：1-15.

[4] GOLDBERG D E. Genetic algoritms in search，optimization，and machine learning[M]. Boston：Addison-Wesley Longnaan Press，1989.

[5] SYSWERDA G. Uniform crossover in genetic algorithms[C]//Proceeding of 3rd International Conference on Genetic Algorithms and Their Applications，1989：10-19.

[6] WRIGHT A H. Genetic algorithms for real parameter optimization[M]. Morgan Kaufman，1991.

[7] RADCLIFFE N J. Equivalence class analysis of genetic algorithms[J]. Complex Systems，1991，5(2)：183-205.

[8] MICHALEWICZ Z. Genetic algorithms ＋ data structures ＝ evolution programs[M]. New York：Springer-Verlag，1992.

[9] MÜHLENBEIN H，SCHLIERKAMP-VOOSEN D. Predictive models for the breeder genetic algorithm I. continuous parameter optimization[J]. Evolutionary Computation，1993，1(1)：25-49.

[10] ESHELMAN L J，SCHAFFER J D. Real-coded genetic algorithms and interval-schemata[J]. Foundations of Genetic Algorithms，1993，2：187-202.

[11] DEB K，AGRAWAL R B. Simulated binary crossover for continuous search space[J]. Complex Systems，1995，9(2)：115-148.

[12] DEB K，GOYAL M. A combined genetic adaptive search (GeneAS) for engineering design[J]. Computer Science and Informatics，1996，26：30-45.

[13] 周明，孙树栋. 遗传算法原理及应用[M]. 北京：国防工业出版社，1999.

[14] 玄光南. 遗传算法与工程设计[M]. 北京：科学出版社，2000.

[15] 韩万林，张幼蒂. 遗传算法的改进[J]. 中国矿业大学学报，2000，29(1)：102-105.

[16] 金菊良，杨晓华，丁晶.标准遗传算法的改进方案——加速遗传算法[J]. 系统工程理论与实践，2001，21(4)：8-13.

[17] 王小平，曹立明. 遗传算法：理论、应用与软件实现[M]. 西安：西安交通大学出版社，2002.

[18] JAVADI A A，FARMANI R，TAN T P. A hybrid intelligent genetic algorithm[J]. Advanced Engineering Informatics，2005，19(4)：255-262.

[19] 赵云珍. 遗传算法及其改进[D]. 昆明理工大学，2005.

[20] LI F，XU L D，JIN C，et al. Intelligent bionic genetic algorithm (IB-GA) and its convergence[J]. Expert Systems with Applications，2011，38(7)：8804-8811.

[21] GUO P，XU Y. Chaotic glowworm swarm optimization algorithm based on Gauss mutation[C]//International Conference on Natural Computation. IEEE，2016：205-210.

[22] CHUANG Y C，CHEN C T，WANG C. A simple and efficient real-coded genetic algorithm for constrained optimization[J]. Applied Soft Computing，2016，38：87-105.

［23］　GOZALI A A，FUJIMURA S. Localization strategy for island model genetic algorithm to preserve population diversity［J］. Springer International Publishing，2018：149-161.

［24］　DONG H，LI T，DING R，et al. A novel hybrid genetic algorithm with granular information for feature selection and optimization［J］. Applied Soft Computing，2018：S1568494618300048.

［25］　邓春燕. 遗传算法的交叉算子分析［J］. 农业网络信息，2009(5)：124-126.

［26］　戴晓晖，李敏强，寇纪淞. 遗传算法的性能分析研究［J］. 软件学报，2001，12(5)：9.

［27］　马永远. 基于遗传算法的服装智能制造系统生产调度优化研究［D］. 中原工学院，2019.

［28］　代招，李郝林. 基于改进遗传算法的柔性作业车间调度研究［J］. 软件导刊，2020，19(5)：83-87.

［29］　孙志卫. 改进遗传算法求解分布式置换流水车间调度问题［D］. 天津理工大学，2020.

［30］　钟慧超. 基于强化遗传算法的车间调度方法研究［D］. 兰州理工大学，2020.

［31］　袁弘宇. 基于遗传算法的汽车零部件生产线平衡优化技术研究［D］. 长春工业大学，2020.

［32］　LIU D，GENG N. Stochastic health examination scheduling problem based on genetic algorithm and simulation optimization［C］//IEEE 7th International Conference on Industrial Engineering and Applications（ICIEA）. IEEE，2020：620-624.

［33］　AGARWAL M，SARAN SRIVASTAVA G M. A fuzzy enabled genetic algorithm for task scheduling problem in cloud computing［J］. International Journal of Sensors Wireless Communications and Control，2020，10(3)：334-344.

［34］　VAN B K，HOP N V. Genetic algorithm with initial sequence for parallel machines scheduling with sequence dependent setup times based on earliness- tardiness［J］. Journal of Industrial and Production Engineering，2021，38(1)：18-28.

［35］　PAPROCKA I，KALINOWSKI K，BALON B. The concept of genetic algorithm application for scheduling operations with multi-resource requirements［C］//15th International Conference on Soft Computing Models in Industrial and Environmental Applications，2021：342-351.

第 8 章 差分进化算法

8.1 算法基本介绍

为了更好地求解 Chebyshev 多项式,1995 年,Rainer Storn 和 Kenneth Price 在群体差异的基础上提出了一种新型进化算法——差分进化算法。该算法自提出以后,经过多次实验研究被证实是一种十分优秀的全局优化算法,特别是在解决实值参数优化方面的问题上展示出十分优越的性能。差分进化算法同样也是一种随机优化方法,可以用于将目标函数最小化,该函数可以在结合约束的同时对问题的目标进行建模。差分进化算法在历年的 CEC 优化竞赛中都表现出极佳的性能:在第一届国家演化优化大赛中,差分进化算法获得第三名;在 CEC 2006 约束函数优化竞赛中,改进的差分进化算法获得第一名;在 CEC 2007 多目标优化竞赛中,差分进化算法获得第二名;在 CEC 2008 大规模全局函数优化比赛中,差分进化算法获得第三名;在 CEC 2009 多目标优化、动态和不确定环境下的优化竞赛中,差分进化算法都获得了第一名;在 CEC 2011 实值参数问题优化比赛中,差分进化算法获得第二名。由此可见差分进化算法在优化中的良好效果和重要作用。

差分进化算法有如下优势。

(1) 能够处理多模态、非线性和不可微函数。

(2) 能够通过并行化处理计算密集型任务。

(3) 操作简单。

(4) 能够获得收敛到最优或接近最优的解决方案。

差分进化算法因具有原理简单、参数数量少、优化能力强等优点,已经广泛引起国内外研究人员重视,目前差分进化算法已经广泛应用于各种科研领域。

8.2 算子操作及参数设计

差分进化算法的主要思想借鉴了自然界中生物间的竞争与合作机制。该算法的种群中有许多个个体,其中每一个个体都是需要解决问题的一个可行解。使用差分进化算法可以同时处理该待解决问题的数个可行解,而且在迭代的过程中对种群中的搜索状态进行了动态监测,以便及时调整搜索策略,因此差分进化算法具有十分优秀的鲁棒性。

在差分进化算法中,编码是把问题的各个潜在解转化成个体(染色体)的关键,编码问题是差分进化算法的一个关键问题,变异算子和交叉算子都受到编码方法的影响。而在目前已经提出的多种编码方式中,差分进化算法采用的多为实数编码。

差分进化算法与遗传算法的算子操作差不多,同样包含了变异、交叉、选择 3 个操作。而差分进化算法与遗传算法的区别在于遗传算法依赖于交叉操作构建更好的解决方案,差分进化算法则依赖于变异操作。差分进化算法的变异操作基于总体中随机抽取的成对解决方案的差异,通过使用现有向量构建出实验向量,然后通过交叉操作整理成功组合的信息,从而可以寻找更好的解决方案空间。

8.2.1 种群的初始化

对种群进行初始化时要保证初代种群尽可能地覆盖全部搜索空间,假定问题的解空间是 D 维,那么在初始化种群之前应该给定个体向量的最大值 $X_{\max} = \{X_{\max}^1, X_{\max}^2, \cdots, X_{\max}^D\}$ 和最小值 $X_{\min} = \{X_{\min}^1, X_{\min}^2, \cdots, X_{\min}^D\}$。然后经过初始化得到一个种群大小为 N_p 的初代种群,同时种群中所有个体的染色体都包含 D 维元素。种群中的编号为 i 的个体可以表示成 $X_{i,G} = \{X_{i,G}^1, X_{i,G}^2, \cdots, X_{i,G}^D\}, i = 1, 2, \cdots, N_p$。其中 G 为搜索过程中种群的当前代数,当 $G = 0$ 时,即初始种群,种群中第 i 个个体通过以下方式得到:

$$X_{i,0}^j = X_{\min}^j + \text{rand} \times (X_{\max}^j - X_{\min}^j), j = 1, 2, \cdots, D \tag{8-1}$$

其中,$X_{i,0}^j$ 表示初始种群中编号为 i 的个体其染色体的第 j 维上元素的值,rand 是一个随机生成的实数,其取值范围在 0~1。

8.2.2 个体适应度评价

差分进化算法借鉴生物学家使用"适应度"衡量生物对环境的适应程度,同样也使用这个概念表示群体中每个个体在进化过程中的优劣程度。适应度较高的个体比适应度较低的个体有更大的机会保留到下一代种群中。

由于使用场景不同,适应度函数的设计多种多样,但一般都遵循以下设计要求。

(1) 单值、连续、非负、最大化。

(2) 合理性、一致性。

(3) 计算量小。

(4) 通用性强。

目前已经提出的几种常见的适应度函数设计方法如下。

(1) 使用需要求解问题的目标函数 $f(X)$ 直接作为算法的适应度函数,即如果目标为最大化问题,则 $\text{Fit}(X) = f(X)$;如果目标为最小化问题,则 $\text{Fit}(X) = -f(X)$。

(2) 使用需要求解问题的目标函数 $f(X)$ 的最值估计作为算法的适应度函数。若目标为最小化问题,$C_{\max}$ 为 $f(X)$ 的最大值估计,则

$$\text{Fit}(X) = \begin{cases} C_{\max} - f(X), & f(X) < C_{\max} \\ 0, & \text{其他} \end{cases} \tag{8-2}$$

若目标为最大化问题,$C_{\min}$ 为 $f(X)$ 的最小值估计,则

$$\text{Fit}(X) = \begin{cases} f(X) - C_{\min}, & f(X) > C_{\min} \\ 0, & \text{其他} \end{cases} \tag{8-3}$$

（3）使用需要求解问题的目标函数 $f(X)$ 界限的保守估计值作为算法的适应度函数。若目标为最小化问题，则 $\mathrm{Fit}(X)=\dfrac{1}{1+c+f(X)}$；若目标为最大化问题，则 $\mathrm{Fit}(X)=$
$\dfrac{1}{1+c-f(X)}$，其中 c 为目标函数界限的保守估计值。

要想评判一个种群中每个个体的优劣，就要对每个个体的适应度值进行评价，因此需要把该种群中的全部个体 $X_{i,G}$ 分别输入指定的适应度函数中进行计算，从而得到每个个体的适应度值。另外，还需要将得到的最优值以及标准差等相关数值一并保存下来。

8.2.3　变异操作

得到初始种群以后，在进化的每一次迭代过程中，都需要对原种群中的所有个体 $X_{i,G}$ 采用选定的变异操作对其染色体进行变异，从而得到与原来的旧个体对应的变异个体 $V_{i,G}$，$V_{i,G}=\{V_{i,G}^1,V_{i,G}^2,\cdots,V_{i,G}^D\}$，$i=1,2,\cdots,N_p$。其中 G 为当前种群的迭代次数，N_p 为种群规模，i 为当前种群中的个体的编号，D 表示种群中每个个体的染色体的元素维度。目前已经提出多种不同的变异策略，变异策略可以表示为 $\mathrm{DE}/m/n$，其中 m 表明被变异个体的选择方案[1]，n 表示变异操作使用的差向量的个数。以下是几种较为常用的变异策略。

（1）DE/rand/1：
$$V_{i,G}=X_{r1,G}+F\cdot(X_{r2,G}-X_{r3,G}) \tag{8-4}$$
（2）DE/rand/2：
$$V_{i,G}=X_{r1,G}+F\cdot(X_{r2,G}-X_{r3,G})+F\cdot(X_{r4,G}-X_{r5,G}) \tag{8-5}$$
（3）DE/best/1：
$$V_{i,G}=X_{\mathrm{best},G}+F\cdot(X_{r1,G}-X_{r2,G}) \tag{8-6}$$
（4）DE/best/2：
$$V_{i,G}=X_{\mathrm{best},G}+F\cdot(X_{r1,G}-X_{r2,G})+F\cdot(X_{r3,G}-X_{r4,G}) \tag{8-7}$$
（5）DE/current-to-rand/1：
$$V_{i,G}=X_{i,G}+F\cdot(X_{r1,G}-X_{i,G})+F\cdot(X_{r2,G}-X_{r3,G}) \tag{8-8}$$
（6）DE/current-to-best/1：
$$V_{i,G}=X_{i,G}+F\cdot(X_{\mathrm{best},G}-X_{i,G})+F\cdot(X_{r1,G}-X_{r2,G}) \tag{8-9}$$
（7）DE/current-to-pbest/1：
$$V_{i,G}=X_{i,G}+F\cdot(X_{\mathrm{pbest},G}-X_{i,G})+F\cdot(X_{r1,G}-X_{r',G}) \tag{8-10}$$
在上面的这些公式中，$r1,r2,r3,r4$ 和 $r5$ 是从 $[1,N_p]$ 范围中选择的互斥随机数，它们与 $i(r1\neq r2\neq r3\neq i)$ 不同。$X_{i,G}$ 是第 G 代种群中的编号为 i 的个体。$X_{\mathrm{best},G}$ 是第 G 代种群中最优秀的个体。$X_{\mathrm{pbest},G}$ 是第 G 代种群的前 $p\%$ 个最好解中随机的一个解，其中 p 是 $(0,100]$ 范围内的随机数。$X_{r',G}$ 是从当前总体和外部存档（先前被好的个体替换的父个体）中选择的 $(i\neq r1\neq r')$，缩放因子 F 是 DE 的控制参数。

8.2.4　交叉操作

在执行变异操作得到变异个体 $V_{i,G}$ 之后，差分进化算法的下一步就是执行交叉操作，交叉操作的目的是将原来种群中的每一个旧个体 $X_{i,G}$ 通过变异操作对应生成的变异个体 $V_{i,G}$ 中的某些信息进行交换,从而得到对应原种群个体的一个新的实验个体 $U_{i,G}$,如图 8.1 所示,$U_{i,G} = \{U_{i,G}^1, U_{i,G}^2, \cdots, U_{i,G}^D\}$,$i = 1, 2, \cdots, N_p$。交叉操作可以保证种群中个体的多样性。

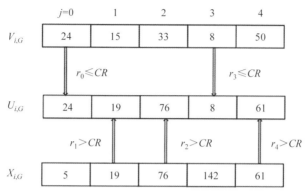

图 8.1　交叉操作过程

目前使用较为普遍的交叉方式主要有二项式交叉、指数交叉和算术交叉 3 种,差分进化算法通常使用的是二项式交叉。二项式交叉对于每一个分量都生成一个范围在 0~1 的随机数,然后通过比较随机数与交叉概率的大小决定交叉操作的进行,即如果这个随机数比交叉概率 CR 的值小,则获取变异个体的信息,否则获取原个体的信息。也就是说,如果 CR 的取值越大,那么新的实验个体从变异个体那里获得的信息就越多,变异操作带来的影响就越大,从而使得算法的全局搜索能力增强,但是其收敛速度变慢;反过来,如果交叉概率 CR 的取值越小,那么变异操作带来的影响越小,其局域搜索能力越强,从而导致算法容易陷入局部最优解。交叉操作可以用如下的公式阐明。

$$U_{i,G}^j = \begin{cases} V_{i,G}^j, & \text{rand}(0,1) \leqslant CR \text{ 或 } j = j_{\text{rand}} \\ X_{i,G}^j, & \text{其他} \end{cases} \tag{8-11}$$

其中,CR 是交叉概率,如果 $CR = 1$,那么不发生交叉,实验向量就等于变异向量。j_{rand} 是一个 $[0, D]$ 范围内随机选取的整数,通过采用这种方式能够使得实验向量最少会有一个变量信息是来自变异个体 $V_{i,G}$ 的。新生成的向量可能违反边界约束,换句话说,新产生的向量可能超出预定的上限或下限。在这种情况下,它将在可行区域内重置,如式(8-12)所示。

$$U_{i,G}^j = \begin{cases} \min\{U^j, 2L^j - U_{i,G}^j\}, & U_{i,G}^j < L^j \\ \max\{L^j, 2U^j - U_{i,G}^j\}, & U_{i,G}^j > U^j \end{cases} \tag{8-12}$$

其中,U^j 和 L^j 分别是第 j 维的最大值和最小值。

8.2.5　选择操作

差分进化算法使用"贪婪"选择策略为下一代种群挑选出足够数量的个体。贪婪选择策略也被称为贪心选择策略,它总是选择出目前看起来为最优的方案对问题进行求解。换句话说就是,贪婪选择策略并不在意整体上的最优,它只选择在某种意义上的局部最优解。所以,并不是所有问题都可以使用贪婪选择策略得到其整体最优解,但是不可否认的是,对于大部分问题,采用该策略是可以得到整体最优解或者整体最优解的近似解的。

具体进行选择操作时,首先将原来种群中的旧个体与它进行变异和交叉操作之后得到的相应的新的实验个体输入适应度函数中得到两者的适应度值,然后比较两者适应度值的大小,选择其中更优秀的个体保留下来作为子代个体。选择的公式如下。

$$X_{i,G+1} = \begin{cases} U_{i,G}, & f(U_{i,G}) < f(X_{i,G}) \\ X_{i,G}, & \text{其他} \end{cases} \tag{8-13}$$

其中,f 为适应度函数。当 $f(U_{i,G}) < f(X_{i,G})$ 时,即交叉所得新实验个体适应度值小于旧的个体,将旧的个体保留进入下一代;否则,当 $f(U_{i,G}) \geqslant f(X_{i,G})$ 时,将新个体代替旧个体保留下来进入下一代。

8.2.6 参数设计

差分进化算法需要控制的参数并不多,主要有种群大小 N_p、缩放因子 F、交叉概率 CR 以及终止条件阈值。

种群大小 N_p:取值范围一般在 $5D \sim 10D$,但不能小于 4,不然无法执行变异操作,其中 D 为解空间的维度。

缩放因子 F:取值范围为 $[0,1]$,通常取 0.5。

交叉概率 CR:取值范围通常为 $[0,1]$。若 CR 值过大,算法的全局搜索能力就强,但是其收敛速度慢;若 CR 值过小,算法的局域搜索能力就强,但容易陷入局部最优解。

终止条件阈值:通常,当迭代进行到设定的最大迭代次数或者当目标函数值小于某个特定阈值时终止。

8.3 算法的实现流程及步骤

差分进化算法的基本操作流程相对简单,首先随机生成一个初始种群,然后随机选取种群中的 3 个个体,将其中两个个体向量作差之后与另一个个体向量相加,从而得到一个新的个体,再对得到的新个体进行交叉操作后得到其对应的实验个体,最后比较新的实验个体与原种群中与之对应的旧个体的适应度值,选择适应度值更好的个体进入子代种群继续参与迭代。如此循环,通过种群的不断迭代,将会引导搜索方向逐渐靠近最优解。其进化流程如下。

(1)设置差分进化算法的控制参数,并确定合适的适应度函数。

(2)随机产生初始种群。

(3)对初始种群中的每个个体进行适应度评价。

(4)判断是否满足终止条件。如果满足,就停止迭代,并输出种群中的最优个体;如果不满足,则继续进行迭代。

(5)对种群中的个体进行变异和交叉操作,得到实验个体的中间种群。

(6)比较原种群和中间种群中相应个体对的适应度值,保留适应度值高的个体进入下一代,得到新一代种群。

(7)若进化代数 $G = G + 1$,则转步骤(4)[2]。

具体的流程图如图 8.2 所示。

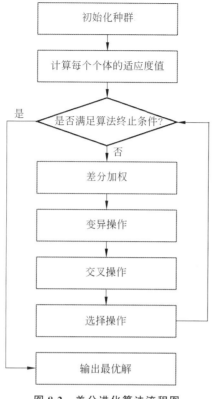

图 8.2 差分进化算法流程图

8.4 算法应用实例

前面几节详细介绍了基本差分进化算法的相关理论知识,本节中将利用基本差分进化算法解决一个简单的路径规划问题,以便加深大家对算法的理解。

8.4.1 问题描述

首先来了解要解决的路径规划问题。假设某军事基地计划使用 3 架无人机对敌对区域的 30 个重要目标点进行侦察,完成任务后返回该军事基地。现在已知军事基地和待侦察目标点的位置坐标如表 8.1 所示,利用标准差分进化算法为无人机规划出一条总航程最短的路径方案。

表 8.1 无人机出发点及待侦察目标点的坐标

0	1	2	3	4	5	6
(33,38)	(43,98)	(1,35)	(60,19)	(94,89)	(88,78)	(28,22)
7	8	9	10	11	12	13
(97,74)	(22,63)	(28,21)	(81,4)	(70,71)	(50,88)	(81,21)

115

14	15	16	17	18	19	20
(3,73)	(92,51)	(84,43)	(9,68)	(98,98)	(14,16)	(55,17)
21	22	23	24	25	26	27
(30,79)	(95,36)	(22,48)	(39,46)	(92,84)	(4,75)	(34,68)
28	29	30	—	—	—	—
(58,0)	(33,20)	(26,73)	—	—	—	—

为了减小计算的复杂度,将三维的空间投影到二维的平面上进行数学建模,表8.1中的0号目标点即该军事基地的位置坐标,1~30号坐标点为待侦察目标的位置坐标。同时,对该问题做出以下约束。

(1)每一架无人机都有其固定的飞行高度,即每架无人机在各自执行任务期间不会发生冲突。

(2)飞行的空间没有禁飞区等飞行限制,并且无人机能源充足。

(3)所有待侦察的目标点没有先后执行顺序,其优先级都相同。

(4)一旦无人机经过待侦察目标点正上方,就代表对该目标点的侦察任务完成。

8.4.2 算法设计

1. 染色体编码

采用双层编码方式对差分进化算法的染色体进行编码,其中第一层的编码表示待侦察目标点被侦察的顺序,第二层的编码表示该待侦察目标点将会由哪个无人机侦察。

第一层编码的编码长度为30,每一个元素的取值范围都在[−1,1]区间内;

第二层编码的编码长度为30,每一个元素的取值范围都在[1,3.99]区间内。

1)第一层差分进化算法编码与解码方法

首先得到一个由30个大于−1且小于1的随机实数组成的序列,将该实数序列进行排序,即可解码得到所需要的第一层编码。

例如,随机得到的实数序列见表8.2。

表8.2 差分进化算法第一层编码随机实数序列举例

基因编号	1	2	3	4	5
随机实数	0.50	0.67	0.34	0.48	0.84

经过排序之后可以得到表8.3。

表8.3 差分进化算法第一层编码随机实数序列排序举例

基因编号	1	2	3	4	5
排序	3	4	1	2	5

即对染色体[0.50,0.67,0.34,0.48,0.84]解码得到[3,4,1,2,5],表示的意义是无人机先侦察 3 号目标点,其次侦察 4 号目标点,再侦察 1 号目标点,然后侦察 2 号目标点,最后侦察 5 号目标点。

2)第二层差分进化算法编码与解码方法

首先得到一个由 30 个大于 1 且小于 3.99 的随机实数组成的序列,将序列中每一个实数都向下取整,作为决策变量,即解码得到所需要的第二层编码。

例如,随机得到的实数序列见表 8.4。

表 8.4　差分进化算法第二层编码随机实数序列举例

基因编号	1	2	3	4	5
随机实数	3.44	2.73	2.34	1.48	3.84

向下取整之后可以得到表 8.5。

表 8.5　差分进化算法第二层编码随机实数序列向下取整举例

基因编号	1	2	3	4	5
向下取整	3	2	2	1	3

即对染色体[3.44,2.73,2.34,1.48,3.84]解码得到[3,2,2,1,3],表示的意义是 1 号目标点由 3 号无人机侦察,2 号目标点由 2 号无人机侦察,3 号目标点由 2 号无人机侦察,4 号目标点由 1 号无人机侦察,5 号目标点由 3 号无人机侦察。

2. 变异算子设计

差分进化算法通过以下变异公式得到变异个体:

$$V_{i,j}^{k+1} = X_{p_1,j}^k + F \times (X_{p_2,j}^k - X_{p_3,j}^k) \tag{8-14}$$

其中,$V_{i,j}^{k+1}$ 是第 $k+1$ 代种群中编号为 i 的个体通过变异操作得到的临时个体的第 j 维上的元素;$X_{p_1,j}^k$ 表示第 k 代种群中编号为 p_1 的个体染色体第 j 维上的元素;其中 p_1、p_2、p_3 是第 k 代种群中随机选取的 3 个互不相同的个体;缩放因子 F 是一个大于 0 且小于 2 的常数。

3. 交叉算子设计

差分进化算法的交叉操作使用的是二项式交叉的方式。对原种群中的每个个体与其通过变异操作产生的临时变异个体染色体上每一个等位基因都按照一定的概率进行互换得到实验个体。通过如下方式进行交叉:

$$U_{i,j}^k = \begin{cases} V_{i,j}^k, & \text{rand}(0,1) \leqslant CR \\ X_{i,j}^k, & \text{其他} \end{cases} \tag{8-15}$$

其中,$U_{i,j}^k$ 表示第 k 代种群中第 i 个个体对应的目标实验个体的第 j 维元素,CR 的取值为实数,表示交叉的概率。

4. 选择算子设计

差分进化算法在进行选择时利用的是贪婪选择策略。每次选择都需要比较原种群中旧个体与其经过变异和交叉得到的实验个体的适应度值的大小,选择适应度值高的那个个体

代替旧个体进入下一代种群。选择的公式如下。

$$X_i^{k+1} = \begin{cases} U_i^k, & f(U_i^k) > f(X_i^k) \\ X_i^k, & \text{其他} \end{cases} \tag{8-16}$$

5. 算法实现流程图（见图 8.3）

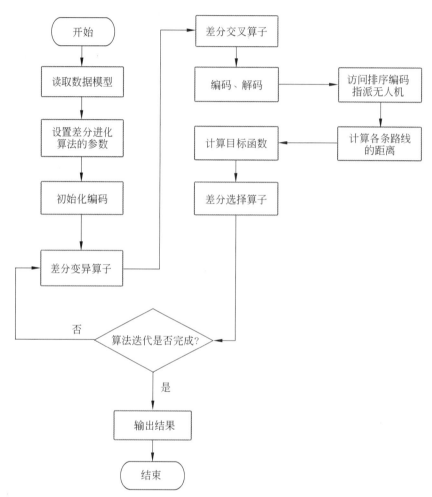

图 8.3　基于差分进化算法的无人机路径规划流程图

8.4.3　实验结果

按照上述的算法设计思路进行编程实验。在本例中,差分进化算法所要设置的参数如表 8.6 所示。

表 8.6　差分进化算法的参数设置

参数名称	种群大小	迭代次数	缩放因子 F	交叉概率 CR
参数值	100	500	0.9	0.7

以上参数的取值都可以固定，也可以在实验过程中动态调整，选择实验效果较好的参数值即可。

使用以上参数进行实验得到的实验结果约为 723.936m，如图 8.4 所示。

下面看差分进化算法最终得到的染色体是什么样子的，如图 8.5 所示。

> 差分进化算法优化得到的最优目标函数值
>
> bestvalue_dea =
>
> 　　723.935775531599

图 8.4　实验得到的最优解

差分进化算法优化得到的最优染色体

bestmat_dea =

1 至 4 列

-0.453155383691921	1	-0.909251871528392	-0.963762161222883

5 至 8 列

-0.847598871710669	0.787922655802548	-0.58421455166432	1

9 至 12 列

0.58421455166432	-0.373723679948749	-0.975252234741594	-0.880712370067679

13 至 16 列

-0.429949976494743	0.58421455166432	-0.487975701410728	-0.58421455166432

17 至 20 列

0.832389084204721	-0.963762161222883	0.60666115589332	0.221534575411933

21 至 24 列

-0.338385186721971	0.58421455166432	1	1

25 至 28 列

-0.963762161222883	0.785643570591464	0.268871373774182	0.58421455166432

29 至 32 列

0.920894965776412	0.543848385976979	1.60591424807095	1.0124599766041

33 至 36 列

2.89906106918768	3.34719083673738	3.36840075473816	2.5488983601097

37 至 40 列

3.93582443102821	1.02534165401985	2.69072966127477	3.93582443102821

41 至 44 列

3.79441311194951	1.05417556897179	3.65255279893568	1.62159924526185

45 至 48 列

3.43055994745948	3.78385203324137	1.62159924526185	3.65256195777822

49 至 52 列

3.73122940766399	2.8735552517317	1.17006513257676	3.53551763126396

53 至 56 列

1.62159924526185	1	3.15988203350689	1.05417556897179

57 至 60 列

1	3.36840075473816	3.93582443102821	1.62159924526185

图 8.5　最优解的染色体组成

利用 8.4.2 节中的解码方式对以上得到的染色体进行解码,可以得到解码后的染色体如表 8.7 所示。

表 8.7 解码后得到的染色体

11	4	18	25	3	12	5	7	16	15
1	13	10	21	20	27	30	9	14	22
28	19	26	6	17	29	2	8	23	24
1	1	2	3	3	2	3	1	2	3
3	1	3	1	1	3	3	1	3	2
1	3	1	1	1	1	1	3	3	1

这样就得到 3 架无人机在差分进化算法下各自分配的侦察目标和侦察路径了。

1 号无人机:0→12→1→21→27→30→14→26→17→2→8→23→24→0;

2 号无人机:0→3→20→9→6→0;

3 号无人机:0→11→4→18→25→5→7→16→15→13→10→22→28→19→29→0。

实验得到的最优路径如图 8.6 所示,也验证了我们的结论,其中 3 种不同的颜色分别代表 3 架无人机。

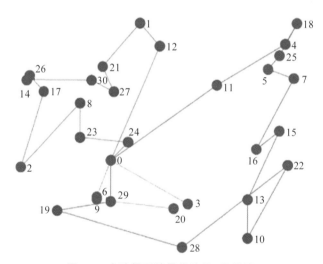

图 8.6 实验得到的最优路径(见彩插)

以上就是利用差分进化算法解决路径规划问题的一个简单的例子,从上面的实验结果中也可以看出基本差分进化算法确实存在一些不足与缺陷。

8.4.4 算法的优缺点分析

差分进化算法是一种自适应的全局优化算法,其算法原理简单、易于操作,算法的收敛速度快、优化能力好,多用于求解实数优化问题。与遗传算法类似,差分进化算法也是通过种群内个体之间的相互竞争与合作机制引导搜索的方向[3]。遗传算法和差分进化算法的主要区别在于差分进化算法自适应的变异方案和选择过程,其所有解决方案都有相同的机会被选择为父级,而不依赖于其适用性值,它的这些设置使得它与其他进化算法相比具有以下优点。

(1) 无论初始参数值如何,都能找到真正的全局最优值。

(2) 在相同要求下,其收敛速度相对较快。

(3) 结构简单,容易实现。

(4) 在求解非凸、多峰、非线性、连续不可微函数优化问题上的表现十分优秀。

(5) 自适应能力较强。

虽然差分进化算法对于复杂优化问题的处理找到了一个全新的方案,但是算法依旧存在不足之处,容易陷入局部最优,出现早熟收敛或者搜索停滞等现象[4]。

(1) 算法进行到后期时,种群内各个个体之间的差异越来越小,算法的收敛速度大大减慢,从而使得算法容易陷入局部最优,出现早熟收敛的现象。

(2) 倘若算法经过变异和交叉操作后所得到的中间种群个体比原种群个体的适应度都差,那么就会出现搜索停滞的现象,无法进一步收敛。

(3) 算法没有利用个体的先验信息,导致某些情况下需要经过多次迭代才能找到全局最优解。

8.5 算法的改进与拓展

近年来,许多学者都在不断地对差分进化算法进行改良和优化,提出很多优秀的改进策略,使得差分进化算法的性能得到了极大的提升。

8.5.1 差分进化算法的改进

1. 参数的自适应调整

目前,差分进化算法的参数设置主要有 3 种方式:固定、随机和自适应调整。在基本的差分进化算法中,变异概率往往固定为一个常数,因此不容易准确确定,而且变异概率过大,收敛速度慢;变异概率过小,群体多样性下降,容易出现早熟的现象。因此,可以使用自适应算子。

(1) 交叉概率 CR 的自适应调整。

对于适应度高的解,取一个值较小的交叉概率 CR 能够让这个解保留到下一代的概率变大,从而降低变异操作的影响;对于适应度差的解,若选取值较大的交叉概率 CR,则能够改变该个体的结构,增强变异操作的影响,使劣解最终被淘汰。自适应交叉概率 CR 的形式化描述如下。

$$CR_i = \begin{cases} CR_l + (CR_u - CR_l)\dfrac{f_i - f_{\min}}{f_{\max} - f_{\min}}, & f_i \leqslant \bar{f} \\ CR_l, & f_i > \bar{f} \end{cases} \tag{8-17}$$

其中,f_i 表示个体 X_i 的适应度,$f_{\max}$ 表示当前种群中最优个体的适应度,$f_{\min}$ 则表示当前种

群中最劣个体的适应度，$\bar{f}$ 表示当代种群全部个体的平均适应度，CR_l 表示交叉概率的最小值，CR_u 表示交叉概率的最大值。

（2）缩放因子 F 的自适应调整。

缩放因子 F 的取值与差分进化算法搜索的步长相关联：选择一个取值较大的缩放因子 F 能够扩大算法的搜索范围，但是会削弱算法的开发能力；而选择一个取值较小的缩放因子 F 则能够增强算法的开发能力，提高算法的收敛速度，但是会导致算法出现早熟收敛的现象。进行变异操作时，将从原种群中随机选取的 3 个个体按照适应度从优到劣进行排序后得到 X_b,X_m,X_w，这 3 个个体相应的适应度分别为 f_b,f_m,f_w，则变异算子变更为

$$V_i = X_b + F_i \cdot (X_m - X_w) \tag{8-18}$$

缩放因子 F_i 的取值根据生成差分向量的两个个体的适应度进行自适应变化：

$$F_i = F_l + (F_u - F_l)\frac{f_m - f_b}{f_w - f_b} \tag{8-19}$$

其中，F_l 表示缩放因子的最小值，F_u 表示缩放因子的最大值。

2. 选择策略的改进

基本差分进化算法采用的贪婪选择策略虽然加快了算法的收敛速度，但是也导致种群的多样性降低，同时增大了算法出现早熟收敛现象的风险。Das S[5] 等提出一种通过改变评价指标解决优秀个体可能被淘汰的问题，从而能够有效地维持种群的多样性信息[6] 的策略。

Das S 等改进方法的选择策略为

$$\begin{aligned} &\text{if } f(u_i(g+1)) - f(x_i(g)) \leqslant k\sigma^2(g)\\ &\text{then } x_i(g+1) = u_i(g+1) \end{aligned} \tag{8-20}$$

其中，$\sigma^2(g)$ 是一个与迭代次数相关的函数，k 是一个指定的常系数。

另外，Das S 等还提出一个随机选择策略。用 $f(x_p)$ 表示父代个体的适应度函数，$f(x_0)$ 为其子代个体的适应度函数，子代个体代替父代个体进入下一代的概率为

$$P_{\text{selection}} = \min\left\{1, \frac{f(x_p)}{f(x_0)}\right\} \tag{8-21}$$

Fan Huiyuan 等提出采用如下方式对个体进行选择。

① 初始化 G、T

② While $G < G_{\max}$

③ 　　产生个体 $u_i(g+1)$；

④ 　　if $f(u_i(g+1)) \leqslant (1+T)f(x_i(g))$

⑤ 　　then $x_i(g+1) = u_i(g+1)$，$G = G_{\max}$

⑥ 　　else $T = a^{-1}\exp\left(-\sin\left(\dfrac{g+G}{g_{\max}+G_{\max}}\right)\right)$

⑦ 　　end if

⑧ end while

其中，G 表示当前个体在进化时间 T 内所迭代的次数，$G_{\max}$ 表示在进化时间 T 内所允许的最大迭代次数，g 表示算法当前的进化代数，$g_{\max}$ 表示算法最大的进化代数，a 是与问题

有关的常数。

8.5.2 DE 衍生的元启发式算法

全局优化问题(GOP)在现实生活中广泛存在。目前,全局优化问题主要通过基于数学编程和启发式算法的方法解决。大多数数学编程方法都需要梯度信息,因此它们不能用于求解不可微函数[7]。在解决复杂的优化问题时,数学编程方法往往会陷入局部最优解中[8]。在现实世界中,大多数的问题都是复杂的非线性、多峰性、混合的、复合的和大规模的问题。实验表明,元启发式算法在解决此类问题方面有优秀的性能。

启发式算法大致可以分成两类:传统启发式算法和元启发式算法。传统启发式算法包括构造型方法、局部搜索算法、松弛方法、解空间缩减算法等。而元启发式算法则是对启发式算法的改进,它同时借鉴了随机算法与局部搜索算法的思想,算法的执行过程是一个不断迭代的过程。元启发式算法包括模拟退火算法、蚁群优化算法、人工蜂群算法、树苗成长法[9-10]、萤火虫算法[9]、板球算法[10]等。

差分进化算法是一种结构简单、容易实现、健壮性强和搜索速度快的启发式算法,从差分进化算法衍生出许多元启发式算法,例如基于蜂食搜索的方法、联赛冠军算法、政治竞赛算法、猫群优化算法等[11]。联赛冠军算法(League Championship Algorithm,LCA)[12]是基于随机种群的连续域算法,其目的是模仿一个锦标赛环境,在该环境中,人工团队参加人工联盟以解决优化问题。基于蜂食搜索策略的许多算法都有从差分进化算法派生的主要思想,比如人工蜂群算法[13]和蜂群优化算法[14]。还有其他一些衍生自差分进化算法的元启发式算法,例如猫群优化是另一种基于猫行为的启发式算法[15];差分搜索算法(DSA)可用来解决连续优化问题[16],这也是一种基于种群的元启发式方法。

1. 联赛冠军算法

联赛冠军算法是一个基于总体进行全局优化的框架,它在寻求最佳值时会尝试将大量候选解移动到搜索空间内有希望的区域。联赛冠军算法由一组称为种群的候选解决方案组成,即搜索空间中的 L 个解决方案集形成了 LCA 的种群,该算法通过保持种群大小不变,在连续的迭代中逐步演化种群的组成。为了更好地移动候选解,可以将信息修改算子(类似于差分进化算法中的变异算子)应用于每个候选解决方案。为了应用变异算子,在该算法中使用了 SWOT(优势(strong)、劣势(weak)、机会(opportunity)、威胁(threat)思想,给定基本 S/T、S/O、W/T、W/O 策略。可以通过以下方程之一建立在第 $t+1$ 周的团队。

(1) 如果 i、j 两队都赢了比赛,则根据 S/T 策略的调整生成新的团队。

$$X_i^{t+1} = X_b + Y(F_1 r_1(X_i - X_k)) + F_1 r_2(X_i - X_j) \tag{8-22}$$

(2) 如果 i 队获胜而 j 队输了,则根据 S/O 策略的调整生成新的团队。

$$X_i^{t+1} = X_b + Y(F_2 r_1(X_k - X_i)) + F_1 r_2(X_i - X_j) \tag{8-23}$$

(3) 如果 i 队输了而 j 队获胜,则根据 W/T 策略的调整生成新的团队。

$$X_i^{t+1} = X_b + Y(F_1 r_1(X_i - X_k)) + F_2 r_2(X_j - X_i) \tag{8-24}$$

(4) 如果 i、j 两队都输了,则根据 W/O 策略的调整生成新的团队。

$$X_i^{t+1} = X_b + Y(F_2 r_1(X_k - X_i)) + F_2 r_2(X_j - X_i) \tag{8-25}$$

其中,F_1 和 F_2 是衡量"撤退"或"接近"的缩放因子,括号中的团队之差会导致团队向获胜的

方向发展或从易失败的地方撤退。r_1 和 r_2 是 $[0,1]$ 的随机数,Y 是一个二进制数,指示新队伍中的第 d 个元素是否应与当前最佳编队中不同,只有 $Y=1$ 时允许差异。X_b 表示前 t 次中 i 队最佳的编队,为了确定 X_b 的值,将 $f(X_i^t)$ 与前 $t-1$ 次 i 队最佳编队的适应度值进行比较,采用贪婪的选择策略得到结果。

2. 人工蜂群算法和蜂群优化算法

人工蜂群算法不止一种,其交叉和选择算子与差分进化算法的交叉和选择算子相似,为每种算法都提供了变异算子。

(1)人工蜂群:为了从现有的候选解中创建新的候选解,可使用以下等式。

$$v_{ij}=x_{ij}+\varphi_{ij}(x_{ij}-x_{kj}) \tag{8-26}$$

其中,x_{ij} 是旧的候选食物位置,x_{kj} 是随机选择的旧的候选食物位置,v_{ij} 是从当前食物位置获得的新的食物位置。

(2)蜂群优化:蜂群优化算法基于蜜蜂在寻找食物时的行为。假设 w_b 和 w_e 分别是最佳食物位置和精英食物位置,r_b 和 r_e 是随机数,使用以下公式处理觅食蜂的位置更新。

$$x_{\text{new}}(f,i)=x_{\text{old}}(f,i)+w_br_b(b(f,i)+x_{\text{old}}(f,i))+w_er_e(e(f,i)-x_{\text{old}}(f,i))$$
$$\tag{8-27}$$

其中,$e(f,i)$ 是第 i 次迭代中觅食蜂的精英蜂,而 $b(f,i)$ 是第 i 次迭代中觅食蜂的最佳蜂,围观蜂根据以下等式更新其位置:

$$x_{\text{new}}(k,i)=x_{\text{old}}(k,i)+w_er_e(e(k,i)-x_{\text{old}}(k,i)) \tag{8-28}$$

侦察蜂根据以下等式更新其位置:

$$x_{\text{new}}(v,i)=x_{\text{old}}(v,i)+Rw(r-x_{\text{old}}(v,i)) \tag{8-29}$$

其中,Rw 是半径为 r 的随机游动函数。

3. 猫群优化算法

猫群优化(Cat Swarm Optimization)算法是一种基于种群的优化算法,它是根据猫的行为(例如"寻找模式"和"跟踪模式")得出的,其中也有与差分进化算法变异算子相近的部分。

$$v(k,d)=v(k,d)+r_1c_1(x(\text{best},d)-x(k,d)) \tag{8-30}$$

其中,$v(k,d)$ 是类别 k 在迭代 d 次时的速度,$x(k,d)$ 是类别 k 在迭代 d 处的位置。$x(\text{best},d)$ 是迭代 d 次中猫的最佳位置,c_1 为常数,r_1 为 $[0,1]$ 中的随机数,通过使用获得的速度执行位置更新处理。

8.5.3 改进的 DE 算法

最优化问题是目前科学研究的一个重要领域,其根据待求解问题的目标函数数量的不同可以分成两类:单目标优化问题和多目标优化问题。多目标优化问题应用十分广泛,已经涉及资本预算、工业制造、交通运输、城市布局、资源分配等[17]等诸多领域。

最开始人们解决多目标优化问题时通常采用加权等方式将一个多目标问题转化成较为简单的单目标问题进行求解,但是这样只能得到某种特定权重情况下的最优解。而多目标优化问题的目标函数和约束函数可能是非线性、不可微或不连续的,传统数学规划方法不仅效率十分低下,而且存在很大的局限。由于进化算法同时可处理问题的多个可行解,因此其在求解多目标优化问题方面有巨大优势。目前,对这方面的研究已经越来越火热,取得的成果也越来越多。

1. 多目标优化问题

考虑如下多目标问题:

$$\min_{x \in \Omega}(f_1(\boldsymbol{x}), f_2(\boldsymbol{x}), \cdots, f_M(\boldsymbol{x}))$$
$$\text{s.t.} g(\boldsymbol{x}) = (g_1(\boldsymbol{x}), g_2(\boldsymbol{x}), \cdots, g_k(\boldsymbol{x})) \leqslant 0 \tag{8-31}$$

上面的式子中,$\boldsymbol{x} = (x_1, x_2, \cdots, x_N)$ 是一个 N 维向量;Ω 是该待求解问题的求解空间;$g_k(\boldsymbol{x})$ 为该待求解问题的第 k 个约束函数;$f_1(\boldsymbol{x}), f_2(\boldsymbol{x}), \cdots, f_M(\boldsymbol{x})$ 代表问题的 M 个目标函数,记 $f(\boldsymbol{x}) = f_1(\boldsymbol{x}), f_2(\boldsymbol{x}), \cdots, f_M(\boldsymbol{x})$。

不同于单目标优化问题的全局最优解为目标函数达到最优值时的解,通常多目标优化问题的多个目标函数 $f_1(\boldsymbol{x}), f_2(\boldsymbol{x}), \cdots, f_M(\boldsymbol{x})$ 之间会存在冲突,即这些目标函数无法同时达到其各自的最优值。多目标优化问题的最优解称为 Pareto 最优解,它是平衡多个冲突的主要方法[18-19]。

2. 多目标进化算法

多目标规划问题通常有非常多个或者无穷多个最优解,决策者希望从所有的最优解中进行决策选择,然而有时不可能找到所有的最优解,因此只能为决策者提供尽可能多的解。进化算法作为一类模拟生物进化而发展起来的通用问题求解方法,启发研究人员将进化算法研究从单目标优化问题延伸到多目标优化领域,涌现了大量的多目标进化算法研究成果。

差分进化算法同样被广泛应用于多目标优化问题的求解。现在许多种改进后的差分进化算法相继被提出,例如 Qin 等[20] 提出了一种基于策略自适应的差分进化算法(PDE),以求解全局数值优化问题;Zaharie 等[21] 提出一种参数自适应的差分进化算法(ADE),侧重于控制种群的多样性;Xue 等[22] 使用一种模糊控制器(FLC),能够动态调整多目标差分进化算法的参数指标。

3. 多目标自适应差分进化算法

多目标自适应差分进化(Multi-objective Self-adaptive Differential Evolution,MOSDE)算法[18] 的提出为解决多目标优化问题提供了更为有效的途径。该算法采用了 3 种差分进化策略以及自适应参数调节方案,其使用的 3 种差分进化策略分别为

1. jDEbin($DE/\text{rand}/1/\text{bin}$)
2. jDEexp($DE/\text{rand}/1/\text{exp}$)
3. jDEbest($DE/\text{best}/1/\text{bin}$)

在进化过程中,算法随机使用 3 种策略中的一种,所有的策略都拥有独立的自适应参数变量 F^s 和 C_r^s,$s=1,2,3$ 分别对应 3 种差分进化策略。3 种差分进化策略对应的自适应参数变量变异尺度因子 F_{G+1}^s 和交叉概率因子 $G_{r_{G+1}}^s$ 如下所示。

$$F_{G+1}^s = \begin{cases} F_l^s + \text{rand}_1 F_u^s, & \text{rand}_2 < 0.1 \\ F_G^s, & \text{其他} \end{cases} \tag{8-32}$$

$$C_{r_{G+1}}^s = \begin{cases} C_{r_l}^s + \text{rand}_3 C_{r_u}^s, & \text{rand}_4 < 0.1 \\ C_{r_G}^s, & \text{其他} \end{cases} \tag{8-33}$$

其中,参数 F_l^s、F_u^s、$C_{r_l}^s$、$C_{r_u}^s$ 分别对应差分进化策略控制参数的下界和上界。具体而言,对于

jDEbin 策略，$F \in \left[0.1 + \sqrt{\dfrac{1.0}{NP}}, 1.0\right]$，初始值为 0.5，$C_r \in [0.0, 1.0]$，初始值为 0.9；对于 jDEexp 策略，$F \in [0.5, 1.0]$，初始值为 0.5，$C_r \in [0.3, 1.0]$，初始值为 0.9；对于策略 jDEbest 策略，$F \in [0.4, 1.0]$，初始值为 0.5，$C_r \in [0.75, 0.95]$，初始值为 0.9。

多目标自适应差分进化算法采用了非支配排序方法和拥挤度比较机制，根据非支配关系对种群中的个体进行排序，种群中每一个个体都与其他个体进行比较，看是否存在支配关系；挑选出原种群的全部非支配个体作为第一层，然后在剔除这些个体后的种群中挑选出全部的非支配个体作为第二层，重复这个过程，一直到种群中的全部个体都被分到某一层之后停止。

多目标自适应差分进化算法的基本流程如下。

步骤 1：初始化种群，设置参数。

步骤 2：目标评估。针对当前种群个体，计算各子目标函数的适应度。

步骤 3：进化操作。

① 为每个目标向量选择相应的差分进化策略、F 和 C_r。

② 产生新的实验向量 U_i，并计算各子目标函数的适应度。

③ 将产生的实验向量和当前目标向量（共 $2N_p$ 个种群个体）存储在临时列表 tempList 中。

步骤 4：非支配排序。

① $m = 1$，在 tempList 中用非支配排序选出非劣解，并将其存至 Pareto 前沿矩阵 $\boldsymbol{PF}_m$ 中。

② $m = m + 1$，在 tempList 余下的解中再次进行非支配排序，选出下一层非劣解并进行存储。

③ 重复非支配排序操作，直至全部个体完成非支配排序。

④ 计算每个个体的拥挤距离。

步骤 5：选择下一代个体。

如果 $\boldsymbol{PF}_1$ 中的个体数量大于 N_p，则从 $\boldsymbol{PF}_1$ 中按照拥挤距离选取 N_p 个个体。

如果 $\boldsymbol{PF}_1$ 中的个体数量小于 N_p，则从 $\boldsymbol{PF}_1$ 中选择所有个体作为下一代个体，其余的个体从 $\boldsymbol{PF}_m$ 中选取。

步骤 6：若 $G > G_{\max}$，则输出全部 Pareto 非劣解；否则，$G = G + 1$，跳转到步骤 2。

8.6 本 章 小 结

本章首先从多个方面对差分进化算法进行了介绍，包括算子操作及参数设计，即种群的初始化、个体适应度评价、变异算子、交叉算子、选择算子和参数设计；其次详细介绍了算法的具体流程和各个步骤，并以无人机路径规划问题为例，展示了差分进化算法的优化过程和实验结果；最后概述了当前差分进化算法的改进与拓展。

差分进化算法的优化性能十分优秀，已经被国内外很多学者所青睐。对比其他优化算法，差分进化算法的特点在于，在其进化的过程中，其个体变异是通过其他多个个体的差分信息实现的。由于随着差分进化算法的迭代,种群中个体之间的差异性也会随之发生改变,因此导致差分进化算法在不同阶段呈现出不同的搜索能力和开发能力:例如,在进化的初始阶段的种群中个体之间的差异比较大,种群多样性高,此时算法的搜索范围较广泛,搜索能力较强;而当进化进行到后期时,种群个体间差异已经变得非常小,在这个阶段算法的开发能力较强,这就使得差分进化算法具有很强的适用能力。

但是,差分进化算法也存在一些不足之处,例如,标准的差分算法存在须设置合适的参数,以及搜索能力与开发能力相矛盾等现象,这将会导致算法陷入早熟收敛、搜索停滞等困境,因此需要进一步研究这些问题并对其加以改善。

8.7　章 节 习 题

1. 请简要说明差分进化算法与遗传算法的异同。

2. 使用差分进化算法时,对种群的最小规模是否有限制,请解释。

3. 差分进化算法的变异操作中缩放因子 F 的取值越小越好,该说法是否正确? 解释原因。

4. 差分进化算法的交叉操作中交叉概率 CR 的取值越大越好,该说法是否正确? 解释原因。

5. (编程题) 使用差分进化算法编写程序,计算函数 $f(x) = \sum_{i=1}^{n} x_i^2 \, (-20 \leqslant x_i \leqslant 20)$,当 $n = 10$ 时的最小值。

参 考 文 献

[1]　丁青锋,尹晓宇. 差分进化算法综述[J]. 智能系统学报,2017,12(4):431-442.

[2]　张金玉,杨正伟,田干,等. 红外热波检测及其图像序列处理技术[M]. 北京:国防工业出版社,2015.

[3]　STORN R. Differential evolution-a simple and efficient heuristic for global optimization over continuous space[J]. Journal of Global Optimization,1997,11:341-359.

[4]　YANG M,LI C,CAI Z,et al. Differential evolution with auto-enhanced population diversity[J]. IEEE Transactions on Cybernetics,2015,45(2):302-315.

[5]　DAS S,KONAR A,CHAKRABORTY U K. Improved differential evolution algorithms for handling noisy optimization problems[C]//IEEE Congress on Evolutionary Computation,2005:1691-1698.

[6]　杨启文,蔡亮,薛云灿. 差分进化算法综述[J]. 模式识别与人工智能,2008,21(4):506-513.

[7]　KARCI A,ALATAS B. Thinking capability of saplings growing Up Algorithm[C]//International Conference on Intelligent Data Engineering & Automated Learning. Springer Berlin Heidelberg,2006,4224:386-393.

[8]　KARCI A,ARSLAN A. Uniform population in genetic algorithms[J]. Journal of Electrical & Electronics Engineering,2012,2(2):495-504.

[9]　LUKASIK S,ZAK R. Firefly algorithm for continuous constrained optimization tasks[C]//

International Conference on Computational Collective Intelligence：Semantic Web，Social Networks and Multiagent Systems-First International Conference，2009，5796：97-106.

［10］ MURAT，CANAYAZ，ALI，et al. Cricket behaviour-based evolutionary computation technique in solving engineering optimization problems［J］. Applied Intelligence，2016，44（2）：362-376.

［11］ KARCI A. Differential evolution algorithm and its variants［J］. Anatolian Science-Bilgisayar Bilimleri Dergisi，2017（1）：页码不详.

［12］ KASHAN H A. League Championship Algorithm（LCA）：An algorithm for global optimization inspired by sport championships［J］. Applied Soft Computing，2014，16：171-200.

［13］ KARABOGA D，BASTURK B. A powerful and efficient algorithm for numerical function optimization：artificial bee colony（ABC）algorithm［J］. Journal of Global Optimization，2017，39（3）：459-471.

［14］ AKBARI R，MOHAMMADI A，ZIARATI K. A powerful bee swarm optimization algorithm［C］// Multitopic Conference，2009：1-6.

［15］ CHU S C，TSAI P W. Computational intelligence based on the behavior of cats［J］. International Journal of Innovative Computing Information & Control，2007，3（1）：163-173.

［16］ CIVICIOGLU P. Transforming geocentric cartesian coordinates to geodetic coordinates by using differential search algorithm［J］. Computers & Geosciences，2012，46：229-247.

［17］ 陈亮. 改进自适应差分进化算法及其应用研究［D］. 东华大学，2012.

［18］ SRINIVAS N，DEB K. Multiobjective optimization using nondominated sorting in genetic algorithms［J］. Evolutionary Computation，1994，2（3）：221-248.

［19］ HORN J，NAFPLIOTIS N，GOLDBERG D E. Multiobjective optimization using the niched pareto genetic algorithm［R］. University of Illinois at Urbana-Champaign，Tech Rep：93005，1993.

［20］ QIN A K，HUANG V L，SUGANTHAN P N. Differential evolution algorithm with strategy adaptation for global numerical optimization［J］. IEEE Transactions on Evolutionary Computation，2009，13（2）：398-417.

［21］ ZAHARIE D. Control of population diversity and adaptation in differential evolution algorithms［C］// Proceeding of 9th International Conference on Soft Computing，2003：41-46.

［22］ XUE F，SANDERSON A C，BONISSONE P P，et al. Fuzzy logic controlled multi-objective differential evolution［C］//Proceedings of the IEEE International Conference on Fuzzy Systems，2005：720-725.

第9章 粒子群算法

9.1 算法基本介绍

9.1.1 粒子群算法起源

如何使用生物技术研究计算问题,已经成为当今计算问题研究的热点。而科学家发现,另一种生物系统,即社会系统也可以被启发用作研究计算问题。这种问题的重点在于利用群体的局部信息产生随机而不可预测的群行为,通常称为群智能问题。群智能现象在生活中经常可以遇到,如我们在路上看到的聚集成群的昆虫、在空中飞行的鸟群以及在池塘中游动的鱼群,这些相对弱小的生物个体为了自身生存以及繁衍后代,通常采取聚集的行为保证更好地觅食和躲避天敌,它们的数量众多,在不存在指挥者的情况下,是如何进行群体性觅食与生存的呢? 群智能问题正是由这些自然现象所引发的相关思考启发而来。

群智能计算[1](Swarm Intelligence Computing),又称群体智能计算或群集智能计算,是指一类受生物群体行为启发而设计出来的具有分布式智能行为特征的一些智能算法。群智能中的"群"指的是一组相互之间可以进行直接或间接通信的群体,"群智能"指的是群体通过合作表现出智能行为的特性。群智能计算在没有集中控制并且不提供全局模型的前提下,为寻找复杂的分布式问题的解决方案提供了基础。

我们都知道,自然界中的任意生命体都具有一定的群体性行为,而使用生物技术解决计算问题的主要方式之一就是通过探索自然界各类生物的群体性行为对研究问题进行建模。科学家热爱并习惯于对自然界中的鸟群和鱼群的群体行为进行研究,Reynolds、Heppner 和 Grenader 惊喜地发现,鸟群在群体移动时会突然做出同步散开或者更改原有移动方向的举动,这些行为是基于不可预测的基础上的。科学家认为鸟群一定存在某种能力使得它们可以同步这些不可预知的鸟类社会行为,这就是鸟群中的群体动态学。

通过对鸟类行为的长期观察,1987 年,Craig Reynolds[2] 提出了一个鸟群聚集模型,这个模型为后世的研究奠定了基础。该模型中,每个个体遵循 3 个原则,分别是:

(1) 避免与邻域个体相冲撞;

(2) 匹配邻域个体的速度;

(3) 飞向鸟群中心,且整个群体飞向目标。

这 3 条规则看似非常简单,其模拟结果却与现实世界中的鸟群移动差别不大,模拟结果较好。因此,这种同步初步被认为与个体的间距有关,即种群个体之间为保持最优间距而不断调整自身运动的速度和方向,从而表现出整个种群行为变化的同步。1995 年,James

Kennedy 和 Russell Eberhart 共同提出粒子群算法[3]，其基本思想是：受对鸟类群体行为进行建模与仿真的研究结果的启发而提出一种基于群体智能的具有并行性的全局随机搜索算法，并通过群体中个体之间的协作和信息共享寻找最优解。Kennedy 和 Eberhart 在 Frank Heppner 的模型上进行了修正，以使粒子飞向解空间并在最好解处降落。

粒子群算法和遗传算法有许多共同点，都是从任一可行解出发经过多次迭代找到最优解，评价指标都为适应度函数。不同点在于，粒子群算法比遗传算法更加简单，它没有繁杂的"交叉"（Crossover）和"变异"（Mutation）操作，同时也不需要对很多参数进行调节。由于这些原因，粒子群算法一经提出就引发了国际上研究的风潮。目前，粒子群算法已被广泛应用于函数优化、神经网络训练以及其他的应用领域[4]，并受到 IEEE 进化计算国际大会（IEEE Congress on Evolutionary Computation）的重视。

9.1.2　基本粒子群算法

在自然界中，鸟类以随机并且无序的方式进行群体或个体飞行，那么鸟类进行觅食行为时又会受到什么因素影响呢？首先，鸟类在寻找食物时，会根据同伴的行进方式不断地改变自己在空中飞行的速度和位置，与同伴在飞行过程中聚成群体，直到最后找到食物的位置。而粒子群优化算法也正是受到鸟类觅食行为的启发，科学家假定一个鸟群在一片区域中搜索唯一的食物，开始时鸟群不知道食物的位置，搜索过程中每只鸟都可以通过自己的嗅觉感知到与食物之间的距离，当一只鸟感知到与食物越来越近，会发出叫声引导其他同伴靠近自己，直到找到食物。

在基本粒子群算法中，自然界鸟群中的每一个鸟类个体都映射为一个粒子，一个粒子代表优化问题的一个解决方案，整个粒子群就是一个包括不同的、各种可能性解决方案的集合，每个粒子都有几个属性，包括适应度值（fitness value）、粒子运动速度（包括大小和方向）、粒子位置等。基本粒子群算法首先生成一系列属性随机的粒子，之后在多次迭代中不断调整每个粒子的速度和位置，使得所有粒子都追随当前最优的粒子，从而获得最优解决方案。在每次迭代中，所有粒子都要根据自身当前属性、局部最优解（该粒子找到的最优解）、全局最优解（该种群找到的最优解）调整自己的速度和位置，同时粒子要共享最优解。

粒子群优化算法被提出后，研究人员主要就目标函数优化和避免陷入局部最优等方向进行了深入的研究，并且取得了一些重大的研究成果。对粒子群优化算法如何进行改良的思路主要集中在以下 3 个方面。

（1）对惯性系数和学习因子的改进。

（2）如何避免局部最优和过早收敛问题。

（3）结合其他优化算法，提升算法的整体性能。

9.1.3　粒子群算法原理

1. 原始粒子群算法

原始粒子群算法的数学描述可以表示为：假设有一个种群（swarm），大小为 N，其中每一个粒子都处于 D 维的搜索空间中并以一定的速度飞行，粒子状态如下。

（1）第 i 个粒子在某时刻的位置向量 $\boldsymbol{X}_i = (x_{i1}, x_{i2}, \cdots, x_{iD})^{\mathrm{T}}$；

（2）第 i 个粒子在某时刻的速度向量 $\boldsymbol{V}_i=(v_{i1},v_{i2},\cdots,v_{iD})^{\mathrm{T}}$；

（3）第 i 个粒子迄今为止搜索到的最优位置 $P_{\mathrm{best}_i}=(P_{i1},P_{i2},\cdots,P_{iD})^{\mathrm{T}}$；

（4）所有粒子迄今为止搜索到的全局最优位置 $G_{\mathrm{best}}=(P_{G1},P_{G2},\cdots,P_{GD})^{\mathrm{T}}$。

另外，每个粒子的速度都需要设定固定的取值范围，这是由于粒子在解空间随机搜索的过程中会进行盲目搜索。粒子的最大速度 $v_{\max}$ 表示粒子在一次迭代后移动的最大长度。最大速度可以影响整个种群的搜索能力。最大速度取值越大，种群的搜索能力越强，但在搜索过程中可能会错过最优解；相反，最大速度取值变小，种群搜索能力就会变差，但局部的搜索能力增强，容易陷入局部最优。同时，在迭代搜索过程中，局部最优解和全局最优解可能距离当前粒子所在位置很远，所以当速度更新的跨度很大时，种群中的粒子有可能无法向这两个最优解靠近，导致搜索效率变低。因此，在对速度进行限制时要考虑到应用方式的不同，受限制后的粒子速度定义为

$$v_{ij}=\begin{cases}v_{\max}, & v_{ij}>v_{\max}\\ v_{\min}, & v_{ij}<v_{\min}\end{cases} \tag{9-1}$$

式中，$v_{\max}$ 和 $v_{\min}$ 分别为粒子的最大速度和最小速度。

当对某个优化问题的解进行搜索时，其解一般都会在给定范围内，但粒子群进行随机搜索时，可能会有粒子超出给定范围，因此需要对粒子的位置也如同速度一样进行限制，受限后的粒子位置定义为

$$x_{ij}=\begin{cases}x_{\max}, & x_{ij}>x_{\max}\\ x_{\min}, & x_{ij}<x_{\min}\end{cases} \tag{9-2}$$

式中，$x_{\max}$ 和 $x_{\min}$ 分别为粒子的最大位置和最小位置。

综上所述，在基本粒子群算法中，粒子在搜索中不断更新其速度和位置的过程就是粒子群算法的迭代过程。种群中第 i 个粒子在第 k 次迭代中的速度和位置更新公式分别为

$$\begin{cases}V_i^{k+1}=V_i^k+c_1r_1(P_{\mathrm{best}_i}-X_i^k)+c_2r_2(G_{\mathrm{best}}-X_i^k)\\ X_i^{k+1}=X_i^k+V_i^{k+1}\end{cases} \tag{9-3}$$

其中，$1\leqslant i\leqslant n$，$1\leqslant d\leqslant D$，$1\leqslant k\leqslant K$。

式中，V_i^{k+1} 是第 i 个粒子在第 $k+1$ 次迭代时的速度，X_i^{k+1} 是第 i 个粒子在第 $k+1$ 次迭代的位置；c_1 和 c_2 为两个非负常数，称为学习因子；r_1、r_2 是均匀分布在 $0\sim1$ 的随机数；k 是当前迭代次数，K 是最大迭代次数。

从上述速度更新公式可以看出，种群中粒子的速度受 3 个因素影响，分别是粒子当前的速度、粒子的"个体"认知、群体的"社会"认知。粒子当前的速度代表粒子当下的状态；粒子的"个体"认知，即粒子当前位置与个体最优的差值，反映了粒子对过往经历的思考；群体的"社会"认知，即粒子当前位置与全局最优的差值，表示种群中的粒子合作，分享信息。

在搜索最优值的过程中，每个粒子一方面总结自己的经验，一方面学习种群中其他粒子的经验，有了其他粒子经验的加持，从而增大自己搜索到最优解的可能性以及缩短搜索时间。在粒子群优化算法进行的初期，种群随迭代次数变化表现出更强的随机性，正是由于下一代种群较大的随机性，才能体现每代所有解的"信息"的共享性和各个解的"自我素质"的提高。这也与生物的决策方式很相似，自然界中的生物基本也是通过考虑自己的经验信息和从群体中分享得来的信息做出最有效的决策。

个体最优解 P_{best_i} 和全局最优解 G_{best} 的迭代更新由适应度函数（目标函数）决定。假设有如下的最优化问题，即一个求解函数最小化问题：

$$\min f(x) \quad s.t. \quad x \in S \subseteq R^D \tag{9-4}$$

其中，$f(x)$ 是一个连续函数（也就是适应度函数），S 是可行区域。上述问题中，粒子群算法的局部最优解和全局最优解的更新公式为

$$\begin{cases} f_x < f_p, & P_{best_i}(t) = x_i(t) \\ f_x < f_G, & G_{best}(t) = x_i(t) \end{cases} \tag{9-5}$$

式中，f_x 为粒子的适应度值，f_p 为粒子局部最优的适应度值，f_G 为全局最优粒子的适应度值。由于这里是一个最小化问题，所以粒子的适应度值越小，代表该粒子越优秀。因此，在每次迭代时，如果当前粒子的适应度值小于其历史最优解的适应度值，就将其个体最优解更新为当前粒子。同样，如果当前粒子的适应度值小于全局最优解的适应度值，当前粒子也会取代全局最优解，这种模式有利于带领整个种群向最终解的方向快速靠近。

2. 标准粒子群算法

标准粒子群算法[5]（Standard PSO）在一定程度上改良了基本粒子群算法，种群的探索过程通过改变速度更新方式更改之前的路线，从而与基本粒子群相比找到更优解。同时，平衡一个粒子在整个可行域内的运动搜索能力和在当前较好方向上继续搜索更好解的能力十分重要，这也是一个矛盾的问题，由于这两项能力无法同时达到最高，因此随时间变化如何平衡调节成为重要的问题。1998 年，Yuhui Shi 提出一种带有线性惯性权重（Linearly Decreasing Weight）的改进粒子群算法[6]，通常称之为标准粒子群算法。其粒子速度变化公式为

$$V_i^{k+1} = \omega V_i^k + c_1 r_1 (P_{best_i} - X_i^k) + c_2 r_2 (G_{best} - X_i^k) \tag{9-6}$$

式中，ωV_i^k 表示粒子上一时刻的速度所做的贡献，保证沿上一时刻速度继续搜索的全局搜索能力，$c_1 r_1 (P_{best_i} - X_i^k) + c_2 r_2 (G_{best} - X_i^k)$ 表示粒子根据自身以及其他粒子的经验对速度的方向及大小变化所做的贡献，保证在当前大方向上继续探索更好解的局部搜索能力。惯性权重 ω 表示对粒子之前速度的保留程度，通过设置恰当的 ω 值平衡全局搜索能力和局部搜索能力。

Yuhui Shi 等同时提出，较大的 ω 有利于全局搜索，较小的 ω 有利于局部搜索。而在标准粒子群算法中，惯性系数随着迭代次数的增长线性下降，这样就可以保证算法在早期拥有更好的全局搜索能力，迅速定位小区域，在后期拥有更好的局部搜索能力，能够精确地得到全局最优解。

惯性权重 ω 由式（9-7）确定：

$$\omega = \omega_{max} - (\omega_{max} - \omega_{min}) \times \frac{k}{k_{max}} \tag{9-7}$$

其中，ω_{max}、ω_{min} 分别是最大、最小惯性权重，k 为当下迭代次数，k_{max} 为最大迭代次数。

3. 离散粒子群算法

在实际的目标优化或工程优化中，问题的解可能为连续的，也可能为离散的，因此，基于连续空间的基本粒子群算法和标准粒子群算法无法适用，需要形成一种新的粒子群算法对离散型的变量进行处理和优化。为了处理之前的算法局限性，扩展应用范围，Kennedy 在

1997 年提出了二进制编码的离散粒子群算法（BPSO），将离散问题空间映射到连续粒子运动空间[7]，在保留相应的更新公式的同时进行部分适应性调整。BPSO 算法为适应离散型变量的特点，限制粒子的位置向量为二进制编码，速度向量为相对应的每一个位置向量的取值的概率。简单来说，就是每一个粒子的位置向量中的每一个值只能取 0 或 1，而该粒子速度向量中的每一个值对应相同位置向量所取值的概率。

因此，BPSO 算法中的速度迭代公式没有变化，而由于位置向量的每一个值只能取 0 或 1，二进制离散粒子群算法中粒子位置的更新公式为

$$\begin{cases} \text{if } \text{rand}(1) < \text{Sigmoid}(v) & x = 1 \\ \text{else} & x = 0 \end{cases} \tag{9-8}$$

其中，rand(1)表示一个在[0,1]内取值的随机数，Sigmoid 函数表示取 0 或 1 的概率。

问题的可行解空间是一个 n 维的离散空间，即$[0,1]^n$，粒子的取值只能是 0 或 1 的离散值。速度像基本粒子群算法一样，仍然在$[v_{\min}, v_{\max}]$内取值，不做其他限制。BPSO 算法的粒子位置更新中，通过使用 Sigmoid 函数实现连续性和离散性的转换，从而根据速度定义其对应位置的向量值。

Sigmoid 函数单调递增，其函数图像如图 9.1 所示。

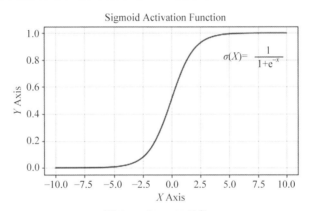

$$\sigma(X) = \frac{1}{1+e^{-x}}$$

图 9.1　Sigmoid 函数

其函数如下。

$$\text{Sigmoid}(v) = \frac{1}{1 + e^{-v}} \tag{9-9}$$

在整个迭代过程中，BPSO 算法和基本粒子群算法相同，仍然需要在每一次迭代完成后对每一个粒子进行个体经验总结，以及对整个粒子群进行群体经验总结，更新局部最优和全局最优解，更新方式不变。

4. 骨干粒子群算法

骨干粒子群算法（BBPSO）是一类去掉粒子速度属性，只保留粒子位置属性的粒子群算法。Kennedy 于 2003 年提出的无参数的高斯骨干粒子群是首个 BBPSO 算法[8]。在近年来的研究中，为更好地获取全局最优，提高粒子的全局搜索能力，研究者从其他群智算法中借鉴，与 PSO 算法进行整合，使用其他算法中的变异因子丰富粒子位置分布的多样性。近年来，基于变异的粒子群改进算法，其变异因子包括局部均匀分布函数、高斯变异和柯西变异

等。而骨干粒子群算法就是基于高斯变异的一种优化算法,粒子位置由服从高斯分布的局部和全局最优解的均值和偏差决定。骨干粒子群算法的简单协作式的概率搜索方式能够改善算法的搜索能力,参数也相对简单,去掉了速度项、加速系数和其他参数。

骨干粒子群算法的迭代公式如下。

$$X_{id}(t+1) = N(\mu, \sigma) \tag{9-10}$$

式中,$\mu = \dfrac{P_{\text{best}_{id}}(t) + G_{\text{best}_{id}}(t)}{2}$,$\sigma = |P_{\text{best}_{id}} - G_{\text{best}_{id}}|$,$P_{\text{best}_{id}}$ 为局部最优解,$G_{\text{best}_{id}}$ 为全局最优解。粒子的位置就是以 $\dfrac{P_{\text{best}_{id}}(t) + G_{\text{best}_{id}}(t)}{2}$ 为均值,以 $|P_{\text{best}_{id}} - G_{\text{best}_{id}}|$ 为标准差的高斯分布进行的随机采样。

5. 量子粒子群算法

受量子理论的启发,Shuyuan Yang 等在 2004 年提出量子粒子群优化[9](Quantum Particle Swarm Optimization,QPSO)算法。基本粒子群算法中的粒子是具有聚集性的种群,所有粒子围绕局部为中心进行收敛,并朝局部吸引点进行运动,当粒子的速度变为 0 时结束。量子空间中的粒子在运动中存在一个中心,种群中的其他粒子被中心产生的引势束缚,呈现聚集态。而在束缚下的粒子以一定的概率密度在解空间中随机移动,最终粒子在空间内搜索到最优解。这种搜索模型的理论依据来自不确定理论,在量子粒子群算法中,具有量子行为的粒子群在一个势场中运动,该势场可以保证种群具有良好的探索能力。

在量子粒子群算法中,将 Schrödinger 方程设定为与时间无关的 Schrödinger 方程,将粒子的势场函数设定为一维的 δ 势阱。一维 δ 势阱在距离由 0 增加到无穷时,相应的势能由 0 增加至无穷。粒子的波函数 $\Psi(Y)$ 如下。

$$\Psi(Y) = \frac{1}{\sqrt{L}} c^{-\frac{|Y|}{L}}$$
$$Y = X - p$$
$$L = \frac{\hbar^2}{m\gamma} \tag{9-11}$$

其中,$\Psi(Y)$ 是粒子的波函数,X 是粒子的位置,p 是粒子的吸引子,m 是粒子的质量,$\hbar$ 为普朗克常数,γ 为常数。波函数 $\Psi(X)$ 表示粒子当前的状态,粒子出现在坐标 X 的概率是 $|\Psi(X)|^2$。求解粒子的概率分布函数 $F(y)$ 如下。

$$F(y) = 1 - e^{\frac{-2|p-X|}{L}} \tag{9-12}$$

粒子位置求解如下。

$$X = p \pm \frac{L}{2} \ln\left(\frac{1}{u}\right) \tag{9-13}$$

其中,u 是均匀分布在 $[0,1]$ 上的随机数。在量子粒子群优化算法中,吸引点 p 由局部和全局最优解共同确定,如下。

$$p_i(t+1) = \varphi P_{\text{best}_i}(t) + (1-\varphi)G_{\text{best}} \tag{9-14}$$

$P_{\text{best}_{ij}}$ 表示第 i 个粒子的个体最优值的第 j 维坐标,M 是粒子群规模。L 控制了粒子的搜索范围,其描述如下。

$$\begin{cases} L = \mid m_{\text{best}} - X_i \mid \\ m_{\text{best}} = \left(\dfrac{1}{M} \displaystyle\sum_{i=1}^{M} P_{\text{best}_{i1}}, \dfrac{1}{M} \displaystyle\sum_{i=1}^{M} P_{\text{best}_{i2}}, \cdots, \dfrac{1}{M} \displaystyle\sum_{i=1}^{M} P_{\text{best}_{id}} \right) \end{cases} \tag{9-15}$$

综上所述，粒子的更新公式为

$$X_{ij}(t+1) = p_i(t+1) + \alpha \mid m_{\text{best}_j} - X_{ij}(t) \mid * \ln\left(\dfrac{1}{u}\right), \quad k \leqslant 0.5$$

$$X_{ij}(t+1) = p_i(t+1) - \alpha \mid m_{\text{best}_j} - X_{ij}(t) \mid * \ln\left(\dfrac{1}{u}\right), \quad k > 0.5 \tag{9-16}$$

式中，$X_{ij}(t)$ 是第 i 个粒子在第 t 次迭代的第 j 维坐标的取值，k 是在 $[0,1]$ 区间内均匀分布的随机数。

QPSO 算法利用量子理论中粒子不确定性的特点，将量子领域中的内容应用于粒子群领域，建立量子势能场模型，然后根据群体自组织性和协同性等特点的启发来描述。

9.1.4　粒子群算法流程

1. 算法基本步骤

PSO 算法的基本步骤描述如下。

步骤 1：首先设定群体规模 N，随机初始化种群中每个粒子的位置和速度。

步骤 2：根据适应度函数计算每个粒子的适应度值，并给出每个粒子局部最优解 P_{best} 的适应度值和种群中全局最优解 G_{best} 的适应度值。

步骤 3：对每个粒子，将它的适应度值和个体局部最优解 P_{best} 的适应度值进行比较，更新最优值 P_{best}。

步骤 4：比较当前种群全局最优解和上一次迭代时的全局最优解 G_{best}，更新最优值 G_{best}。

步骤 5：根据公式更新粒子的速度和位置。

步骤 6：当达到停止条件（迭代次数达到最大值或最优解值达到阈值）时，停止迭代，退出算法，否则，回到步骤 2，同时将迭代次数加 1。

二元粒子群算法的流程图如图 9.2 所示。

2. 基于二元粒子群算法的多标签特征选择算法流程

基于二元粒子群算法的多标签特征选择算法是将二元粒子群算法与特征选择技术结合起来的算法。在实验中，采用特征与标签集的互信息以及特征与特征集之间的互信息，构成新的得分函数，将其作为二元粒子群算法的适应度函数，最后得到的输出向量即二元粒子群算法优化后得到的特征选择最优解。

首先，在开始迭代前，初始化所有粒子的位置向量，这步操作通过初始化一个种群矩阵来完成，其中矩阵的大小由特征维度和粒子个数（即种群规模）决定。开始迭代后，首先对每个粒子进行评估，计算每个粒子的适应度值，通过比较后，得到初始的局部最优值和群体最优值。再在迭代中对每个粒子的速度和位置向量进行更新，更新后计算每个粒子的适应度值，再对每个粒子个体的最优值和种群中的全局最优值进行更新，最后评估是否达到算法的结束条件，若达到，则迭代结束，得到输出向量。

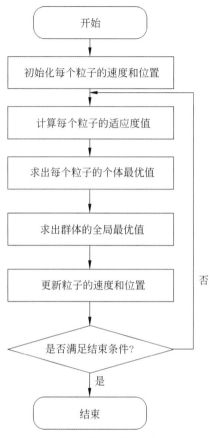

图 9.2　二元粒子群算法的流程图

基于二元粒子群算法的多标签特征选择算法伪代码如算法 9.1 所示。

算法 9.1　基于二元粒子群算法的多标签特征选择算法伪代码

输入：最大权重 ω_{max}；最小权重 ω_{min}；第一个学习因子 $c1$；第二个学习因子 $c2$；最大速度 V_{max}；
　　　最小速度 V_{min}；最大迭代次数 max_iteration；特征维度 D；种群规模 N

输出：最优位置向量 $\boldsymbol{G}_{best}$
　　　最优位置向量适应度值 $G_{bestScore}$

（1）将种群中的每个粒子进行初始化
for $i = 1$ to N
　for $j = 1$ to D
　　if rand $\geqslant 0.5$
　　　X_{ij} 初始化为 0
　　else
　　　X_{ij} 初始化为 1
　　end for
　　$P_{best_i} = X_i$
　end for

G_{best} 初始化为适应度值最小的 X_i

（2）评估每个粒子

  for $i=1$ to N

    if fitness$(X_i)<$fitness(P_{best_i})，$P_{\text{best}_i}=X_i$

    if fitness$(X_i)<$fitness(G_{best})，$G_{\text{best}}=X_i$

  end for

（3）计算权重

  $\omega=\omega_{\max}-(\omega_{\max}-\omega_{\min})*(\text{Iter}/\text{max\_iteration})\char`^2$

（4）更新每个粒子的速度和位置

  for $i=1$ to N

    for $j=1$ to D

      ％更新每个粒子的速度向量

      $V_{ij}=\omega*V_{ij}+c1*\text{rand}()*(P_{\text{best}_{ij}}-X_{ij})+c2*\text{rand}()*(G_{\text{best}j}-X_{ij})$

      if $V_{ij}>V_{\max_j}$，$V_{ij}=V_{\max_j}$

      if $V_{ij}<V_{\min_j}$，$V_{ij}=V_{\min_j}$

      ％更新每个粒子的位置向量

      $S(V_{ij})=1/(1+e^{V_{ij}})$

      if rand$<s$，X_{ij} 设定为 1

      else X_{ij} 设定为 0

（5）判断当前是否满足终止条件，若条件不满足，则回到第（2）步，否则停止迭代

（6）输出最优位置向量和最优位置向量适应度值

9.2　粒子群算法参数分析

  粒子群算法参数的设置直接影响粒子群的收敛速度和效果，因此一个较为完备的粒子群算法对参数的设置要求很高，而参数优化主要集中在它的速度更新公式中，其中主要涵盖惯性权重、学习因子和公式中的其他参数。本节深入挖掘探索，通过给定不同的参数及参数形式变化分析其带来的影响。

9.2.1　惯性权重分析

  在粒子群算法的参数中，惯性权重 ω 起着重要作用。ω 是一个一定范围内的 $0\sim1$ 的小数，代表上一时刻粒子的速度在多大程度上影响当前时刻的速度，也就是粒子保持之前运动状态的惯性的比例有多大，因此，实时改动惯性权重的值，平衡全局搜索和局部搜索的关系十分重要。前面提到，惯性权重 ω 的值越大，保持之前运动状态的能力越强，因此，ω 的值与全局搜索能力成正比，与局部搜索能力成反比。要实现较好的算法性能，就要调节好这两个相互矛盾的方面，如果过分增大 ω，不易得到精确解；如果设置较小的 ω 值，则整个收敛过程将会十分缓慢，可能陷入局部最优。如何随迭代次数变化、状态变化动态地设置惯性权重 ω，国内外研究者正积极研究，就目前的研究现状而言，主要分为线性策略、非线性策略两种。

1. 线性惯性权重策略

  在一般优化问题的迭代收敛过程中，我们希望前期可以尽可能搜索整个可行域确定含有最优解的区域，因此前期需要较高的全局搜索能力，以免漏掉部分区域，后期确定最优解

所在区域后，可以在小区域内仔细搜索最优解，要求较高的局部搜索能力，我们也称之为开发能力，所以线性惯性权重策略绝大部分是线性递减策略，常用的有以下两种。

1）典型线性递减策略

Y. Shi 和 R.C Eberhant[6] 首次提出惯性权重 ω 应随着进化代数而线性递减，通常称之为典型线性递减策略。惯性权重的计算公式为

$$\omega(t) = \omega_{\max} - (\omega_{\max} - \omega_{\min}) \frac{t}{t_{\max}} \tag{9-17}$$

式中，$\omega_{\max}$、$\omega_{\min}$ 分别为惯性权重值的最大、最小值，t 是当前迭代次数，$t_{\max}$ 是最大迭代次数。Y.Shi 等[11] 实验了将 ω 设置为从 0.9 到 0.4 的线性下降，使得 PSO 算法在开始时探索较大的区域，后面粒子速度减慢，开始精细的局部搜索，提高了算法的性能。

这种典型线性递减策略凭借其简单、方便等优点应用于较多的优化算法中，但其简单的优点同时给迭代结果带来了一定的负面影响，主要包括：

- 过程开始阶段局部搜索能力不强，易错过最优解；过程进行的后期全局搜索能力不强，易陷入局部最优。
- 最大迭代次数难以预测，从而影响算法的调节功能。

另外，Shi 在系列实验中得到：当最大速度 $V_{\max}$ 取值过小时，无论 ω 取值如何，算法总是趋向于局部搜索，而缺乏全局探测能力；如果 $V_{\max}$ 取值足够大，则算法的性能主要取决于 ω。

2）线性微分递减策略

为了克服典型线性递减策略的局限性，胡建秀等[12] 提出一种线性微分递减策略。惯性权重的计算公式为

$$\frac{\mathrm{d}\omega(t)}{\mathrm{d}t} = -\frac{2(\omega_{\text{start}} - \omega_{\text{end}})}{t_{\max}^2} \times t \tag{9-18}$$

$$\omega(t) = \omega_{\text{start}} - \frac{\omega_{\text{start}} - \omega_{\text{end}}}{t_{\max}^2} \times t^2 \tag{9-19}$$

其中，ω_{start} 为初始惯性权重值，ω_{end} 为进化至最大代数时的惯性权重值。该策略在算法进化初期，ω 的减小趋势缓慢，利于找到很好的优化种子，在算法进化后期，ω 的减小趋势加快，因此，一旦在前期找到合适的种子，便可以使得算法收敛速度加快，一定程度上减弱典型线性递减策略的局限性，在算法性能提高上就会有很大改善。

2. 非线性惯性权重策略

线性惯性权重策略较最初固定的惯性权重效果已经有很大的改变，但其线性特性使得算法在很多情况中易陷入局部最优，所得结果与全局最优相差较大，因此，为从根本上解决这一问题，研究者放弃相对简单的线性特性，从非线性入手，提出如下多种非线性的惯性权重改进策略。

1）先增后减策略

为改善递减策略中存在的缺陷，崔红梅等[13] 提出先增后减的惯性权重改进策略，前期有较快的收敛速度，而后期的局部搜索能力也不错，一定程度上保持了递减和递增策略的优点，公式为

$$\omega(t) = \begin{cases} \dfrac{t}{t_{\max}} + 0.4, & 0 \leqslant \dfrac{t}{t_{\max}} \leqslant 0.5 \\[2mm] -\dfrac{t}{t_{\max}} + 1.4, & 0.5 \leqslant \dfrac{t}{t_{\max}} \leqslant 1 \end{cases} \tag{9-20}$$

2）由随机因子调节的非线性递减策略

由于粒子存在收敛速度慢，收敛精度不高的问题，为了更好地平衡局部搜索能力和全局搜索能力，董红斌等[14]在典型递减惯性权值的基础上，提出一种惯性权重的非线性递减策略，即

$$e^i \omega(t) = (f_{max} - f_{min}) e^{-h}/T * b * f_{max} \tag{9-21}$$

$$\omega(t+1) = \omega(t) - e^i \omega(t) \tag{9-22}$$

该方法中，对惯性权重的计算基于每次迭代后粒子的表现，充分考虑种群中全部粒子的行为，并由随机因子动态调整惯性权重，以确保种群的多样性。惯性权重的计算基于迭代过程中粒子的最大和最小适应度值的指数函数。其中参数因子 h 是$[0,1]$内的随机数，一定程度上与遗传算法的变异算子相似，有助于提高算法的全局搜索能力；b 服从$[0,1]$之间的均匀分布，表示惯性权重受最大适应度值的影响程度。本算法的惯性权重受指数函数的影响，在迭代后期下降更快，极大地提高了算法的局部搜索能力。相比其他算法，有效解决了早熟收敛问题，并减少了平均迭代次数，也极大提高了算法的稳定性。

3）由最佳适应度值调节的非线性递减惯性权重策略

Alireza 等[15]提出的其他非线性动态递减惯性权重，能够使算法更容易找到最优解。其计算公式为

$$\omega(t) = 0.5 \left\{ 1 + \tanh \left[\frac{1}{\alpha} * F(P_{gd}^t) \right] \right\} \tag{9-23}$$

式中，ω 的取值范围为$[0.5,1]$，因此，在当前最佳解的适应度值没有显著提升时，为了更好地对搜索空间进行全局搜索，惯性权重会缓慢地增加；而在当前最佳解的适应度值有显著提升时，惯性权重会快速降低，以促进更好的局部搜索。与其他算法相比，本算法能更好地找到最优解，并提高收敛速度。

9.2.2　学习因子分析

在粒子群算法中，学习因子 c_1、c_2 的设置代表了自身经验和其他粒子的经验对自身活动的影响程度，体现了群体智能的独特优势，因此，设置合适的值对每个粒子的运动有重要的指导价值，从而影响收敛结果。参数设置时，我们所追求的实现结果也与惯性权重大致相同，即前期实现整个空间的搜索，后期进行局部寻优，避免陷入局部最优。一方面，出于简单、方便考虑，将它们设置为固定值，M.Clerc[16]推导出 c_1、c_2 都取 2.5，一般的设置是 $c_1 = c_2 \in [1,2.5]$；另一方面，可以利用线性或非线性策略调整取值。

Ratnaweera 等[17]提出利用线性策略调整学习因子取值，公式如式（9-24）和式（9-25），其中 c_{1e}、c_{1s}、c_{2e} 和 c_{2s} 都是常数，由此可以实现 c_1 的值递减，c_2 的值递增的效果。具体来说，在粒子学习过程中，最初偏向于参考自身经验，之后则多借鉴其他粒子的经验，后期当前全局最优粒子对该粒子影响较大。该策略虽有不错的效果，但也存在粒子易早熟的问题。

$$c_1 = c_{1s} + \frac{(c_{1e} - c_{1s})t}{t_{max}} \tag{9-24}$$

$$c_2 = c_{2s} + \frac{(c_{2e} - c_{2s})t}{t_{max}} \tag{9-25}$$

另外，学习因子的非线性策略主要有陈水利等[18]提出的凹函数策略和反余弦策略。反

余弦策略的特点在于算法后期设置了比较理想的 c_1 和 c_2 值,使粒子保持一定的搜索速度,避免过早收敛。

9.3 算法应用实例

9.3.1 实验数据

一个多标签数据集由具有多个二进制目标变量的目标函数的训练示例组成。这意味着多标签数据集的每个项目可以是多个类别的成员,也可以由许多标签类进行注释。这实际上是许多现实世界问题的本质,例如图像和视频的语义标注、网页分类和音乐的情感分类等。

本节所用 5 个数据集的具体说明见表 9.1,5 个数据集均来自 Java 开源工程 Mulan 的数据库。Mulan 用于解决多标签学习中遇到的问题,其中包括 emotions、genbase、medical、enron 和 yeast 数据集。emotions 数据集中包括其 xml 文件、总数据集以及训练集和测试集,它的来源是音乐情感识别方向的一篇论文,数据类型是连续型。genbase 数据集中包括其 xml 文件、总数据集以及训练集和测试集,数据类型是离散型,它来源于一个对蛋白质基因进行分类的算法。此标签集中的第一个属性只是该实例的表示,其他的属性值为 yes 或 no,在进行实验前,利用 Excel 将其属性值转换为 0 和 1 两种常量。medical 数据集中包括其 xml 文件、总数据集和训练集以及测试集,数据类型是离散型,该数据集来源于一项涉及临床自由文本多标签分类的共享任务。enron 数据集中包括 xml 文件、总数据集和相应的训练集以及测试集,数据类型是离散型,该数据集来源于加利福尼亚大学伯克利分校的一项邮件分析项目。yeast 数据集中包括 xml 文件、总数据集和相应的训练集以及测试集,数据类型是连续型,该数据集来源于一种用于多标签分类的核算法。

表 9.1　数据集具体说明

名称	类别	样本数	属性类别	特征数	标签维数	标签基数
emotions	music	593	连续型	72	6	1.869
enron	text	1702	离散型	1001	53	3.378
genbase	biology	662	离散型	1186	27	1.252
medical	text	978	离散型	1449	45	1.245
yeast	biology	2417	连续型	103	14	4.237

9.3.2 实验步骤与结果分析

1. 基于二元粒子群算法的多标签特征选择算法

首先使用 Weka 对 emotions 数据集和 yeast 数据集进行无监督方法中的等频离散,bin 值初始设为 10,得到经过离散后的.arff 数据后,再利用 UltraEdit 编辑器给每个 bin 重新命名。最后将所有的 5 个数据集通过 Weka 把数据集转换为.csv 格式,之后将该数据集在 Excel 中处理得到在 Python 平台中可以导入的.xlxs 格式。

实验的具体步骤为:在 5 次实验中,分别在主函数中读入 5 个多标签数据集,得到数据的样本数、特征数和标签数;计算每个特征与标签集之间的互信息以及每个标签与标签

140

集之间的互信息,分别存入全局变量中。设定迭代过程中使用到的适应度函数为两项,其中第一项为每个被选择的特征与标签集的互信息的和,其在适应度值中所占的比例为95%;第二项为被选择的特征、整个特征集之间的互信息和被选择的特征、特征集中被选择的特征之间的互信息之和的差值,它在适应度值中所占的比例为5%。最后将求得的适应度值对所选择的特征总数求平均值,则得到最终的适应度函数。接下来将最大迭代次数设置为200次,经实验验证,200次迭代可有效得到收敛后的最佳子集。粒子个数设置为30,这也是粒子群算法中较为常用的粒子个数。在对5个数据集进行实验时,分别按照该数据集的属性数输入特征维数。经历所有迭代后,输出本次实验所选择的特征编号和最优适应度值。

二元粒子群算法的编码形式是使用粒子位置向量中某维度的值代表该维的特征。当该元素取1时,代表特征被选择;当该元素取0时,代表特征没有被选择。最终得出的最优个体是一个特征向量,根据该特征向量的值对原始数据的训练集和测试集进行特征选择,将处理后的样本集放入分类器中得到实验结果。由于二元粒子群算法的初始化过程是随机的,所以算法在每次实验中都会得到不同的值,因此对每个数据集都进行15次的特征选择,并对得到的结果取平均值,在进行数据分析时使用评估指标的平均值作为依据。

2. 基于优化的多标签特征选择算法

在实验开始前,将5个数据集进行前文提到的数据预处理后,得到.xlsx格式和.mat格式的离散数据集。分别使用基于二元粒子群算法的多标签特征选择算法(MLPSO)和基于遗传算法的多标签特征选择算法(MLGA)作为对比算法对数据集进行特征选择。由于遗传算法和二元粒子群算法的初始化以及迭代操作都是随机进行,因此选择其中一次特征选择的结果进行展示。由于enron、medical和genbase数据集的特征数都在1000个以上,为了便于展示,本文将emotions和yeast两个特征数在100左右的数据集特征选择结果展示如下(见图9.3和图9.4)。

1 至 21 列

2   4   5   18   43   45   47   48   53   61   62   63

图 9.3　MLPSO 算法在 emotions 数据集中选择的特征序号

1 至 21 列

13 17 21 25 35 47 50 57 58 60 61 73 84 88 92 96

图 9.4　MLPSO 算法在 yeast 数据集中选择的特征序号

将得到的新样本集分别导入 MLKNN 分类器和 LLSF 分类器,对每一个新样本集,得到分类结果,其中包括排序损失、覆盖率、1-错误率和平均精度4个评估准则。除了平均精度越高,效果越好之外,剩下3个结果都是越低效果越好。因为两种分类器都在随机划分训练集和测试集后取结果的平均值,为了使得实验结果更具有说服力,在两个分类器上分别将每个样本集实验10次后取平均值。实验结果如表9.2～表9.5所示。

表 9.2 特征选择前后的排序损失结果

数据集	MLKNN			LLSF		
	MLPSO	MLGA	ALL	MLPSO	MLGA	ALL
emotions	0.2379	0.2565	0.2675	0.1939	0.1871	0.1701
enron	0.1190	0.1186	0.1187	0.1362	0.1280	0.1365
genbase	0.0072	0.0079	0.0083	0.0027	0.0038	0.0031
medical	0.0398	0.0405	0.0414	0.0241	0.0548	0.0244
yeast	0.1786	0.1708	0.1711	0.1831	0.1826	0.1777

表 9.3 特征选择前后的覆盖率结果

数据集	MLKNN			LLSF		
	MLPSO	MLGA	ALL	MLPSO	MLGA	ALL
emotions	2.1481	2.2435	2.3128	1.9274	1.8850	1.8386
enron	15.3696	15.3985	15.2981	18.5104	18.1002	18.6324
genbase	0.6402	0.6232	0.6417	0.3908	0.4394	0.3862
medical	2.8063	2.8376	2.6955	1.7819	3.2765	1.6812
yeast	6.4535	6.3426	6.3299	6.5679	6.5915	6.5990

表 9.4 特征选择前后的 1-错误率结果

数据集	MLKNN			LLSF		
	MLPSO	MLGA	ALL	MLPSO	MLGA	ALL
emotions	0.3821	0.3797	0.3950	0.3353	0.2758	0.2826
enron	0.4784	0.4690	0.4905	0.2978	0.2915	0.2897
genbase	0.0045	0.0136	0.0091	0.0015	0.0181	0.0033
medical	0.2403	0.2464	0.2628	0.1554	0.2955	0.1339
yeast	0.2353	0.2420	0.2594	0.2421	0.2367	0.2375

表 9.5 特征选择前后的平均精度结果

数据集	MLKNN			LLSF		
	MLPSO	MLGA	ALL	MLPSO	MLGA	ALL
emotions	0.7234	0.7161	0.7133	0.7671	0.7892	0.7922
enron	0.5101	0.5108	0.5091	0.6312	0.6401	0.6307
genbase	0.9896	0.9849	0.9814	0.9969	0.9860	0.9957
medical	0.8094	0.8045	0.7894	0.8838	0.7716	0.8983
yeast	0.7497	0.7640	0.7598	0.7465	0.7469	0.7532

根据表 9.2~表 9.5 所示,在对 5 个数据集进行实验后,通过比较各评估准则的值可知,基于二元粒子群优化算法的多标签特征选择算法在 MLKNN 上获得了很好的效果,在 4 个不同的评估准则中大部分都获得了比全特征分类更好的结果。MLKNN 通过计算样本距离计算先验概率,从而对样本进行分类。而在 LLSF 中,由于 LLSF 特有的标签计算方式,输入的被选择过的样本集则会因为已被选择的特征与标签间不同的关联度以及选择的特征子集大小使得分类受到一些损失,导致结果与全特征分类相似或略差。

在多标签特征选择后得到的特征子集较原数据集的特征维度缩小了,以 emotion 数据集和 yeast 数据集为例,emotion 数据集的特征维度为 72,在经过 MLPSO 的特征选择后,降低了 83% 的工作量;yeast 数据集的特征维度为 103,在经过 MLPSO 的特征选择后,降低了 84% 的工作量,基于粒子群优化的多标签特征选择算法起到了特征降维的作用。

9.4 本 章 小 结

本章详细介绍了粒子群算法的基本原理和流程,并对该算法中关键的参数进行了分析,最后以多标签特征选择问题为例,讲解了使用粒子群算法解决优化问题的过程。粒子群优化算法是一种基于群体智能的演化计算方法,其思想来源于对自然界中鸟类群体行为的研究,是一种随机全局优化技术。由于其概念简单而且易于实现,粒子群算法一经提出就得到快速发展。与其他进化算法相比,粒子群算法的鲁棒性更好,而且具有更好的全局优化能力。

目前,对粒子群算法研究的方向主要集中于两方面:一是在现有的粒子群算法上对其参数进行改进;二是将粒子群算法与其他优化算法进行结合。粒子群算法最早应用于人工神经网络的训练,现已广泛应用于多目标优化、决策调度、系统辨识、路径规划等方面。熟练掌握粒子群算法的原理和流程可以为大家以后遇到的优化难题提供解决思路和解决方案。

9.5 章 节 习 题

1. 简述标准粒子群算法中粒子速度的更新公式。

2. 在粒子群算法中学习因子 c_1、c_2 设置得越大越好,该说法是否正确?解释原因。

3. 惯性权重作为重要的改进参数,在迭代过程中一旦确定,就不能改动了,该说法是否正确?解释原因。

4. 简述粒子群算法的终止条件。

参 考 文 献

[1] 姜照昶,苏宇,丁凯孟. 群体智能计算的多学科方法研究进展[J]. 计算机与数字工程,2019,47(12):3053-3058.

[2] REYNOLDS C W. Flocks, herds and schools: A distributed behavioral model[C]//Proceedings of the

14th Annual Conference on Computer Graphics and Interactive Techniques，1987：25-34.

［3］　KENNEDY J，EBERHART R. Particle swarm optimization［C］//Proceedings of ICNN'95-International Conference on Neural Networks，1995，4：1942-1948.

［4］　蒲志强,易建强,刘振,等.知识和数据协同驱动的群体智能决策方法研究综述[J].自动化学报，2022,48(03)：627-643.

［5］　CLERC M，KENNEDY J. The particle swarm-explosion，stability，and convergence in a multidimensional complex space[J]. IEEE Transactions on Evolutionary Computation，2002,6(1)：58-73.

［6］　SHI Y，EBERHART R. A modified particle swarm optimizer［C］//1998 IEEE International Conference on Evolutionary Computation Proceedings，1998；69-73.

［7］　KENNEDY J，EBERHART R C. A discrete binary version of the particle swarm algorithm[C]//1997 IEEE International Conference on Systems，Man，and Cybernetics. Computational Cybernetics and Simulation，1997,5：4104-4108.

［8］　KENNEDY J. Bare bones particle swarms［C］//Proceedings of the 2003 IEEE Swarm Intelligence Symposium，2003：80-87.

［9］　YANG S，WANG M. A quantum particle swarm optimization[C]//Proceedings of the 2004 Congress on Evolutionary Computation，2004,1：320-324.

［10］　高海兵,周驰,高亮.广义粒子群优化模型[J].计算机学报,2005(12)：1980-1987.

［11］　SHI Y，EBERHART R C. Empirical study of particle swarm optimization[C]//Proceedings of the 1999 Congress on Evolutionary Computation-CEC99，1999,3：1945-1950.

［12］　胡建秀,曾建潮. 微粒群算法中惯性权重的调整策略[J]. 计算机工程，2007,33(11)：193-195.

［13］　崔红梅,朱庆保. 微粒群算法的参数选择及收敛性分析[J]. 计算机工程与应用，2007,43(23)：89-91.

［14］　董红斌,李冬锦,张小平.一种动态调整惯性权重的粒子群优化算法[J].计算机科学,2018,45(02)：98-102,139.

［15］　ALIREZA ALFI.具有适应性突变和惯性权重的粒子群优化(PSO)算法及其在动态系统参数估计中的应用(英文)[J].自动化学报,2011,37(05)：541-549.

［16］　CLERC M. The swarm and the queen：towards a deterministic and adaptive particle swarm optimization[C]//Proceedings of the 1999 Congress on Evolutionary Computation-CEC99，1999,3：1951-1957.

［17］　RATNAWEERA A，HALGAMUGE S K，Watson H C. Self-organizing hierarchical particle swarm optimizer with time-varying acceleration coefficients［J］. IEEE Transactions on Evolutionary Computation，2004,8(3)：240-255.

［18］　陈水利,蔡国榕,郭文忠,等.PSO算法加速因子的非线性策略研究[J].长江大学学报自然科学版：理工卷,2007,4(4)：1-4.

第 10 章 协同演化算法

近年来,启发式算法中的协同演化算法(Co-Evolutionary Algorithms,CEA)在函数演化、智能控制、数据挖掘、电子商务和工程设计等领域广泛应用,并且也吸引了很多学者进行研究。"协同演化"一词可以这样理解:某一物种的演化与另一物种的演化是相互适应的,也就是说,某个物种的存在形式会影响并改变其他物种的存在形式,反过来说,其他物种也会受到某一物种的影响而发生改变,这两者的演化是循环交替发生的。不管是在研究物种的进化过程借助协同进化理论,还是用以分析事务的发展过程,相比达尔文物竞天择,适者生存的进化论,协同演化理论更适合描述事物的发展过程。根据定义可以发现,协同演化算法思想与进化论中的物竞天择存在显著差异。协同演化思想表明,在某一环境中不同物种之间的演化是存在某些联系的,表现出不同物种中的彼此促进或者抑制。在演化过程中,协同演化算法以环境和种群间或者种群之间的相互关系为参照,并且每个种群也会由于相互影响从而改变对环境的适应性。

本章首先介绍协同演化算法的基本原理,说明协同演化算法的背景、生物学基础、博弈论基础、思想、框架、分类和特点,然后介绍协同演化算法的设计、实现和应用。

10.1 算法基本介绍

演化算法(Evolutionary Algorithms,EA)是参照自然环境中物种的演化过程而形成的人工智能技术,其能够自适应以及自组织地求解问题。演化算法已成功地应用于许多领域解决不同类型的难题,例如参数优化和机器学习。演化算法的成功和失败都可以导致对这些方法和问题的增强和扩展。然而,当问题域可能很复杂,或者很难或不可能用客观适应度指标评估问题时,协同演化算法应运而生。协同演化算法的概念同样来源于生物学,演化生物学家普莱斯在 1998 年将协同演化定义为"两个或多个物种或种群之间相互诱导演化的变化"。在生物学中,所有演化都是协同的,因为根据演化的定义,个体适应度是关于其他个体的函数。

协同演化算法的提出是为了弥补传统演化算法中的不足之处,近年来,该方向在计算智能领域中发展势头火热,协同演化是指生态环境密切相关的两个或多个物种,其演化过程也存在依赖关系。当一个物种发生演化时,会影响不同物种之间的生存压力。因此,其他物种也需要做出与之相适应的演化方式,从而会产生不同物种之间高度适应的现象。例如,草原上的狼群和羊群,狼群的大小会因羊群的状态变化而发生变化,如果当年水草肥美,羊群因

食物丰足而种群增大，相应地，以羊为食的狼的群体大小也将增加。

10.2　协同演化的算法原理

10.2.1　协同演化的背景

演化算法通过模拟自然环境中物种的进化过程进行自适应的全局搜索过程。演化博弈论的生物学模型同样也参照了物种的进化过程。因此，选择将演化算法、生物进化论和博弈论3个方向紧密结合帮助演化算法的研究是十分直观的。1964年，在 *Evolution* 期刊上，Ehrhich 和 Raven 两人第一次提出"协同演化"这个词，阐明了昆虫与其关联植物在进化过程中的相互作用。Janzen 将协同演化定义为：一个物种的活动与另一个物种的活动之间相互作用，并因此改变了它们的进化路线。协同演化的定义非常灵活，其会随着研究角度的改变而改变。Jermy 发表了顺序演化（Sequential-Evolution）的理论，认为食草性的昆虫会受到其食用植物演化的影响，从而在其之后发生演化。Roughgarden 的观点则与其相反，他认为两个物种的演化是互相影响并同时进行的。自然环境中的物种基本不存在单对单的协同演化的关系，仅有单食性的物种才有可能通过共生、竞争等方式与其对应的单物种发生一一对应的演化关系。因此，协同演化领域的研究者很少研究成对的演化，大多数只进行扩散协同演化的研究（Diffuse Co-Evolution）。Gilbert 等定义了扩散的协同演化方式，即多个物种的演化改变了某一个或多种物种的演化，同时它们之间也进行了相互演化，包含植物受到多种害虫的侵害而产生的各种各样的防御手段，并且昆虫也会产生对植物毒素的抗性等诸多方面。自然环境中的共生关系颇为广泛。共生指的是两类物种在生活方式上是相互依存、缺一不可的关系，因此又名互利共生。种间关系为共生的物种，它们的生存方式是有明显分工的，甚至它们可以进行互换生命的行为。当前的学者表明，共生物种间存在某些维持方式可以使共生关系保持牢固，使得它们更加互补地使用资源。例如，小丑鱼和海葵之间就是共生关系。总而言之，协同演化表示在某个环境中的多个物种由于生活环境相近或者生存方式存在关联，使得它们的演化过程相互影响、相互依赖。如果其中某个物种发生了改变，环境中的选择压力也会随之发生一定程度的变化，从而影响其他物种使其发生演化，最终该环境的选择压力趋于平衡，物种演化达到了妥当的程度。目前，协同演化普遍用于形容自然环境中存在联系的生物之间的演化过程，是生物进化学、系统工程学、经济学等学科的重点研究方向。

协同演化算法可能对具有两个或多个相互作用子空间笛卡儿积定义的大搜索域问题有效，也可以用于解决没有内在客观度量来衡量个体适合度的问题。协同演化算法对于没有领域特定信息帮助指导搜索的，包含某些类型的复杂结构的搜索空间具有自然的潜在优势。这些优势使得协同演化具有巨大的潜力，并且已成为演化计算的一个重要研究领域。尽管协同演化算法的优势明显，但关于它的应用偶尔也会失败，有时算法会比传统的演化算法更难调整。其原因一部分在于主观适应度的使用引起的度量问题，另一部分在于协同演化系统通常特别复杂的动力学问题。这两个困难可能导致协同演化系统的行为有时不可理解，而系统中的进度度量问题也使这种行为难以诊断。最常见的问题是梯度损失问题，其中一个种群开始严重支配其他种群，从而造成其他玩家没有足够的信息来学习。另一个普遍的问题是周期性行为,在这种情况下,奖励制度中的不变性使得一个种群稍微适应就可以获得相对其他种群的优势,然后其他种群也随之变化,最终导致原始种群再次改变回到原始策略。这是算法设计者的想法与系统运行结果之间的一种严重脱节。最后,协同演化算法可能存在集中的问题,通常会产生脆弱的解决方案,因为算法的搜索驱使玩家过分地关注对手的弱点。定义、诊断和处理这些问题一直处于协同演化计算研究的前沿。

10.2.2 协同演化算法的框架

在解决真实场景的优化问题时,进化算法比传统算法更有优势,但同时也有一些劣势。首先,进化算法所采用的适应度函数是固定的,但真实的适应度函数应该根据周围环境的改变而变化,所以这种方式很难精准地计算出物种对环境的实际适应程度。其次,进化算法单纯考虑了物种之间的抑制作用,而忽略了进化时生物之间的协同关系,在真实环境中,生物的进化通常是抑制与促进一起发生的,而这又是协同演化的思想。下面给出协同演化算法的一般框架步骤。

(1)初始化:为所有初始种群生成随机个体。

(2)设置进化代数计数器 $t=0$。

(3)设定终止准则。

(4)对所有种群个体进行评估,获得各种群中各个体的适应度值。

(5)各种群分别进化,采用进化算子独自进化,生成新一代种群。

(6)终止判断,如果满足终止准则,则当前种群中的最优协作组合就作为问题的最优协作解,终止计算;否则设置 $t=t+1$,转到步骤(2)。

10.2.3 没有免费午餐定理

在最优化理论研究中,Wolpert 和 Macready 在 1997 年发表的论文 *No Free Lunch Theorems for Optimization* 受到广泛关注,该论文首创性地提出并证明了 NFL 定理,也就是如今人们熟知的无免费午餐定理(No Free Lunch Theorems)。

NFL 定理可以简要描述为:对于所有可能存在的问题,对于任何给定的两个算法 A_0、A_1,如果 A_0 在此问题上效果比 A_1 好(差),那么 A_0 的效果就一定比 A_1 差(好),也就是说,以全部问题为考量,对于任何两个算法 A_0、A_1,它们的期望效果是完全一样的。一方面,由于 NFL 定理关系到优化算法的本质问题;另一方面,由于其结论是出乎意外的,因此 NFL 定理被发现之后,学界就一直存在着关于该定理以及其结论的争论。NFL 定理的提出提供了研究优化算法的全新思路,并促进了优化算法的发展。即使 NFL 定理的成立存在许多假设条件,但是其仍然显露了优化算法的实质。当解决优化问题需要考虑大量且复杂的适应函数时,就需要将在多个算法中表现出的 NFL 特性纳入考量,虽然一个算法在某适应度函数上的效果好,但是换一种适应度函数,这个算法的性能反而不如其他算法。因此,对于所有的适应度函数来说,没有全能的最优算法。对于所有的适应度函数而言,所有算法的预期效果是一样的。

10.3 协同演化的理论基础

10.3.1 博弈论的起源

博弈论(Game Theory),也可以称作对策论,其是主要使用数学模型以及方法研究在特定条件约束下应对竞争及对抗所选择的方案。由于约束条件的不同,因此博弈论分为合作博弈论与非合作博弈论。前者主要考虑的是整个团队的效益;后者主要探讨在某个利益相关的局势中,选择能够使自身效益最佳的方案,即策略选择问题,因此更注重的是自身效益。1944 年,von Neumann 和 Morgenstern 编著了《博弈论和经济行为》一书,其首创性地提出博弈论的相关概念。该书的侧重点在于解释合作博弈论。合作博弈论是以每个个体行为相互关联和影响为条件,当事人可以作出能够限制各方的策略。该书的出版标志着博弈论学科的形成,并且该书也被看作建立数理经济学学科的标志。在该书出版以后,合作博弈的研究热度逐年上升,又出现了很多标志性的研究,如 J.Nash 的讨价还价模型以及 Gillies 的核心理论。

10.3.2 非合作博弈

非合作博弈与合作博弈恰恰相反,它更强调个体在策略环境中只考虑自身的决策。1950 年,Nash 发表了博士论文《非合作博弈》,该论文详细地说明了非合作博弈理论以及其与合作博弈论的区别。因此,其对于现代博弈论学科体系的建立有着重要贡献。Nash 首创性地在非合作博弈论中结合了一种不曾出现的博弈论理论,他认为在具有确定纯策略的零和以及非零和中的任意两者最少存在一个均衡对。1952 年,Nash 用严谨的数学公式和精炼的语言准确地定义了 Nash 均衡,也可以称之为非合作博弈解。Nash 的理论说明,每个博弈者都有两个基本元素,分别为策略组合以及目标函数,在博弈进行中,每个博弈者所选择的策略都是对其余博弈者的策略组合的最佳对策,在如今的博弈论研究中主要涉及非合作博弈。在满足给定规则条件的情况下,参与到博弈过程中的每个个体都希望使自身的效益最大化,并且使最终的博弈局面达到效益均衡。1960 年,Reinhard Selten 在动态博弈分析中引入了 Nash 均衡的概念,从而提出著名的“子博弈精炼均衡”和“颤抖手完美 Nash 均衡”,这对于缺乏完整信息的动态博弈问题的解决存在重要的积极意义。除此之外,他还创新性地将博弈论引入经济分析的研究之中。John Harsanyi 通过在研究博弈论中使用不完全信息的概念,提出“贝叶斯 Nash 均衡”,随后他不断完善贝叶斯决策理论,并将此理论投入实际应用之中。借助该理论,他还基本解决了不完全信息博弈问题,并且在不完全信息的角度上对 Nash 均衡做出了全新的解释。正是这些重大贡献,促进博弈论的发展以及完善,并且使其在关键步骤上取得了突破性进展。正是因为 Nash、Reinhard Selten 和 John Harsanyi 在博弈论及在经济应用领域所做出的杰出贡献,使其共同获得了 1994 年的诺贝尔经济学奖。

20 世纪 80 年代,Kreps 和 Wilson 共同发表了关于动态不完全信息博弈的重要论文,在不完全信息博弈的结局路线中引入了子博弈完美性的特点,由此发表了关于“序列均衡”理论的论文。此后,诺罗伯特和托马斯这两位学者的工作逐渐完善了非合作博弈理论。罗伯特和托马斯所提出的交互决策理论,将博弈论由经济领域拓展到社会领域,同时也对合作或冲突这一经典问题的解决提供了思路。罗伯特将经济主体的理性视为分析的逻辑起点，并且其将博弈论看作交互式条件下的"最优理性决策"，即每个参与者都希望在满足其偏好的情况下获取最大的利益。如果仅有一个参与者，往往会形成划分清楚的最优化问题。而在具有多个参与者的博弈论中，某一个参与者对结果的满意等级并不代表这是他独有的可能决策等级，最终结果也受到其他参与者决策的影响。由于 Nash 均衡在众多的博弈类型中广泛存在，因此，非合作博弈理论的应用场景十分广泛，该理论已经成为经济学的基础理论之一，对经济学、政治学、生物学、物理学、计算机科学等学科的研究具有举足轻重的意义。

10.4　协同演化算法设计

协同演化算法的优势体现在演化过程中的不同种群之间的交互性。1990 年，Hillis 提出基于竞争协同演化算法的排序网络，此后国际上越来越多的学者开始了对协同演化算法的研究。国内学者在协同演化算法方面也开展了一系列研究，并取得了较好的应用效果。

10.4.1　机制设计

协同演化算法的突出特征是多个种群同时演化，种群在演化的过程中具有较高的种群多样性，能够对求解空间进行更广泛、更高效的搜索，通过一个统一全局适应度衡量各个种群，它们就倾向于收敛到合作更好的策略中。协同演化算法受生态学中种群关系的启发，应用种群间自动调节和自动适应原理构造协同演化算法。根据生态学对种群之间关系的划分，一般有 4 种关系：捕食者与被捕食者、寄生物与寄主、竞争和互惠共生。这 4 种种群关系又可以概括为两种基本协同演化模型，即竞争协同模型和合作协同模型。

采用生态模型和协同演化结构可以有效地对传统的演化算法进行改进。协同演化分为竞争协同演化和合作协同演化，前者通过演化使得个体更有竞争力，后者通过合作演化寻找最佳个体。在竞争协同中，两个种群通过竞争，交互地提高了系统的性能和复杂程度。因为在竞争协同中，个体适应度的提升是在同其他物种的个体直接竞争中获得的，演化过程的压力促使种群中产生新的有利竞争策略，从而确保种群的生存机会。在共生协同演化中，不同种群的个体合作共生，相互依赖。在合作协同演化中，个体的适应度依赖于一个物种与其他物种间的合作关系。合作协同演化模型最适合用于能自然分解成相互作用或相互合作的问题，每一个子模块用单独的种群演化，问题的解由来自不同种群的个体组成，通过问题分解，搜索空间变小，更容易维持多样性。竞争协同演化适合求解比较容易获得测试例子的问题，通过问题的解和测试例子一起演化，相互促进，提高各自的性能和复杂性。竞争协同演化可以相互促使参与竞争的种群不断提高适应度，达到种群优化的目的。在竞争协同演化中，个体的适应度依赖于一个物种与其他物种间的竞争关系，竞争使得每个种群独立演化。

10.4.2　问题表示

算法中的种群结构是演化算法的基础，种群中的个体一般有两种编码方式：二进制编

码或实数编码。种群中个体的数量越大,对应种群的搜索能力越强。但大的种群规模带来更大的计算压力。为了提高协同演化算法的能力,CEA 一般采用多种群表示方法维持遗传多样性。KIM 等提出一种基于联赛竞争的协同演化算法,该算法采用了基于邻近演化、联赛竞争和局部杰出者的组合策略。为验证该算法的性能,对两种不同特性的问题(排序网络和因徒博弈问题)进行实验测试,实验结果验证了主种群和寄生种群在平衡演化中的演化效果,算法得到了高质量的解和较少的计算时间。

10.4.3　遗传操作

遗传操作是种群演化过程中重要的操作算子。协同演化算法具有多种群的模型结构,因此具有更多的遗传计算算子。Potter 采用多个 GA 算法并行计算,每个种群针对某一特定问题进行求解,最后通过对多个解进行组合形成最终的协同演化算法全局解。

董红斌等在文献[19-20]中将博弈论概念与协同演化算法结合,提出了基于博弈论的混合变异策略协同演化规划。随着对协同演化算法的研究,虽然有大量的变异算子提出,但是算子的通用性较差,往往只对某一种问题效果明显,因此,为了克服这个缺点,受演化博弈论的启发,文献[19]中提出一种组合 Gaussian、Cauchy、Levy 和单点等多种不同变异算子的演化规划,在不同的搜索阶段总有不同的策略成为优势策略。实验结果显示,混合变异算子要优于单一变异策略。

Ficici 在协同演化算法中,利用演化博弈论研究选择方法的动态和均衡。用于 EGT 的经典选择方法等价于演化算法中的标准适应种群选择方法,EGT 动态的主要吸引子是 Nash 均衡,他们研究了简单对称变和博弈中的多重 Nash 均衡。采用博弈论和动态系统的观点研究几种常用选择方法的特性,这些选择方法是比例选择、截断选择(truncation)、(μ,λ)、$(\mu+\lambda)$、线性排序、Boltzmann 选择和锦标赛选择。对应于比例选择的动态行为,比较了截断选择、线性排序选择、Boltzmann 选择和锦标赛选择等的行为。除了 Boltzmann 选择外,测试的每种选择方法都没有达到多重 Nash 均衡,当选择压力较低时,Boltzmann 选择收敛到多重 Nash 均衡。协同演化算法常用于搜索博弈策略的解(Nash 均衡)。研究结果显示,在简单对称变和博弈中,许多选择方法不适合发现多重 Nash 均衡解。

10.5　算法应用实例

如今,在很多现实领域中,协同演化算法已经被普遍运用,譬如在神经网络、模式识别、生产调度、工业设计、电力系统、生命科学等场景中,协同演化算法都起到了重要的作用。随着协同演化算法所研究的内容逐步变得更加深入,适用的应用场合也在不断地增加。针对不等面积设备布局问题,García-Hernández 等采用一种交互式遗传算法进行求解;针对可靠性冗余优化问题,Wang 等利用一种差分进化与和声搜索的混合算法进行协同优化,两个种群通过不同的算法分别处理问题的连续变量和离散变量。

聚类是一种比有监督学习更加困难的分类算法,它是一种只根据样本之间的内在相似性将样本分类为同一组或者聚集在一起的方法,而不需要预先知道对应的标签或其他相关的先验知识。聚类方法被认为是无监督学习算法的一种。其中,聚类生成的集群是一组数据对象,且同一簇内的对象彼此相似,但与其他簇内的对象有差别。

聚类分析的作用是最大化类中对象的相似性,并使类间对象的相似性最小化。并且,聚类算法的应用十分广泛。其中,聚类分析手段是数据挖掘的一个重要方式,同时也是图像处理、数据挖掘、模式识别等领域的经典问题之一。聚类分析的传统方法是一种硬划分方法,它严格地将要识别的每个对象划分为特定的类。但事实上,大多数对象并没有那些严格的属性,所以有必要将其分到软划分部分里。其中,模糊集理论作为一种有效的方式被广泛应用到软划分中。目前,基于目标函数的聚类方法得到了最广泛的应用,为了避免聚类算法在分析时陷入局部陷阱,进化算法由于其更好的全局搜索能力和独立于目标函数的特性,被逐渐广泛运用到聚类分析问题中。

本节旨在介绍协同演化算法在聚类问题中的一个典型的应用实例。首先介绍聚类及其相关的基础知识,之后以实例具体地说明协同演化算法实现聚类的过程。使用协同演化的聚类算法选择一种改善的掩码方法,可以实时地决定聚类中心的数量,并把整个种群分成两个子种群,其中一个种群选择遗传算法,另一个种群选择差分算法进行演化。接下来的小节将对聚类与演化聚类的基础理论知识进行简单介绍。

10.5.1 相关理论基础

聚类的定义就是把不同的对象分组到多个类或簇(Cluster)中。具体来说,首先,按照顺序把具有较高相似性的数据对象划分到同一个簇中;其次,把相似度误差较大的数据对象划分到不同的簇中。在 Rokach 的观点中,将聚类定义为一种把已被分割为多个子集的数据模式按照近似的模式聚集在一起的方法。而在表达形式上,聚类可以用集合 S 的子集 S_1, $S_2,\cdots,S_K$ 的形式表示,如式(10-1)所示。式(10-1)说明了集合 S 中的任意一个对象只能属于某个子集,而不能被其他子集共同包含。

$$S_1 \cap S_2 \cap S_3 \cap \cdots \cap S_K = \Phi \tag{10-1}$$

更具体地说,可以将聚类问题看成寻找具有最小簇内距离和具有最大簇间距离的数据对象分组方法,而进化算法也可以用作聚类问题搜寻方式的其中一种。

用演化算法求解聚类问题的步骤如下。

(1)选择一个解的随机种群,这里的每个解对应数据的有效 k 分区。

(2)将适应度值与每个解相关联,最典型的方法是将适应度与平方误差值设置成反比。其中,误差越大,适应度越小,反之亦然。

(3)选择一个具有较小平方误差的解,使它具有更大的适应度值。

(4)使用进化算子,进行选择、交叉和突变操作来产生下一个解的种群。

(5)评估这些解的适应度值。

(6)重复以上步骤,直到算法满足某终止条件为止。

在常见的演化方法中(例如粒子群算法、进化规划、蚁群算法、遗传算法等),聚类问题中最常使用的方法是遗传算法。在遗传算法中,选择算子是基于其适应函数值选择的,它可以将解从本次迭代遗传到下一代。而使用概率方案进行选择时,具有更高适应度值的解会拥有更高的选择概率。但遗传算法依然存在一些问题,其中最主要的问题是它对各种参数选择的敏感性,如种群大小、交叉和变异概率等。Grefenstette 针对这个问题进行了研究,并提

出选择这些控制参数的指导方法。使用遗传算法进行聚类的一般步骤如下。

输入：S（实例集）、K（簇数）、N（种群大小）。

输出：簇。

（1）随机创建 n 个结构的种群，每个种群都对应数据集的有效个 k 簇。

（2）重复以下步骤：

a. 将属于种群的所有结构都关联一个适应度值；

b. 重新生成新一代的结构。

（3）直到满足算法的终止条件为止。

协同进化算法是一种相互自适应的搜索方法，它针对进化算法过早收敛和收敛速度慢的缺点，构建两个或更多的种群。在进化过程中，每个种群中的个体通过与其他种群中的个体的竞争与合作相互协作，以提高自己的搜索能力，从而达到全局优化的目标。在协同进化算法中，个体交互的结果是得到一个奖励结构，使用该结构引导进化过程寻找更合适的个体。因此，通常采用协同演化算法通过域间的决策交互搜索最优个体。而协同进化算法中的自适应过程是自我参照的：当个体探索其他个体所提供的奖励机会时，这个个体会为其他个体的探索创造更新的机会。因此，共同进化就可以为进化学习过程不断产生新的可能性提供一种动态的生态机制。更进一步地说，协同进化是一种可能导致个体之间产生竞争的算法，这样就可以使种群朝着整体具有更高个体复杂性的方向进行进化。

10.5.2 算法实现

本算法使用协同演化的思想，将遗传算法与差分进化算法融合在一起，用于解决模糊聚类的求解问题，是一种基于遗传算法和差分进化算法的双种群协同演化模糊聚类算法。该算法采用改进后的动态掩码方法确定聚类中心的个数，并基于双种群协同进化的思想，把种群划分成两个子种群，即遗传算法子种群和差分进化算法子种群。在进化过程中，每间隔一个特定的代数，就分别迁移种群中的优秀个体到彼此的种群中，使两个子种群的合作、全局探索能力和局部搜索能力都能够得到平衡，并增加种群的多样性，加快收敛速度，因此可以更有效地找到全局最优解。为了在新个体对应解的附近寻找到更好的解，对进化出的新个体采用 FCM 运算，从而进一步加快算法的收敛速度。

本算法的优点在于，所使用的改进掩码方法可以动态地确定聚类中心数，因此可以克服 FCM 方法需要事先知道聚类中心数的缺点。图 10.1 显示了 GADEFCM 算法的基本流程。

GADEFCM 采用实数向量编码的方式划分聚类中心，并基于使用掩码的方式确定可能的聚类中心。算法的基本流程为：首先在测试数据集中随机选择 N 组对象，每组包含 C_{max} 个点，用来表示预定义聚类中心的最大数目，一般小于或等于 N。每组对象被编码成一个具有 $C_{max} \times d$ 位长度的种群个体，并随机选取 N 组对象构成初始种群。其中，d 是数据的维度，N 是种群的大小。另外，每个个体都有一个长度为 C_{max} 的二进制表示的掩码，如果掩码的当前位置为 1，则表示对应位置的聚类中心是有效的；如果掩码位置的取值为 0，则表示相应位置的聚类中心无效。文献[38]中提到，除最优个体外的所有个体的掩码在每一代都会被重新随机初始化，这样容易破坏优秀个体，并降低收敛速度。因此，在此基础上，本算法提

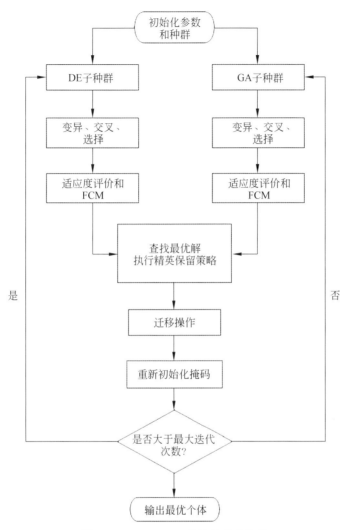

图 10.1 GADEFCM 算法的基本流程

出一种基于个体适应度动态地确定掩模重新初始化概率的改进方法。每代个体掩模的重新初始化概率为

$$\mathrm{Inip}_i = \begin{cases} \dfrac{f_{\max} - f_i}{f_{\max} - f_{\min}}, & f_i > \bar{f} \\ 1, & f_i \leqslant \bar{f} \end{cases} \tag{10-2}$$

其中，Inip_i 为第 i 个个体的重新初始化概率，f_i 为第 i 个个体的适应度，$\bar{f}$ 为种群中所有个体的平均适应度，$f_{\max}$ 和 $f_{\min}$ 分别为当前种群的最大适应度和最小适应度。在第一代聚类中，首先随机初始化群体中每个个体所对应的掩模。其次，在聚类过程的下一代中，根据个体适应度（即下一代是否重新初始化掩码）动态地确定掩码重新初始化的概率。在下一代遗传算法和差分进化算法的进化过程中，根据重新初始化的掩码，即聚类中心提取下一代的个体。当个体的适应度小于群体的平均适应度时，将重新初始化的概率设置为 1。否则，个体

的适应度越大,重新初始化的概率越小,这样就可以避免种群中的优秀个体被破坏,从而加快收敛速度。

为了改变聚类结构的聚类中心的数量,有时需要在集群中添加或删除集群。EPFCM 优化方法优于 EP 算法,在基于 EP 的 EPFCM 迭代过程中加入 FCM 算法的迭代步骤是本算法的关键步骤,否则算法可能需要大量的时间来收敛。该算法通过改变聚类中心的数量,保持聚类中心数量的多样性,从而达到最优的聚类中心数量。

GADEFCM 算法的具体步骤如下。

(1) 随机初始化种群及种群中每个个体对应的掩码,并将父种群等分为 GA 子种群和 DE 子种群,每个子种群有 $N/2$ 个个体。

(2) 设置迭代计数器 Gen=0。

(3) GA 子种群进行选择、交叉和变异操作生成新个体,根据个体的掩码提取聚类中心,使用 PC、PE、XB、PBMF 4 种模糊聚类有效性指标作为评价指标计算个体的适应度。如果新个体的适应度优于父代个体的适应度,那么执行一步标准 FCM 操作,最后将子代种群中适应度最高的 $N \times \text{Insert}_P$ 个个体重插入父代种群中替换适应度最差的 $N \times \text{Insert}_P$ 个个体(这样可以使好的个体得到保留),最终形成下一代 GA 子种群。

(4) DE 子种群进行变异和交叉操作生成新个体,根据个体的掩码提取聚类中心,使用聚类有效性指标作为评价指标计算个体的适应度。如果新个体的适应度优于父代个体的适应度,那么执行一步标准 FCM 操作,然后将新个体替换父代个体进入下一代种群中,最终形成下一代 DE 子种群。

(5) 计算当前代的局部最优解 L_{Best},如果 L_{Best} 优于全局最优解 G_{Best},就用其替换当前全局最优解。

(6) 如果 $\text{Mod}(\text{Gen}, \text{MigGen})=0$,则从 GA 子种群中迁移 $(N/2) \times \text{Mig}_P$ 个适应度最高的个体到 DE 子种群中,替换其适应度最差的相应个体,这样可提高 DE 子种群的整体适应度水平,加快收敛速度。从 DE 子种群中迁移 $(N/2) \times \text{Mig}_P$ 个适应度最高的个体到 GA 子种群中,替换 GA 子种群中与每个个体最相似的个体,个体之间的相似性采用欧几里得距离度量,这样可避免适应度较大的个别个体过度控制搜索过程,保持种群的多样性。通过间隔迁移操作使全局搜索能力和局部搜索能力得到均衡。

(7) 针对两个子种群,按式(10-2)计算每个个体掩码的重新初始化概率,并根据此概率重新初始化个体的掩码。

(8) 更新迭代计数器 Gen=Gen+1;如果满足精度要求或 Gen=MaxGen,则算法终止,根据全局最优解 G_{Best} 的掩码提取聚类中心,其对应的适应度值为最优的适应度值,否则转至步骤(3)。

10.5.3　实验结果与分析

为验证 GADEFCM 算法的有效性,本节利用文献[39-40]中的 6 个经典数据集对 GADEFCM 算法的性能进行测试,并使用 PBMF、XB、PC 和 PE 4 种模糊聚类有效性指标与 FCM、GGAFCM、FVGA、FCBADE 和 AMSECA 等算法进行对比实验。AMSECA 是一种以适应性模糊权和有效性函数作为适应度函数,并基于混合策略进行进化规划的协同演化聚类算法。FVGA 是一种变长编码遗传算法,并且不需要事先给定聚类数即可完成聚类,但是在算法的演化过程中,迭代次数较多,效果不稳定。实验数据集包括 3 个人工数据集和 3 个真实数据集。3 个人工数据集分别为 Data_5_2、Data_6_2 和 Data_4_3,它们的名字隐含了数据集的分类结构、数据聚类数和维数。例如,数据集 Data_5_2 为圆形分布,有 5 个类和 2 个维数。3 个真实数据集分别为 Iris、Crude_Oil 和 Cancer。Iris 数据集是植物学家收集的 3 种虹膜(鸢尾属植物),每类 50 个数据,共包含 150 个样本的数据,包括萼片长度、宽度、花瓣长度和宽度 4 个特性值。Crude_Oil 数据集有 56 个数据点,5 个特性,分为 3 类。Cancer 数据集采用威斯康星州乳腺癌数据集,此数据集由 683 个数据组成,每个数据有 9 个特性,并分为两类数据,即恶性和良性类。由于 FCM、GGAFCM、FCBADE 和 AMSECA 算法需要事先给定聚类数,因此,实验过程中需要改变聚类数来获得对比结果。

表 10.1～表 10.4 分别列出 6 种算法采用不同模糊聚类指标在 6 个数据集测试实验中运行的均值和偏差对比数据。表 10.1 是 PBMF 有效性指标的最大值,表 10.2 是 XB 有效性指标的最小值,表 10.3 是 PE 有效性指标的最小值,表 10.4 是 PC 有效性指标的最大值。实验中,GADEFCM 种群规模 N 设置为 50,最大演化代数 MaxGen 设置为 50,遗传算法选用了经典的自适应交叉变异率,并将重插入率 $Insert_P$ 设置为 0.8,差分进化算法的参数设置参考了文献[42],其中 F 为 0.5,CR 为 0.8,迁移间隔代数 MigGen 为 5,迁移率 Mig_P 为 0.2,模糊权重系数 m 为 1.5。每个算法在每个数据集上独立运行 50 次。GADEFCM 算法与其他算法的实验结果比较如下。

表 10.1   有效性函数指标 PBMF 对比结果

数据集	聚类数	GADEFCM	AMSECA	FCBADE	FVGA	FCM	GGAFCM
Data_4_3	4	31.1849 (2.9e−2)	31.3438552 (3.0e−5)	31.8871 (1.2953)	31.183 (1.1e−1)	30.996664 (1.7e−4)	31.233059 (4.7e−2)
Data_5_2	5	5.081925 (4.9e−2)	4.958513701 (2.8e−2)	4.982909 (0.0540)	4.818 (6.2e−2)	4.78888 (1.6e−5)	4.759217 (1.4e−1)
Data_6_2	6	25.355163 (4.3e−2)	25.33274266 (1.7e−4)	25.305777 (0.0309)	24.525 (8.5e−1)	25.265586 (1.0e−5)	25.204775 (2.1e−1)
Iris	3	5.61416 (2.5e−2)	5.44742033 (1.0e−2)	5.49237 (0.0504)	5.37 (5.8e−1)	5.312231 (1.1e−4)	5.299263 (1.2e−1)
Crude_Oil	3	20.4166 (0.55649)	23.3561899 (2.7e−2)	24.3829 (0.12199)	24.373 (7.4e−1)	23.146587 (2.4e−5)	22.571255 (9.5e−1)
Cancer	2	13.164732 (0.5824)	13.0159961 (1.2e−2)	13.721214 (1.0704)	13.155 (1.7e−2)	13.063545 (2.5e−5)	12.985227 (1.3e−1)

在表 10.1 中,6 种算法都使用 PBMF 做聚类有效性指标,由实验结果可以看出,除 Data_4_3 和 Cancer 数据集外,在其他数据集中用 GADEFCM 算法得到的最优均值要优于用其他算法获得的最优均值。而在 Data_4_3 和 Cancer 数据集中,FCBADE 的优化效果最好。在多数情况下,GADEFCM 得到的标准偏差均优于 FCBADE、FVGA 和 GGAFCM 获得的标准偏差值,劣于 FCM 和 AMSECA 获得的标准偏差值。

表 10.2　有效性函数指标 XB 对比结果

数据集	聚类数	GADEFCM	AMSECA	FCBADE	FVGA	FCM	GGAFCM
Data_4_3	4	0.051184 (2.1e−5)	0.051714373 (2.0e−5)	0.051701 (3.2e−5)	0.051695 (2.6e−5)	0.051736 (3.7e−9)	0.053027 (1.4e−3)
Data_5_2	5	0.112934 (6.2e−4)	0.125450016 (3.1e−3)	0.113510 (7.3e−4)	0.114022 (2.1e−4)	0.11544 (1.9e−6)	0.123629 (5.8e−3)
Data_6_2	6	0.042911 (1.7e−5)	0.054578265 (2.6e−5)	0.042953 (3.0e−5)	0.042968 (2.3e−5)	0.042995 (4.6e−7)	0.04347 (5.9e−3)
Iris	3	0.061519 (4.2e−4)	0.12974415 (1.5e−4)	0.06193 (1.21e−4)	0.06201 (7.3e−7)	0.06202 (4.6e−7)	0.064676 (2.6e−3)
Crude_Oil	3	0.102287 (7.9e−4)	0.09465643 (3.5e−3)	0.103421 (5.2e−3)	0.106732 (1.5e−4)	0.107595 (7.5e−9)	0.109401 (2.5e−3)
Cancer	2	0.128976 (4.8e−5)	0.134575847 (4.7e−4)	0.120852 (0.0164)	0.134782 (3.1e−6)	0.134867 (3.0e−7)	0.140333 (4.5e−3)

在表 10.2 中，6 种算法使用 XB 作为聚类有效性指标，由实验结果可以看出，除了 Cancer 数据集外，在其他数据集中用 GADEFCM 得到的最优均值要优于用其他算法获得的最优均值。而在 Cancer 数据集中，FCBADE 的优化效果最好，在 Crude_Oil 数据集中，AMSECA 的优化效果最好。在多数情况下，GADEFCM 得到的标准偏差均优于或等于 FCBADE、FVGA、AMSECA 和 GGAFCM 获得的标准偏差值，劣于 FCM 获得的标准偏差值。

表 10.3　有效性函数指标 PE 对比结果

数据集	聚类数	GADEFCM	AMSECA	FCBADE	FVGA	FCM	GGAFCM
Data_4_3	4	0.037466 (2.2e−5)	0.032822866 (3.6e−5)	0.037467 (2.6e−5)	0.037346 (3.5e−5)	0.0374914 (3.0e−7)	0.069781 (1.7e−2)
Data_5_2	5	0.237651 (6.7e−5)	0.226826203 (4.6e−5)	0.238020 (1.2e−4)	0.238201 (3.2e−4)	0.238664 (3.2e−6)	0.317424 (2.4e−2)
Data_6_2	6	0.028831 (4.9e−5)	0.024533162 (9.6e−5)	0.028868 (6.4e−6)	0.028873 (5.7e−5)	0.028878 (1.1e−7)	0.126385 (8.3e−2)
Iris	3	0.052517 (1.9e−3)	0.02523054 (6.3e−5)	0.054718 (0.0016)	0.058982 (1.2e−4)	0.059193 (1.0e−5)	0.079805 (1.7e−2)
Crude_Oil	3	0.11915 (2.3e−4)	0.1273192 (1.0e−5)	0.11875 (2.4e−3)	0.117882 (4.2e−5)	0.11791 (1.5e−8)	0.131931 (4.6e−3)
Cancer	2	0.115314 (1.1e−4)	0.112726789 (4.3e−5)	0.115879 (2.4e−4)	0.116053 (1.0e−4)	0.116156 (4.9e−7)	0.146065 (1.1e−2)

在表 10.3 中，6 种算法使用 PE 作为聚类有效性指标，由实验结果可以看出，除了 Crude_Oil 数据集外，在其他数据集中，使用 GADEFCM 得到的最优均值不如使用 AMSECA 得到

的最优均值,但要优于用其他算法获得的最优均值。而在 Crude_Oil 数据集中,FVGA 的优化效果最好。在多数情况下,GADEFCM 得到的标准偏差均优于或等于 FCBADE、FVGA、AMSECA 和 GGAFCM 获得的标准偏差值,劣于 FCM 获得的标准偏差值。

表 10.4 有效性函数指标 PC 对比结果

数据集	聚类数	GADEFCM	AMSECA	FCBADE	FVGA	FCM	GGAFCM
Date_4_3	4	0.987581 (2.6e−5)	0.989202928 (2.2e−5)	0.987477 (6.7e−6)	0.987344 (1.5e−4)	0.987464 (5.4e−8)	0.971217 (5.6e−3)
Data_5_2	5	0.887126 (1.0e−4)	0.891515052 (2.0e−3)	0.886764 (1.1e−4)	0.886725 (2.1e−4)	0.886113 (2.8e−6)	0.844167 (1.9e−2)
Data_6_2	6	0.989662 (1.1e−4)	0.991220065 (3.9e−5)	0.989611 (4.3e−5)	0.989577 (2.3e−5)	0.989584 (3.8e−7)	0.965806 (1.4e−2)
Iris	3	0.972053 (1.3e−3)	0.98725952 (3.8e−3)	0.970869 (0.0013)	0.967817 (8.2e−5)	0.967704 (5.8e−6)	0.951708 (2.1e−2)
Crude_Oil	3	0.93318 (8.0e−4)	0.93404925 (1.5e−5)	0.93303 (2.8e−3)	0.932562 (3.2e−6)	0.932561 (5.9e−8)	0.925782 (5.5e−3)
Cancer	2	0.934231 (4.4e−4)	0.935516902 (3.0e−4)	0.933794 (2.5e−4)	0.933478 (3.6e−5)	0.933451 (6.7e−7)	0.912928 (8.8e−3)

在表 10.4 中,6 种算法使用 PC 作为聚类有效性指标,由实验结果可看出,在所有数据集中,使用 GADEFCM 得到的最优均值不如 AMSECA,但要优于使用其他算法获得的最优均值。在多数情况下,GADEFCM 得到的标准偏差均优于或等于 FCBADE、AMSECA 和 GGAFCM 获得的标准偏差值,劣于 FCM 和 FVGA 获得的标准偏差值。

另外,本算法在同一台设备上使用了 PBMF 指标测试 GADEFCM、FVGA、FCBADE 和 FCM 4 种算法的运行时间。GADEFCM、FVGA 和 FCBADE 的种群规模统一取为 20,运行代数为 20。FCM 的终止条件为最小改进小于 0.00001。为了测试方便,针对 GADEFCM 和 FVGA,对于所有数据集,设置最大聚类中心数 C_{max} 为 10。由于 FCBADE 和 FCM 是先验聚类中心的算法,因此将这两个算法分两种情况计算运行时间。

预先定义好正确的聚类中心数目情况下的程序运行时间,数据分别记录在 FCBADE_1 和 FCM_1 两列。

从聚类中心数为 2 执行到聚类中心数为 10,用总的运行时间和其他两个动态决定聚类中心的算法对比,数据分别记录在 FCBADE_2 和 FCM_2 两列中。

从表 10.5 的运行时间数据可以看出,GADEFCM、FVGA 和 FCBADE 的单次运行时间都大于 FCM,因为前几种算法是使用基于种群的方式并行运行的,而 FCM 相当于只有一个个体运行。大多数情况下,在 GADEFCM、FVGA 和 FCBADE 中,FVGA 的单次运行时间最大,因为 FVGA 中的所有个体都要进行遗传操作和 FCM 操作。而 FCBADE 的单次运行时间居中,因为它的每个父代个体都新生成两个子代个体,相当于有双倍于其他算法的个体在进行演化。三者之中 GADEFCM 的单次运行时间最小。FCM 多次运行的时间也相对少,FCBADE 多次运行的时间较多。

表10.5　4种算法在聚类中心数目未知的前提下运行时间对比

数据集	聚类数	GADEFCM		FVGA		FCBADE_1	
		均值	偏差	均值	偏差	均值	偏差
Spherical_4_3	4	1.285	0.072	2.264	0.052	2.168	0.237
Circular_5_2	5	0.960	0.055	1.789	0.151	1.936	0.211
Circular _6_2	6	1.162	0.087	2.656	0.136	2.116	0.177
Iris	3	0.620	0.037	0.943	0.034	0.879	0.089
Crude_Oil	3	0.414	0.012	0.689	0.053	0.627	0.059
Cancer	2	2.098	0.144	2.703	0.147	2.716	0.163
Spherical_4_3	4	0.026	0.012	24.074	0.668	1.431	0.135
Circular_5_2	5	0.030	0.003	18.126	0.559	0.846	0.096
Circular _6_2	6	0.046	0.044	17.984	0.555	0.588	0.094
Iris	3	0.015	0.001	10.933	0.309	0.429	0.043
Crude_Oil	3	0.010	0.007	7.038	0.159	0.245	0.022
Cancer	2	0.031	0.001	42.780	2.680	3.412	0.159

10.6　本章小结

　　本章首先讲述了协同演化算法的原理以及涉及的相关理论基础,其次从机制设计、问题表示和遗传操作3个方面对协同演化算法的设计进行了介绍,最后以聚类问题为例,讲解了协同演化算法的优化过程。协同演化算法在使用一般演化算法解决性能较差的问题上具有很大的潜力。协同演化算法对复杂问题的求解更有优势,对于复杂问题的求解,可以通过分解搜索空间或分解问题的方式简化。协同演化算法可以表现为不同算法相结合的协同和种群间的协同,使得算法间和种群间能够充分发挥各自的优势。

　　协同演化算法最初是模拟生物界不同物种间的协同进化现象而提出的,但随着研究的拓展,目前已有的协同演化算法远远超出生物协同进化的范畴,含义变得非常宽泛,涉及组织协同、病毒协同、博弈协同、免疫协同、文化协同等方面,能够借鉴多种不同的协同机理,遗传、变异等传统的进化操作也被改进或被新的操作所取代。我们应该拓展新的协同演化算法的构建机理,与其他学科进行创造性交叉,取长补短,才能真正有利于协同演化算法的发展。

10.7　章节习题

1. 简述"协同演化"一词的来源。
2. 协同演化算法和普通的演化算法的主要区别与优势分别是什么?

3. 协同演化算法模型的种类有哪些?

4. 简述协同演化算法模型的基本架构,以 PSO 和 GA 协同为例。

参 考 文 献

[1] 梅领. 基于协同进化的多目标优化算法研究及应用[D]. 南京邮电大学,2017.

[2] MA X,LI X,ZHANG Q,et al. A survey on cooperative co-evolutionary algorithms[J]. IEEE Transactions on Evolutionary Computation,2018,23(3):421-441.

[3] 董红斌,黄厚宽,印桂生,等. 协同演化算法研究进展[J]. 计算机研究与发展,2008,4(3):454-463.

[4] JAN P. Coevolutionary computation[J]. Artificial Life,1995,2(4):355-375.

[5] 巩敦卫,孙晓燕. 协同进化遗传算法理论及应用[M]. 北京:科学出版社,2009.

[6] PANAIT L. Theoretical convergence guarantees for cooperative coevolutionary algorithms[J]. Evolutionary Computation,2014,18(4):581-615.

[7] 黄涛. 博弈论教程:理论·应用[M]. 北京:首都经济贸易大学出版社,2004.

[8] KIM Y K,KIM J Y,KIM Y. A Tournament-based competitive coevolutionary algorithm[J]. Applied Intelligence,2004,20(3):267-281.

[9] 侯薇. 基于博弈论的协同演化算法研究[D]. 哈尔滨工程大学,2013.

[10] WOLPERT D H,MACREADY W G. No free lunch theorems for optimization[J]. IEEE Transactions on Evolutionary Computation,1997,1(1):67-82.

[11] 李敏强,寇纪淞,林丹,等. 遗传算法的基本理论与应用[M]. 北京:科学出版社,2002.

[12] 黄涛. 博弈论教程:理论应用[M]. 北京:首都经济贸易大学出版社,2005.

[13] 肖条军. 博弈论及其应用[M]. 上海:上海三联书店,2004.

[14] 施锡铨. 博弈论[M]. 上海:上海财经大学出版社,1999.

[15] SIM K B,LEE D W,KIM J Y. Game theory based coevolutionary algorithm:a new computational coevolutionary approach[J]. International Journal of Control Automation & System,2004,2(4):463-474.

[16] FICICI S G,POLLACK J B. A game-theoretic approach to the simple coevolutionary algorithm[C]// International Conference on Parallel Problem Solving from Nature. Springer-Verlag,2000.

[17] WIEGAND R P,LILES W C,JONG K. Analyzing cooperative coevolution with evolutionary game theory[C]//Proceedings of the 2002 Congress on Evolutionary Computation. IEEE,2002.

[18] POTTER M A. The design and analysis of a computational model of cooperative coevolution[D]. Fairfax,Virginia:Department of Computer Science,George Mason University,1997.

[19] DONG H,HE J,HUANG H,et al. Evolutionary programming using a mixed mutation strategy[J]. Information Sciences,2007,177(1):312-327.

[20] DONG H,HUANG H,HE J,et al. An evolutionary programming to solve constrained optimization problems[J]. Journal of Computer Research and Development,2006,43(5):841-850.

[21] FICICI S G,MELNIK O,POLLACK J B. A game-theoretic and dynamical-systems analysis of selection methods in coevolution[J]. IEEE Trans on Evolutionary Computation,2005,9(6):580-602.

[22] TIAN J,LI M,CHEN F. Dual-population based coevolutionary algorithm for designing RBFNN with feature selection[J]. Expert Systems with Applications,2010,37(10):6904-6918.

[23] CHANDRA R,ZHANG M J. Cooperative coevolution of elman recurrent neural networks for chaotic

time series prediction[J]. Neurocomputing, 2012,86(1): 116-123.

[24] THIDA M, ENG H L, MONEKOSSO D N, et al. A particle swarm optimisation algorithm with interactive swarms for tracking multiple targets[J]. Applied Soft Computing, 2013, 13 (6): 3106-3117.

[25] CHAARAOUI A A, FLOREZ-REVUELTA F. Optimizing human action recognition based on a cooperative coevolution algorithm[J]. Engineering Applications of Artificial Intelligence, 2014, 31(1): 116-125.

[26] 于晓义,孙树栋,褚崴.基于并行协同进化遗传算法的多协作车间计划调度[J].计算机集成制造系统,2008,14(5):991-1000.

[27] GU J, GU M, CAO C, et al. A novel competitive coevolutionary quantum genetic algorithm for stochastic job shop scheduling problem[J]. Computers & Operations Research, 2010, 37 (5): 927-937.

[28] KIM H S, CHO S B. Application of interactive genetic algorithm to fashion design[J]. Engineering Applications of Artificial Intelligence, 2000, 13(6): 635-644.

[29] DING Y S, HU Z H, ZHANG W B. Multi-criteria decision making approach based on immune co-evolutionary algorithm with application to garment matching problem[J]. Expert Systems with Applications, 2011, 38(8): 10377-10383.

[30] XIONG G, SHI D, DUAN X. Multi-strategy ensemble biogeography-based optimization for economic dispatch problems[J]. Applied Energy, 2013, 111(1): 801-811.

[31] 杨彦,陈皓勇,张尧,等.基于协同进化算法求解寡头电力市场均衡[J].电力系统自动化,2009,33(18):42-46.

[32] YANG J M, KAO C Y. A family competition evolutionary algorithm for automated docking of flexible ligands to proteins[J]. IEEE Trans on Information Technology in Biomedicine, 2000, 4(3): 225-237.

[33] GARCÍA-HERNÁNDEZ L, PIERREVAL H, SALAS-MORERA L, et al. Handling qualitative aspects in unequal area facility layout problem: an interactive genetic algorithm[J]. Applied Soft Computing, 2013, 13(4): 1718-1727.

[34] WANG L, LI L P. A coevolutionary differential evolution with harmony search for reliability-redundancy optimization[J]. Expert Systems with Applications, 2012, 39(5): 5271-5278.

[35] 董红斌,杨宝迪,刘佳媛,等.协同演化算法在聚类中的应用[J].模式识别与人工智能,2012,25(4):676-683.

[36] MAIMON O, ROKACH L, YING Y, et al. Data mining and knowledge discovery handbook[J]. Springer US, 2005.

[37] GREFENSTETTE J J. Optimization of control parameters for genetic algorithms[J]. Systems Man & Cybernetics IEEE Transactions on, 1986, 16(1): 122-128.

[38] MAULIK U, SAHA I. Automatic fuzzy clustering using modified differential evolution for image classification[J]. IEEE Transactions on Geoscience & Remote Sensing, 2010, 48(9): 3503-3510.

[39] BANDYOPADHYAY S, MAULIK U. An evolutionary technique based on K-means algorithm for optimal clustering in RN[J]. Information Sciences, 2012, 146(1-4): 221-237.

[40] 董红斌.基于混合策略的协同演化算法研究[D].北京交通大学,2006.

[41] PRETT D M, MORARI M. The Shell Process Control Workshop[M]. Butterworths, 1987.

第 11 章 多目标优化算法

11.1 算法基本介绍

11.1.1 多目标优化算法的基本原理

随着人们生活水平的提高,只优化单一目标已经无法解决现实生活中的很多问题,于是出现了需要同时对多个目标进行优化的情况,也就是多目标优化问题。这种问题在现实生活中非常普遍,例如,当购买手机时,手机的性能和价格往往是成正比的,但是两个目标是冲突的,不可能同时达到最优。购买者需要在性能和价格之间进行折中。为了客观公平地选出最佳的折中解,人们开始寻求科学的解决方法。由于各个目标之间是相互制约的关系,多目标优化求解起来相对复杂,其算法也在不断地优化发展中。

目前,求解多目标问题的方法主要有 3 种:线性加权函数法、字典排序法和多目标优化方法。线性加权函数法根据各个目标函数的重要性对所有目标进行线性加权,将多个目标函数整合为一个目标函数,从而便可使用单目标方法进行求解。然而,很多决策者往往难以对目标重要性进行量化,因此该方法只适用于求解目标权重可以确定的多目标问题。字典排序法的首要任务是确定目标的优先级,即重要的目标优先级较高,然后按照优先级从高到低的顺序逐步使用单目标方法进行求解。相比前两种方法,多目标优化方法不需要预知目标的权重或优先级。与生物进化过程相似,多目标优化问题解的搜索过程甚至在一次搜索中可以产生多个解,符合多目标优化问题解的要求,一批学者将生物进化理论引入多目标优化问题中,由此形成多目标演化算法(Muti-objective Evolutionary Algorithm,MOEA)。

自 20 世纪 80 年代开始,随着演化算法的兴起,其开始应用于多目标优化领域。与该领域一些传统的求解方法相比,多目标演化算法的优势在于:能够在执行一次算法后即获得一组最优解,避免了大多数传统方法需要运行多次而带来的巨大时间开销的弊端;并且,算法具有良好的普适性,对于不同问题的求解只需设计相应的适应值函数,其应用不受 Pareto 最优前沿形状的影响;MOEA 的研究目标是使用各种生成算子进行演化后得到的解可以均匀分布在 Pareto 前沿。算法运行一次会产生多个非支配解,目前 MOEA 已成为解决多目标优化问题的主流方法。

MOEA 由于其解的复杂性,求解难度较大,对其的研究主要在以下两方面:第一,要避免优化算法的早熟收敛,防止陷入局部最优,提高算法收敛的速度和精度;第二,要保证最终解集的广泛和均匀分布。

典型的求解多目标优化问题的方法包括以下几种。

（1）并列选择法：早在 20 世纪 80 年代，Schaffer 就提出向量评估多目标遗传算法[1]。将种群中的成员分组后作为研究对象，并在此基础上进行之后的操作，划分的依据为子目标函数的数量。分组之后每个子种群都有一个对应的目标函数，根据目标函数在每个子种群中独立进行选择操作。然后将所有成员重新组合为一个新的种群，并选择合适的算子进行之后的操作。像这样执行多次循环操作，直到找到符合条件的最优解。

（2）非劣分层选择法：Deb 等在 2002 年提出非劣分层选择法（NSGA-Ⅱ）[2]，该算法提出后得到广泛的推广、应用和扩展，对多目标优化问题的求解做出了非常大的贡献，其核心思想至今仍在使用。且 NSGA-Ⅱ 已成为该领域的经典算法，目前许多对更为复杂多目标优化的研究都是基于该框架进行的。NSGA-Ⅱ采用基于排序的方法，根据 Pareto 排序分层处理种群中的每个个体，根据支配关系确定种群成员的被选优先级，具有更高优先级的个体保留的概率更高。若某些个体具有相同的被选优先级，则认为位于分布更为分散区域的个体含有更多促进种群向非劣最优域收敛的信息。非劣分层选择法利用参考点集合指导算法的搜索方向，使用基于拥挤距离的多样性保持机制，能够快速求解低维的多目标优化问题，但在处理目标数目较多的优化问题时，过多的目标数使算法在当前选择压力下难于评估解的优劣，算法性能退化。

（3）基于目标加权法的演化算法：该方法通过权重求和的方法，将多个目标函数合并为单目标优化问题进行求解。具体来说，就是为每个目标分配一个权重，再将所有目标乘以权重后加和形成单目标问题。该方法在形成单目标函数时，采用的是一组固定的权重。因此，这种方法找到的 Pareto 最优解通常并不全面，为了更好地解决这个问题，文献[3]中算法在生成子代后就切换权重值，得到相对不错的效果。Hajela 和 Lin 提出"可变目标权重聚合法"[4]，此方法在适应度赋值时使用加权和法，对每个目标分配一个权重，且权重并不是一成不变的，为了能够同时查询到多种有效结果，对权重也应用演化的方式处理。

（4）其他演化算法：近年来，多目标问题的求解越来越被重视，许多借鉴生物学原理的算法都被加入进来实现进一步研究。典型的方法包括粒子群算法[5]、模拟退火法、遗传算法[6]和差分进化算法[7]等。

11.1.2　多目标优化的相关概念

多目标优化问题，顾名思义，即使得多个目标函数同时在给定的区域上寻找最优解的问题。对于有 m 个最小化目标的多目标优化问题，可以形式化地描述为[8]

$$\min F(\boldsymbol{x}) = (f_1(\boldsymbol{x}), f_2(\boldsymbol{x}), \cdots, f_m(\boldsymbol{x}))$$
$$\text{s.t.} g_i(\boldsymbol{x}) \leqslant 0 \quad i = 1, 2, \cdots, q,$$
$$h_j(\boldsymbol{x}) = 0 \quad j = 1, 2, \cdots, p_o \tag{11-1}$$

其中，$f_i(\boldsymbol{x})$ 是第 i 个目标函数，$g_i(\boldsymbol{x})$ 是第 i 个不等式约束，$h_j(\boldsymbol{x})$ 是第 j 个等式约束，$\boldsymbol{x} = (x_1, x_2, \cdots, x_n) \in X \in R^n$ 是 n 维决策变量。

与单目标问题仅需要优化一个目标不同，多目标优化问题期待寻找到的最优解能够同时满足多个目标的要求。但是，由于多个目标之间的相互制约和可能冲突，导致多个目标同时达到最优情况是不可能实现的，在优化一个目标的同时可能导致另外一个或几个目标函数变差。通常情况下无法找到同时使所有目标都最优的解，只能寻找一个折中解，即 Pareto

最优解集。下面说明多目标优化问题中涉及的重要定义。

定义 11.1：Pareto 占优　对于向量 $\boldsymbol{x}=(x_1,x_2,\cdots,x_k)$ 和向量 $\boldsymbol{y}=(y_1,y_2,\cdots,y_k)$，当且仅当 $\forall i\in\{1,2,\cdots,k\},x_i\leqslant y_i$，且 $\exists i\in\{1,2,\cdots,k\}$，有 $x_i<y_i$ 成立时，称向量 $\boldsymbol{x}$ 占优于向量 $\boldsymbol{y}$，记为 $\boldsymbol{x}\prec\boldsymbol{y}$。

定义 11.2：对于 $\tilde{x}\in X$ 和 $x\in X$，当且仅当不存在 $F(\boldsymbol{x})$ 优于 $F(\tilde{x})$ 时，称 $\tilde{x}$ 为 F 问题的 Pareto 最优解，相应的目标向量为非支配解。

定义 11.3：Pareto 最优解集　由 Pareto 最优解构成的集合 P^* 称为 Pareto 最优解集。对于多目标优化问题的求解，就是寻找 Pareto 最优解集中的解。

定义 11.4：Pareto 前沿　是指 Pareto 最优解集中的解所对应的目标函数值在目标空间中形成的曲面。解集里的解对应的目标函数值 $F(P^*)=\{F(\boldsymbol{x})\mid \boldsymbol{x}\in P^*\}$ 在目标空间中形成 Pareto 前沿。

多目标优化算法的目标是找到一个分布均匀且尽可能接近真实 Pareto 前沿的集合 A，集合 A 中的任何一个解都不被其余解所支配[6]。也就是说，Pareto 最优解仅仅只是一个可以接受的"不坏"的解，通常情况下，我们需要根据具体问题使用演化算法并选择合理的算子得到一个 Pareto 最优解集。

多目标优化问题具有如下特点。

(1) 由于多个目标函数之间会出现相互制约的情况，多数条件下无法找到使得多个目标函数同时达到最佳的单一解，因此最终获得的结果为 Pareto 最优解集。

(2) Pareto 最优解集中的每一个解都不被其他解支配，即该解对于某些目标函数而言比其余解表现更佳，因此无法判断解之间的优劣关系。在诸多实际问题中，最优解往往根据人为因素控制进行确定。

(3) 演化问题的目标数目增多，将增大问题的求解难度，当目标数目增加时，可能导致出现的非支配解的个数呈指数级增长，使得对解的选择更加困难。

11.2　多目标优化算法的评价指标

评价指标用于评价算法的性能的好坏。对多目标优化算法获得的 Pareto 解集的评价通常包括两个方面：一是收敛性，即算法搜索到的近似解接近真实 Pareto 前沿的程度，可以通过计算解与真实 Pareto 解之间的距离度量；二是多样性，即生成的解需要广泛占据整个 Pareto 前沿；此外，时间复杂度也是优化算法常用的评价指标。下面介绍多目标优化算法的常用评价指标。

反转世代距离（Inverted Generational Distance，IGD）是常用的综合性评价指标，能够同时评价收敛性和多样性，其公式描述如下。IGD 的值越小，说明算法越优秀。

$$\text{IGD}(A,P^*)=\frac{1}{\mid P^*\mid}\sum_{x\in P^*}\min_{y\in A}d(\boldsymbol{x},\boldsymbol{y})\tag{11-2}$$

Spread（Generalized Spread）是评价算法分布多样性的指标，其公式描述如下。Spread 越小，说明算法的分布多样性越好。

$$IGS = \frac{\sum\limits_{i=1}^{m} d(e_i, A) + \sum\limits_{x \in A} |d(\boldsymbol{x}, A) - \bar{d}|}{\sum\limits_{i=1}^{m} d(e_i, A) + |P^*|\bar{d}} \tag{11-3}$$

$$d(\boldsymbol{x}, A) = \min_{y \in A, y \neq x} \|F(\boldsymbol{x}) - F(\boldsymbol{y})\|^2 \tag{11-4}$$

$$\bar{d} = \frac{1}{|A|} \sum_{x \in A} d(\boldsymbol{x}, A) \tag{11-5}$$

上述计算评价指标的公式中,A 是算法求得的 Pareto 前沿面的近似解集,P^* 是真实 Pareto 前沿的一个均匀分布采样点的集合,$d(\boldsymbol{x}, \boldsymbol{y})$ 是 P^* 中的个体 $\boldsymbol{x}$ 与集合 A 中个体 $\boldsymbol{y}$ 的欧几里得距离,$d(\boldsymbol{x}, A)$ 是 x 与 A 中距离它最近的点的欧几里得距离,$\bar{d}$ 是 $d(\boldsymbol{x}, A)$ 的平均值,$e_1, e_2, \cdots, e_m$ 是 P^* 中的 m 个极值解。

超体积(Hyper Volume,HV)用于测量由非支配解集中的个体与参照点在目标空间中所围区域的体积,是一个综合性的评价指标。算法的性能与 HV 值的大小成正比。HV 指标的计算不需要提前知道真实 Pareto 前沿,因此 HV 的使用十分广泛。

算法运行时间:运行时间是评价算法时间复杂度的重要标准,在各参数设置相同的情况下,运行时间越短,算法越好。

11.3　经典多目标优化算法

多目标优化算法的发展主要有 3 个阶段,见表 11.1。在第一阶段中,1985 年,Schaffer 提出的向量估计遗传算法(VEGA)是首个多目标优化算法[1],并且在该领域发展历史上具有划时代的意义。VEGA 的实质是线性加权算法,即先将多目标函数转换为当时具有较多研究的单目标函数,再对其进行求解,但这并没有让人们真正理解多目标的含义。1986 年,意大利经济学家 V.Pareto 提出 Pareto 最优的概念,Pareto 最优是指假定固有的一群人和可分配的资源由一种初始状态变化到其他任何一种状态,在此过程中不能使任何人的情况变差,但要使得至少一个人的情况变好。研究者发现可以将其用于多目标优化问题中,之后其逐渐被广泛接受和流传。在第一代算法中,除 VEGA,又出现了基于 Pareto 方法的多目标优化算法,例如多目标遗传算法(MOGA)[9]、小生境 Pareto 遗传算法(NPGA)[10]和非劣排序遗传算法(NSGA)[11]。

表 11.1　多目标优化算法的 3 个发展阶段

阶　　段	时　　间	代　表　算　法
缓慢发展期	1985—1994	VEGA、MOGA、NPGA、NSGA
快速发展期	1994—2003	SPEA、NSGA-Ⅱ、PAES、SPEA2
全面发展期	2003 年至今	NSGA-Ⅲ、IBEA、MOEA/D

1999 年,Zitzler 等提出一种强度 Pareto 进化算法(SPEA)[12],其采用的精英保留机制启发了研究者对于多目标优化算法的研究,加速了这一领域的发展,形成了 SPEA、NSGA-Ⅱ[2]、PAES[13]和 SPEA2[14]等第二代算法。从 2003 年开始,多目标优化算法得到全面的发

展,非劣解的占优机制不再局限于 Pareto,并且人们开始进行更复杂场景下的研究,如约束多目标优化问题、动态多目标优化问题以及更高维度的多目标优化问题等。各种新的策略不断被提出,与此同时,研究者也在努力使得算法的各方面性能得到提升,如算法效率、算法正确率、收敛性和多样性等。多目标优化算法的应用性也越来越强,应用范围越来越广泛。

11.3.1　NSGA

在多目标优化的发展过程中,印度教授 Kalyanmoy Deb 团队可以说做出了很多贡献,NSGA 算法主要研究早期提出的多目标优化算法。具体来说,NSGA 与传统 GA 的主要区别是执行了不同的选择操作。该算法根据种群中个体的非支配排序情况进行分层,即首先从当前种群中识别出非支配个体作为第一层,层数越小,虚拟适应度值越大,被选优先级越高,繁殖机会也就越多。同一层的个体具有相同的适应度值并获得相同的繁殖机会。然后再执行选择操作。为了保持种群的多样性,作者提出了一种适应度共享策略,避免算法过早收敛。NSGA 工作流程图如图 11.1 所示。

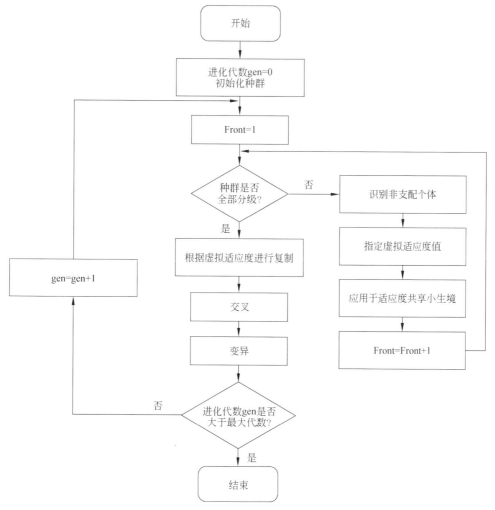

图 11.1　NSGA 工作流程图

假定优化的目标函数为最小化函数,即函数值越小越好,目标数量为 M,种群的大小为 N。首先,在迭代开始之前初始化种群,然后判断种群是否全部分级,如果没有分级,则需对种群中的个体进行分级,具体过程如下。

步骤 1:令 $i=1$;

步骤 2:对于所有的 $j=1,2,\cdots,N$,且 $j\neq i$,使用定义 11.2 判断个体 x_i 和个体 x_j 之间的支配和非支配关系;

步骤 3:如果不存在支配 x_i 的个体 x_j,就称 x_i 为非支配个体;

步骤 4:$i=i+1$,转到步骤 2,直到找到所有的非支配个体;

步骤 5:将当前的非支配个体集合设置为第一级非支配层,然后将种群中的其余个体重复步骤 1～4 进行新一轮的分层任务,直到种群中的所有个体都实现分层。

在分级之后需要给每一级非支配层指定一个虚拟适应度值,级数高的个体应具有更高的繁殖机会,需要给其分配更大的虚拟适应度值;反之,虚拟适应度值应较小(若目标函数为最大化函数,则相反)。通过指定虚拟适应度值的方式可以使得较佳的个体得到更多存活的机会,优秀的基因得以保留,收敛速度也可以得到提升。与此同时,为了保持多目标优化解的收敛性和多样性,NSGA 中引入了小生境(Niche)技术,即通过适应度共享函数的方法对虚拟适应度值重新指定。小生境是生物学的概念,在自然条件下,同种生物总是喜欢聚在一起生活,这样既有利于捕食,又有利于生存。在 NSGA 中,每个级别的非支配解集都形成了各自的小生境,适应度共享函数的作用则是降低相似个体的适应度值,限制相似个体的生存,从而营造更具多样性的种群。假设第 p 级非支配层上有 n_p 个个体,每个个体的虚拟适应度值为 f_p,那么个体 x_i 的共享适应度值为

$$f'_p(x_i)=\frac{f_p(x_i)}{c_i} \tag{11-6}$$

其中,c_i 为个体 x_i 与其他个体的累积相似度,称为共享度。

$$c_i=\sum_{j=1}^{n_p}\mathrm{sh}(d_{ij}), \quad i=1,2,\cdots,n_p \tag{11-7}$$

$\mathrm{sh}(d_{ij})$ 定义为个体 x_i 和 x_j 的共享函数,d_{ij} 为个体 x_i 和 x_j 的欧几里得距离。

$$\mathrm{sh}(d_{ij})=\begin{cases}1-\left(\dfrac{d_{ij}}{\sigma_{\text{share}}}\right)^a, & d_{ij}\leqslant\sigma_{\text{share}}\\0, & d_{ij}>\sigma_{\text{share}}\end{cases} \tag{11-8}$$

其中,σ_{share} 为小生境半径,$\mathrm{sh}(d_{ij})$ 的值越大,说明两个个体越相似。

通过共享适应度函数的方式可以保证解集的多样性。

NSGA 是第一代多目标优化算法,该算法并没有精英保留机制,且非支配排序的计算复杂性较高,它需要 MN^3 次搜索,算法中的共享参数 σ_{share} 需要人为指定。

11.3.2　NSGA-Ⅱ

1. NSGA-Ⅱ算法的产生

NSGA 能够在一次模拟运行中找到多个 Pareto 最优解,虽然这方面取得了良好的效果,但是随着算法的应用,它存在的一些问题也逐渐显现出来。

（1）排序计算复杂度较高：NSGA 的计算复杂度为 $O(MN^3)$（其中 M 为目标数，N 为种群大小）。这就使得种群大小有了一定的限制，当种群成员较多时，即 N 的数目很大时，其计算难度呈指数级增长，在这种情况下将会导致其花费非常高。

（2）缺乏精英策略：NSGA 中没有使用精英保留机制，在进化过程中会导致一些最优解被遗弃，因此可能使得最优解的收敛变困难。如果每代中可以保留最优解，使得精英基因保存下来，则有利于算法性能的改善。

（3）需要指定共享参数：共享参数的指定显然会增加算法的复杂性，最好是无须指定参数。

相比而言，NSGA 的改进版本 NSGA-Ⅱ[2] 有效地解决了这些问题，它提出了一种快速非支配排序方法，采用精英策略提高进化算法的性能，将排序计算复杂度降低为 $O(MN^2)$。使用拥挤比较方法在不需要指定参数的情况下又能保证种群较好的多样性。

2. 快速非支配排序方法

NSGA-Ⅱ 提出了一种新的排序算法，该算法基于支配数 n_p（支配解 p 的解的数量）和 s_p（解 p 支配的一组解）。该算法实现了对 P 进行分级。

步骤 1：将所有在第一非支配层的解的支配数初始化为零，即对于每个解 p，设置 $n_p = 0$。

步骤 2：访问它支配的解集 S_p 中的每个成员 q，并将 q 的支配数减 1。检查是否有个体的支配数符合分层要求，即变为 0，这些个体构成了第二层，将其放入新的集合 Q 中。

步骤 3：再对剩余个体继续执行上述过程，就产生了第三非支配层。

步骤 4：继续执行这一过程，直到所有非支配层被确定。

由于种群大小为 N，除了第一非支配层的解之外，其余解的 n_p 最多为 $N-1$，即假设每一层只有一个解，最后一个非支配层的支配数即为 $N-1$，每个解在每次被访问后都会实现 n_p 减一，因此 $n_p = 0$ 时至多被访问 $N-1$ 次，之后解 p 就会被归入某个非支配层，并且不会再被访问。可以看出，解 p 的选择最多有 $N-1$ 个，所以总体复杂度为 $O(N^2)$。

3. 多样性保护

在收敛到 Pareto 最优解的同时，保证解的多样性也很重要。NSGA 采用了一个由用户设置的参数来控制解的多样性，该参数设置了问题中需要的共享程度，同时该参数的设置需要遵循一些准则。这种方法也存在一些弊端：共享函数所选的值非常重要，它对于搜索广泛分布的解具有重要作用。共享函数方法的总体复杂度比较高。

NSGA-Ⅱ 中舍弃了这种多样性保护方法，而是采用拥挤比较方法克服了这些弊端。该方法既不需要任何用户定义的参数，也没有很高的计算复杂度。下面介绍两个重要的概念。

（1）密度估计：根据某个解周围解的密度可以更好地估计某个范围内解的分布情况。若密度较高，则该解周围可能存在较多的相似解，相似解的研究价值较小，因此我们更倾向选择分布较为稀疏区域的解。通常采用密度估计的方法计算某个解周围解的分布情况。首先沿着每个目标在该点两侧寻找距离其最近的两个点，然后计算它们的平均距离。$i_{distance}$ 是对与该点距离最近的点作为顶点形成的长方体的平均周长的估计，即拥挤距离。在图 11.2 中，若实心圆表示相同前沿的解，虚线框表示根据上述方法形成的长方体，则第 i 个解的拥

挤距离为长方形的平均边长。

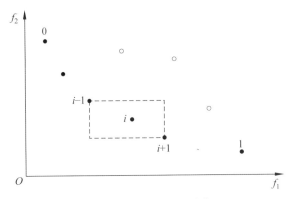

图 11.2　拥挤距离的计算

下面简单介绍 $i_{distance}$ 的计算过程。首先,根据目标函数的值按照从小到大的顺序对成员排序。然后,对于每个目标函数,将函数值最大和最小的两个解的距离设为无限大,并且基于两个相邻解的函数值的绝对归一化差计算剩余解的距离值。将所有的拥挤距离相加后得到总拥挤距离。因此,必须在对每个目标函数归一化之后进行拥挤距离的计算。这个程序的复杂度由排序算法决定。考虑到最坏情况,当所有的种群成员都位于同一个前沿时,其计算复杂度为 $O(MN\log(N))$。

通过上述计算后,所有种群成员都会计算出一个拥挤距离值,我们可以通过这个值的大小估计两个解之间的接近程度。可以认为,该值越小,解周围解的分布越密集。

(2) 拥挤比较操作符:拥挤比较操作符($<_n$)引导算法各阶段的选择过程朝向一个均匀分布的 Pareto 最优前沿。假设种群中的成员都具有以下属性:非支配等级(i_{rank})和拥挤距离($i_{distance}$)。

定义 11.5:一个局部命令 $<_n$ 的定义如下。

$i <_n j$ 若 $i_{rank} < j_{rank}$ 或 $i_{rank} = j_{rank}$ 且 $i_{distance} > j_{distance}$。

因此,如果两个解位于不同的非支配前沿,那么我们认为 i_{rank} 较小的解具有更好的特性;如果两个解的 i_{rank} 相同,那么我们认为拥挤度较高的解具有更好的特性。

4. 主循环

下面介绍程序的主体部分:由于采用了精英策略,因此第一代种群和其后代种群的算法有所不同。

第一代种群的算法步骤:创建一个父代种群 P_0,该种群中的个体随机产生。随后进行非支配排序,所有种群成员操作后都将位于某一非支配层,随着层数的增加,其选择优先级也会逐渐降低。种群中的所有解都分层完成后,再据此选择合适的遗传算子进行操作,产生一个大小为 N 的子代种群 Q_0。

第 t 代种群的算法步骤如下。

步骤 1:首先形成一个合并的种群 $R_t = P_t \bigcup Q_t$,种群 R_t 的大小为 $2N$。

步骤 2:采用非支配排序算法对种群 R_t 进行排序。R_t 中包含了所有的种群成员,由此保证了精英策略的实现。

步骤 3：属于最优非支配集 F_1 的解就是种群中的最优解。如果 F_1 中的成员数量小于种群大小 N，则新的种群 P_{t+1} 首先选择集合 F_1 中的全部成员，不足的部分从其他非支配层中按顺序取得。因此，接下来从集合 F_2 中选择解，然后再从集合 F_3 中选择解，以此类推，直到 $F_1 + F_2 + \cdots + F_l \geqslant P_{t+1}$。

步骤 4：此时，集合 F_l 是最后一个被选的非支配集合。一般来说，从集合 F_1 到 F_l 的所有解的数量将大于种群大小。因为只需要 N 个成员，所以 F_l 中的部分成员将被舍弃。此时使用拥挤比较操作符对最后一个前沿 F_l 的解进行降序排列，并按顺序选择相应数量的所需要的解。

NSGA-Ⅱ流程如图 11.3 所示。生成新种群 P_{t+1} 后，再进行选择、交叉和变异操作，形成后代种群 Q_{t+1}，该种群的大小也为 N。

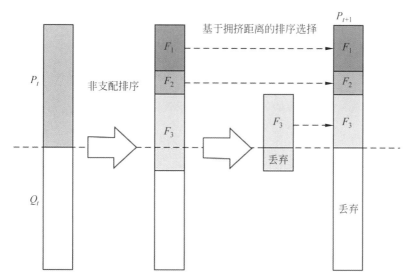

图 11.3　NSGA-Ⅱ流程

由以上分析可以看出，排序算法的复杂程度对该算法的总体性能具有非常重要的影响，且该算法的总体复杂度为 $O(MN^2)$，较 NSGA 算法有了很大提升。

总体来说，该算法的优点主要有以下 3 个。

（1）提出了快速非支配的排序算法，降低了计算非支配排序的复杂度，使得优化算法的复杂度由原来的 $O(MN^3)$ 降为 $O(MN^2)$。

（2）引入了精英策略，使得较佳个体具有更多的机会进行保留。在进化过程中融合了父、子两代种群，实现了优良基因的保留，从而增加了生成的子代种群的优异性。

（3）引入拥挤度比较算子的概念，解决了 NSGA 算法中需要自行定义参数 σ_{share} 的不足，同时用拥挤度衡量种群中个体之间的差异，更好地逼近均匀分布的 Pareto 最优域，其结果较 NSGA 算法有了很大提升。

11.3.3　MOEA/D

2007 年，张青富和李辉教授经过一系列研究，发现了基于分解的多目标优化算法

(MOEA/D)[15]。在求解多目标优化问题时表现优异。MOEA/D 作为一种基于分解的方法,目标已发展为一种经典的多目标优化算法,其基于分解的思想在解决多目标问题上取得了良好的效果。MOEA/D 将多目标问题分解为几个标量优化的子问题,通过种群进化同时解决了这些子问题。在每一代中,种群由到目前为止(即自算法运行开始以来)发现的每个子问题的最佳解组成。聚合系数向量可以定义子问题之间的相邻关系。MOEA/D 的特点如下。

(1) MOEA/D 合理地使用了基于分解的思想。这种分解方法可以很好地与进化算法进行融合,以解决多目标问题,显著地提高了算法的性能。

(2) 由于 MOEA/D 只是处理标量优化问题,因此 MOEA/D 框架中更易于处理在其他非分解的多目标优化算法中易出现的适应性分配和多样性维护等问题。

(3) 相比于 NSGA-Ⅱ,MOEA/D 不仅实现了性能的提升,也实现了计算复杂度的优化。

将 Pareto 前沿的近似问题转换为多个标量优化子问题,常用的方法有如下 3 种。

1. 权重求和方法

权重求和方法考虑了不同目标的凸组合,假定待优化的目标数量为 m,令 $\boldsymbol{\lambda}=(\lambda_1,\lambda_2,\cdots,\lambda_m)^{\mathrm{T}}$ 为一组权重向量,对于所有的 $i=1,2,\cdots,m,\lambda_i\geqslant 0$ 且 $\sum_{i=1}^{m}\lambda_i=1$。

问题就可以描述为对以下最优化问题求解:

$$\mathrm{maximize}\ g^{ws}(x\mid\boldsymbol{\lambda})=\sum_{i=1}^{m}\lambda_if_i(x)$$
$$\mathrm{s.t.}\ x\in\Omega \tag{11-9}$$

在式(11-9)中可以通过改变权重向量产生不同的求解结果。如果 Pareto 前沿是凹形的(最大化情况),则此方法可以很好地使用。但是,在其他情形下,该方法表现不佳。

2. 切比雪夫聚合方法

该方法也是对多目标问题进行转换,通过以下标量问题的优化实现对原多目标问题的求解。

$$\mathrm{minimize}\ g^{te}(x\mid\boldsymbol{\lambda},\boldsymbol{z}^*)=\max_{1\leqslant i\leqslant m}\{\lambda_i\mid f_i(x)-z_i^*\mid\}$$
$$\mathrm{s.t.}\ x\in\Omega \tag{11-10}$$

其中,$\boldsymbol{z}^*=(z_1^*,z_2^*,\cdots,z_m^*)^{\mathrm{T}}$ 是参考点,对于任意的 $i=1,2,\cdots,m,z_i^*=\max\{f_i(x)\mid x\in\Omega\}$。对于每一个 Pareto 最优解 $\boldsymbol{x}^*$,总存在一个权重向量 $\boldsymbol{\lambda}$,使得该问题的解为 Pareto 最优解。因此,Pareto 最优解会因为 λ_i 的赋值不同而改变。但是,对于连续的优化问题,它也存在一定的缺陷,即可能出现不平滑的聚合函数。但是,在 MOEA/D 中使用该方法并不会受到影响,因为我们并不需要对其进行求导。

3. 边界交叉聚合方法

边界交叉聚合方法包含了标准边界交叉方法[16]和规范化标准约束方法[17]在内的很多方法。在几何学上,这些边界交叉聚合方法意在寻找最顶部边界和一组线的交点。如果这组线是均匀分布的,那么所产生的交集点则能够很好地贴近整个 Pareto 前沿。该方法为一种几何方法,其求解过程可以通过作图方法辅助理解。基于分解的多目标优化算法(MOEA/D)如算法 11.1 所示。

算法 11.1　基于分解的多目标优化算法（MOEA/D）

　　输入：多目标优化问题；算法终止条件；种群大小 N；均匀分布的 N 个权重向量：$\lambda^1,\lambda^2,\cdots,\lambda^N$；每个邻域中的权重向量的个数 T

　　输出：EP（外部种群）用于存储搜索过程中发现的非支配解

　　步骤 1 初始化。
　　步骤 1.1 设置 EP 为空集。
　　步骤 1.2 计算任意两个权重向量间的欧几里得距离，然后算出最接近每个权重向量的 T 个权重向量。对于 $i=1,2,\cdots,N$，设置 $B(i)=\{i_1,i_2,\cdots,i_T\}$，$\lambda^{i_1},\lambda^{i_2},\cdots,\lambda^{i_T}$ 是 T 个接近 λ^i 的权重向量。
　　步骤 1.3 通过随机或问题的特定方法生成一个初始种群 $x^1,x^2,\cdots,x^N$，设置 $FV^i=F(x^i)$。（FV^i 是 x^i 的 F 值）
　　步骤 1.4 通过问题的特定方法初始化 $z=(z_1,z_2,\cdots,z_m)^T$，其中 z_i 是目标 f_i 迄今为止发现的最佳值。
　　步骤 2 更新。
　　对于每个 $i=1,2,\cdots,N$，执行以下步骤。
　　步骤 2.1 繁殖：从 $B(i)$ 中随机选择两个索引 k 和 l，然后对 x^k 和 x^l 使用遗传算子生成一个新解 y。
　　步骤 2.2 改进：使用一个启发式方法改进 y 生成解 y'。
　　步骤 2.3 更新 z：对于所有的 $j=1,2,\cdots,m$，如果 $z_j<f_j(y')$，那么设置 $z_j=f_j(y')$。
　　步骤 2.4 更新邻域解：对每个 $j\in B(i)$，如果 $g^{te}(y'|\lambda^j,z)\leqslant g^{te}(x^j|\lambda^j,z)$，则令 $x^j=y'$，$FV^j=F(y')$。
　　步骤 2.5 更新 EP：从 EP 中移除所有被 $F(y')$ 支配的向量，如果 EP 中的向量都不支配 $F(y')$，就将 $F(y')$ 加入 EP。
　　步骤 3 终止条件：停止并输出 EP，否则转步骤 2。

11.4　高维多目标优化算法

11.4.1　高维多目标优化算法的研究难点

　　当目标数量多于 3 时，就形成了高维多目标优化问题。更高的维度也就意味着有了更复杂的问题描述和更高的求解难度。与普通的多目标优化问题相比，更高维的难点在于算法效率与性能的提升、结果的高维可视化和测试问题与评价指标的设计等。其中，提升运行效率与性能是最为关键的问题。国内外当前对于高维多目标优化问题的求解方法的研究，主要分为三大类：一是使用降维的方法转化形成低维多目标问题求解，这种方法的应用比较广泛；二是使用基于目标分解的策略降低问题的求解难度；三是改进传统的基于 Pareto 排序的方法。

　　在改进传统 Pareto 排序的 MOEA 方面，可以再细分为 3 种方法，这 3 种方法中结合了多目标求解的降维和分解思想[18]。①仍采用基于 Pareto 支配的排序方法，但在算法中结合缩小空间技术或利用偏好占优的方法降低多目标问题的维数。②放宽 Pareto 支配关系，较宽松的 Pareto 支配关系可以减少非支配解的数量，降低求解难度。此类方法虽然能在一定程度上增大非支配解的选择压力，但也存在一些问题。首先，当目标数目不断增多时，会对选择压力产生一定的影响，并且，放宽支配关系也会影响解的可靠程度。③非 Pareto 排序的方法。其思想是设计新的评价准则或适应度函数，使个体间易于进行优劣比较。此类方法

通常有较好的解集收敛性。可以把降维的求解高维多目标问题的思想看成一种非 Pareto 排序的方法。在 MOEA 中,将检验算法性能优劣的指标作为判断解集质量的标准,通常可以降低高维多目标优化问题的维度。

研究者和学者综合考虑多种因素,将基于目标分解方法、降维方法和非支配解排序,寻找时间复杂度低,且能找到均匀分布的 Pareto 解集的方法。Gong 等[19] 在 2016 年提出的基于参考点的高维多目标演化算法,使用了自适应进化参考点,以及基于参考点的选择占优个体的策略,该算法在不规则 Pareto 前沿的高维多目标问题上具有明显优势。肖婧等[20] 于 2015 年提出基于全局排序的方法求解高维多目标问题,该算法采用一种新的全局排序策略增强选择压力,使个体在目标空间中两两进行比较,而无须用户偏好及目标主次信息。同时,采用 Harmonic 平均拥挤距离对个体进行全局密度估计,可提升算法的性能;Yao 和 Yuan 等[21] 也在 2016 年提出一种基于新型占优关系的进化算法,在选择过程中使用基于新型占优关系的非占优排序表对候选解进行排序,以保证算法的收敛速度和种群多样性;2016 年,Zhang 等[22] 提出进化多目标优化的近似非占优排序方法,两个解之间的占优关系由根据其中一个目标进行排序的种群里 3 个目标比较的最大值决定。Bi 等[23] 提出基于目标空间分解的改进的 NSGA-Ⅲ 算法,该算法将目标空间聚类的方式分解成几个子空间,每个子空间有其自己的演化种群。另外,Liu 等[24] 在 2018 年提出了一种基于自适应排序环境的选择策略,该算法根据解的收敛性和多样性对每个子群(由参考向量划分)中的解排序,然后根据排序级别进行选择,以形成 Pareto 解集,最后,通过与初始状态算法比较,证明了该算法的优越性。2019 年,Habib 等[25] 提出一种混合代理辅助的方法(HSMEA)来解决计算量大的 MaOPs 问题,该方法使用多种代理模型(Kriging、RSM1、RSM2 和 RBF)对目标函数进行近似,选择其中 RMSE 最小的为最佳模型,并且为了处理不同形状的 PF,使用两组 RV 进行分解。Zhou 等[26] 在 2020 年提出了一种用现有的 MOEAs 简化处理 MaOPs 的方法,此方法把新的目标构造为原始目标的线性组合,并使用模糊聚类提取权重向量。

对于高维多目标优化问题的求解,可以利用多策略结合的优势,综合考虑非占优解的排序方式和问题求解方式,使得算法在确保得到 Pareto 最优解的同时,还能最小化目标个数,增加产生的影响。

11.4.2 NSGA-Ⅲ

随着目标数量的增加,各目标函数之间的冲突也会加剧,此时将会出现大量非支配解,任何多目标优化算法都难以在种群中提供足够数量的新候选解。2014 年,Deb 教授经过大量研究,提出第三代非支配遗传算法,这是对 NSGA-Ⅱ 的改进。NSGA-Ⅲ 与 NSGA-Ⅱ 的框架大致相同,主要区别在于临界层的非支配解的选择机制不同。

NSGA-Ⅲ 算法首先对种群进行初始化,然后进行交叉和变异生成新的个体。假设种群规模为 N,生成的新个体数量为 N,那么新种群将有 $2N$ 个个体。为了将种群数量重新降为 N,需要剔除 N 个个体。这里将主要介绍从 $2N$ 到 N 的过程,NSGA-Ⅲ 利用非支配排序获得非支配解的排序等级,然后从排名最高的非支配解集中选择解。假设算法从第一级和第二级中选择了 P 个解,那么应该从第三级中选择出剩余的个体,假定第三级中解的数量大于 $N-P$,那么应选择其中一部分。NSGA-Ⅲ 使用了完全不同于拥挤距离的方法,设置了一组预定义的参考点,并且使这些参考点在目标空间上均匀分布。使用这些参考点可以关联已选的非支配解,从而选择可以使分布更均匀的解加入档案集中,具体过程如下。

1. 生成参考点

参考点可以以结构化的方式预先定义,也可以由用户优先提供,这里将介绍使用结构化定义的方式。如果沿每个目标考虑 p 个划分,那么对于 M 个目标的问题,参考点的总数 H 为

$$H = \binom{M + p - 1}{p} \tag{11-11}$$

例如,假设具有 3 个目标($M = 3$),则目标空间为一个如图 11.4 所示的三角形,在其上形成均匀分布的参考点。当 $p = 4$ 时,根据式(11-11)可以计算出 $H = \binom{3 + 4 - 1}{4} = 15$。

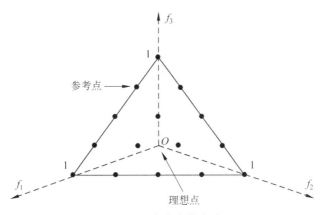

图 11.4　参考点的生成

2. 目标归一化

(1)理想点:当前种群每个目标上的最小值组成的点。

(2)目标函数的转换:将所有个体的目标值减去理想点所得到的转换后的目标值。

(3)计算极值点:通过找到使以下函数最小的解确定每个目标轴的极值点。

$$H = \binom{M + p - 1}{p} \tag{11-12}$$

$$\mathrm{ASF}(x, w) = \max_{i=1}^{M} f_i'(x) / w_i \tag{11-13}$$

对于 $w_i = 0$,我们用一个很小的数 10^{-6} 代替它。对于第 i 个转换的目标函数 f_i',将生成一个极端的目标向量 $z^{i, \max}$。然后,这 M 个极限向量用于构成 M 维线性超平面,从而可以计算第 i 个目标轴和线性超平面的截距 a_i(见图 11.5)。

找到截距后,进行归一化操作:

$$f_i^n(x) = \frac{f_i'(x)}{a_i - z_i^{\min}} = \frac{f_i(x) - z_i^{\min}}{a_i - z_i^{\min}}, \quad i = 1, 2, \cdots, M \tag{11-14}$$

3. 关联个体与参考点

在执行上述步骤进行归一化之后,种群中的每个成员都需要与某一个生成的参考点进

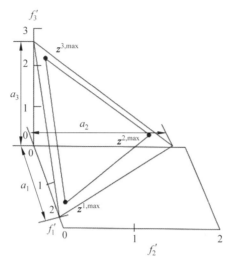

图 11.5　线性超平面

行联系。将每个参考点对应的参考线定义为连接原点和参考点的直线。然后,计算每个种群成员与每条参考线之间的垂直距离。在标准化的目标空间中,个体与其最近的参考点相关联。

4. 小生境保留操作

这一步操作将从第三级非支配层中选出 $N-P$ 个个体,假定第 j 个参考点关联的个体数量为 ρ_j。首先需要找到具有最小 ρ_j 的参考点集合,这个集合中可能包含不止一个参考点,在这种情况下则随机选择一个参考点记为 $\bar{J}$,该参考点关联的个体数量可能为 0 或者为非 0,下面分别讨论这两种情况。

当 $\rho_{\bar{J}}=0$ 时,说明在前两级支配层中没有找到与 $\bar{J}$ 关联的个体,那么在第三级非支配层中也可能存在两种情况:第一种情况是如果在第三级非支配层中有一个或多个个体与之关联,就选择到第 j 个参考点的参考线具有最短距离的种群成员,并将 $\rho_{\bar{J}}$ 加 1;第二种情况是如果在第三级非支配层中没有个体与之关联,就重新考虑下一个参考点。

当 $\rho_{\bar{J}} \neq 0$ 时,说明参考点 $\bar{J}$ 已有个体与之关联,那么多样性已经得到保证,如果第三级非支配层中有个体与之关联,则随机选择一个个体并将 $\rho_{\bar{J}}$ 加 1。如果第三级非支配层中没有个体与之关联,就重新考虑下一个参考点。

上述过程需要重复 $N-P$ 次,直到从第三级非支配层中选出足够的个体使种群的规模为 N。

11.5　算法应用实例

11.5.1　应用背景

数据的高维性对数据挖掘技术和机器学习算法的研究提出了挑战。一方面,高维数据中的无关特征会增加训练模型的复杂度,而冗余特征严重影响分类算法的性能。另一方面,特征间相互作用的关系随着特征维度的增长而更加难以分析。因此，为了获得简洁高效的特征子空间以及更好地解释特征间关系对分类模型的影响，亟须探索具有良好综合性能的降维方法。目前常用的降维方法主要包括特征选择（FS）和特征提取（FE）两大类[10]。虽然FE能有效地实现降维，但它产生新的特征，这些新特征一般通过变换形式获得，可解释性比较差。而 FS 可以获得保留原始物理意义的特征子集。另外，FS 可以改善分类算法的性能，包括较低的分类错误率和易于理解的模型。

多数特征选择算法往往采用单一目标或将多个目标转化为单一目标来度量候选特征子集的重要性，忽略了多个目标之间的关系对特征选择的影响，造成无法准确地度量特征子集的综合性能的困境。然而，同时选择具有更小规模和更佳分类准确性的最优特征子集是一个具有挑战性的问题。

由于 MOEA 可以产生多个 Pareto 最优解，符合特征选择的结果要求，因此在该领域得到广泛的应用。特征选择在求解过程中形成了两个目标函数：一是最大相关函数；二是最小冗余函数并同时进行优化后产生最优特征子集。

11.5.2　目标函数

特征选择的目的是找到一个具有最少特征数的最优特征子集，我们将其看作一个多目标问题来解答。首先考虑所选特征与目标类的相关程度，其次考虑所选特征之间的冗余程度，于是将最大相关函数和最小冗余函数作为两个目标函数进行求解。

互信息是衡量特征与分类之间相关性，特征与特征之间冗余性的方法。而皮尔逊相关系数可以用来衡量特征之间的相似性。根据研究，该系数越大，相似性越高。可以看出，互信息和皮尔逊相关系数各有所长，将它们结合起来可以实现更好的衡量效果和更高效的评估结果。皮尔逊相关系数对线性依赖更敏感，而互信息对非线性依赖比较敏感。考虑到这些问题，需要设计两个目标函数使所提出的适应度函数既适应于非线性依赖特征，也适应于线性依赖特征。

1. 特征与类别之间的相关性

第一个目标函数是最大相关函数，即要最大化特征子集与分类之间的相关性：

$$NI(x_k, y) = \frac{MI(x_k, y)}{\sqrt{\sum_{n=1}^{N} MI(x_n, y)}} \tag{11-15}$$

$$XG = \frac{1}{l^2} \sum_{x_k \in S} NI(x_k, y) \times |\rho(x_k, y)| \tag{11-16}$$

其中，$NI(x_k, y)$ 表示第 k 个特征与类标签之间的相关性，$MI(x_k, y)$ 表示第 k 个特征与类标签之间的互信息，$|\rho(x_k, y)|$ 表示第 k 个特征与类标签之间的皮尔逊相关系数的绝对值，S 为选定的特征子集，N 表示所有特征数，XG 即最大相关函数。

2. 特征之间的冗余性

第二个目标函数要最小化特征冗余，即可以删除高度相关的特征，以达到消除冗余性并且优化求解结果的目的。实现最小化的公式描述如下。

$$Y = \frac{1}{l^4} \sum_{x_k \in S} \sum_{x_j \in S} NI(x_k, x_j) \times |\rho(x_k, x_j)| \tag{11-17}$$

$NI(x_k, x_j)$ 表示第 k 个特征与第 j 个特征之间的冗余性,$|\rho(x_k, x_j)|$ 表示第 k 个特征与第 j 个特征之间的皮尔逊相关系数的绝对值。绝对值的目的是将互信息与皮尔逊相关系数置于相同范围。

最终将两个函数组合为以下的适应度函数。

$$\text{Minimize：} \Psi_1(Fs) = \left(\frac{1}{XG}, RY \right) \tag{11-18}$$

式中,Fs 是特征选择;RY 是最小冗余函数,即 Y。

11.5.3 算法步骤

步骤 1：初始化算法涉及的参数。

步骤 2：随机初始化种群,为了处理方便,再将其归一化处理。

步骤 3：当未达到规定的最大迭代次数时,选择合理的变异、交叉和选择算子进行种群进化,从而生成实验向量。

步骤 4：检查生成实验向量在种群中的支配地位,若无法确定,则将其直接加入种群中,如果存在被生成的实验向量支配的向量,则进行替换。

步骤 5：在进化过程中随时检查种群大小是否大于最大规模,若超出,则随机剔除种群成员。

步骤 6：检查算法是否达到最大迭代次数,若达到,则算法终止,否则,返回步骤 3,继续进行迭代优化。

在算法初始化阶段,首先初始化算法涉及的参数;接下来进行初始化种群操作,使其在搜索空间中均匀分布;然后对两个目标值进行计算,构造具有两个目标的多目标适应度函数。在迭代过程中,主要执行对于参数的自适应操作,这种自适应方法沿用 SHADE 的自适应方式,将一组适应度函数的对比转换为两组适应度函数的对比。完成迭代后,返回 Pareto 前沿,根据 Pareto 前沿获得最优解。

11.5.4 实验验证与分析

为了评价算法的性能,我们使用了一种精度更高的分类衡量标准——AUC(Area Under Curve,即 ROC(Receiver Operating Characteristic)曲线和 X 轴之间的面积),用其评估分类性能,可以得到更好的衡量结果。本实验还需要对算法综合性能进行评价,该评价采用前面提到的评价指标——超体积进行衡量,HV 的综合性在于能够同时评价收敛性和多样性,且根据公式可以看出,HV 值越大,算法综合性越好。参数初始化值见表 11.2。

表 11.2 参数初始化值

参　　数	大　　小
迭代数(G)	300
缩放系数(F)	0.5
交叉率(CR)	0.5

续表

参　　数	大　　小
种群规模（NP）	50
变异阈值（w）	0.75
搜索空间维度（D）	数据集特征总数

在本实验中，使用 IMODEFS 方法求得 Pareto 前沿。实验对每个数据集进行了 30 次计算并记录了运行结果。图 11.6～图 11.14 展示的是其中一次的分布图，显然，对于每一个数据集，都取得了较好的结果，得到了较好的 Pareto 前沿。此外，最优解也是从 Pareto 前沿的一组非支配解中选择的。

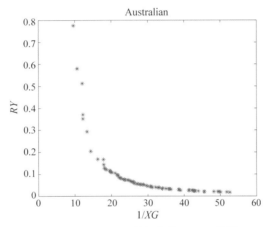

图 11.6　Australian 数据集的 Pareto 前沿

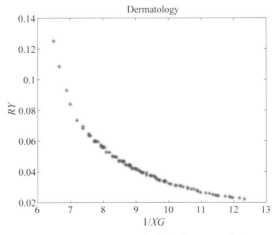

图 11.7　Dermatology 数据集的 Pareto 前沿

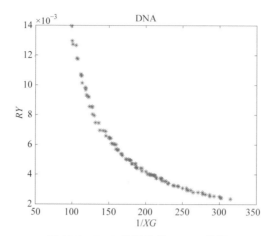

图 11.8　DNA 数据集的 Pareto 前沿

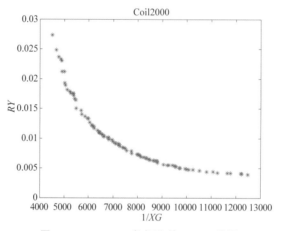

图 11.9　Coil2000 数据集的 Pareto 前沿

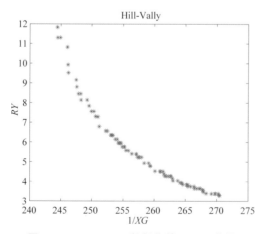

图 11.10　Hill-Vally 数据集的 Pareto 前沿

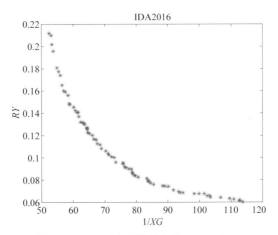

图 11.11　IDA2016 数据集的 Pareto 前沿

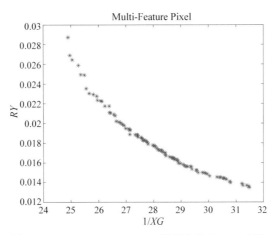

图 11.12　Multi-Feature Pixel 数据集的 Pareto 前沿

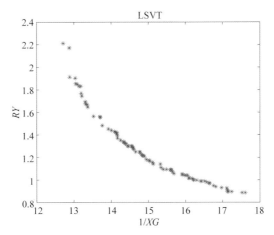

图 11.13　LSVT 数据集的 Pareto 前沿

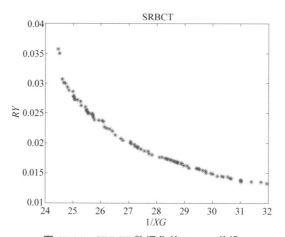

图 11.14　SRBCT 数据集的 Pareto 前沿

从图 11.6～图 11.14 中可以发现,除 Australian、LSVT、SRBCT 数据集中有一些获得的解位于 Pareto 前沿外,其余数据集均获得了较好的结果,得到了均匀分布的 Pareto 前沿,但纵观整个 Pareto 前沿可以发现,解的分布具有很好的均匀性和广泛性,能够提供足够的最优解集。通过实验验证和分析,可以清晰地看出,将多目标算法应用于解决特征选择问题是合理和有效的,且能取得较佳的结果,获得最优特征子集。

11.6　本章小结

本章主要围绕多目标优化问题的求解进行介绍。首先介绍了 MOEA 的基本原理和常用的评价指标,主要包括反转世代距离、Spread、超体积和算法运行时间。然后重点介绍了基于排序的 NSGA 算法、它的改进版本 NSGA-Ⅱ 以及 MOEA/D 方法等经典的多目标优化算法。对于高维多目标优化问题,本章分析了其研究难点,然后介绍了解决此问题的第三代非支配遗传算法 NSGA-Ⅲ。11.5 节将多目标优化算法应用于特征选择问题,并进行了实验验证与分析,证明了该算法可以很好地用于解决特征选择问题。

自 20 世纪 60 年代以来,多目标优化问题吸引了越来越多不同领域的研究人员,因而得到更为广泛的研究。近年来,多目标优化技术因其在解决生物信息学、无线网络、自然语言处理、图像处理、天文学和天体物理学等各种现实问题方面的潜力而变得流行起来,随着相关问题研究的日渐深入,其求解算法也日趋成熟。

11.7　章节习题

1. 将多目标优化应用于特征选择问题时,可以怎么设计目标函数?
2. 多目标优化算法的评价指标有哪些?
3. NSGA-Ⅲ算法采用什么方法生成参考点?
4. 简述相对于 NSGA,NSGA-Ⅱ 的改进有哪些。

参 考 文 献

［1］　SCHAFFER J D. Multiple objective optimization with vector evaluated genetic algorithms［C］// Proceedings of the 1st International Conference on Genetic Algorithms，1985，2(1)：414-419.

［2］　DEB K，PRATAP A，AGARWAL S，et al. A fast and elitist multi-objective genetic algorithm：NSGAII［J］. IEEE Transactions on Evolutionary Computation，2002，6(2)：849-858.

［3］　ISHIBUCHI H，MURATA H. Local search procedures in a multi-objective genetic local search algorithm for scheduling problems［C］//IEEE International Conference on Systems. IEEE，1999，1：665-670.

［4］　HAJELA P，LIN C Y. Genetic search strategies in multicriterion optimal design［J］. Structural and Multidisciplinary Optimization，1992，4(2)：99-107.

［5］　LIU J，LI F，KONG X，et al. Handling many-objective optimisation problems with R2 indicator and decomposition-based particle swarm optimiser［J］. International Journal of Systems Science，2019，50(2)：320-326.

［6］　CHEN W H，WU P H，LIN Y L. Performance optimization of thermoelectric generators designed by multi-objective genetic algorithm［J］. Applied Energy，2018，209：211-223.

［7］　GONG W，CAI Z，ZHU L. An efficient multiobjective differential evolution algorithm for engineering design［J］. Structural & Multidisciplinary Optimization，2012，38(2)：137-157.

［8］　DEB K，JAIN H. An evolutionary many-objective optimization algorithm using reference-point-based nondominated sorting approach，part i：Solving problems with box constraints［J］. IEEE Transaction on Evolutionary Computation，2014，18(4)：577-601.

［9］　FONSECA C M，FLEMING P J. Genetic algorithms for multiobjective optimization：formulation discussion and generalization［C］//Proceedings of the 5th International Conference on Genetic Algorithms，1993.

［10］　HORN J，NAFPLIOTIS N，GOLDBERG D E. A niched pareto genetic algorithm for multi-objective optimization［C］//Evolutionary Computation，1994. IEEE World Congress on Computational Intelligence. Proceedings of the First IEEE Conference on. IEEE，1994.

［11］　SRINIVAS，DEB. Muiltiobjective optimization using nondominated sorting in genetic algorithms［J］. Evolutionary Computation，1994，2(3)：221-248.

［12］　ZITZLER E，THIELE L. Multiobjective evolutionary algorithms：a comparative case study and the strength Pareto approach［J］. IEEE Transactions on Evolutionary Computation，1999，3(4)：257-271.

［13］　KNOWLES J D，CORNE D W. Approximating the nondominated front using the pareto archived evolution strategy［J］. Evolutionary Computation，2000，8(2)：149-172.

［14］　ZITZLER E，LAUMANNS M，THIELE L. SPEA2：Improving the strength pareto evolutionary algorithm［J］. Evolutionary Methods for Design，Optimization and Control，2002：19-26.

［15］　ZHANG Q，LI H. MOEA/D：A multiobjective evolutionary algorithm based on decomposition［J］. IEEE Transactions on Evolutionary Computation，2008，11(6)：712-731.

［16］　DAS I，DENNIS J E. Normal-boundary intersection：a new method for generating Pareto optimal points in multicriteria optimization problems，SIAM J. Optim，1998，8(3)：631-657.

［17］　MESSAC A，ISMAIL-YAHAYA A，MATTSON C A. The normalized normal constraint method

for generating the Pareto frontier[J]. Structural and Multidisciplinary Optimization，2003，25（2）：86-98.

[18] TRIVEDI A，SRINIVASAN D，SANYAL K，et al. A survey of multiobjective evolutionary algorithms based on decomposition[J]. IEEE Transactions on Evolutionary Computation，2017，21(3)：440-462.

[19] LIU Y，GONG D，SUN X，et al. Many-objective evolutionary optimization based on reference points [J]. Applied Soft Computing，2017，50：344-355.

[20] 肖婧，毕晓君，王科俊. 基于全局排序的高维多目标优化研究[J]. 软件学报，2015，26(7)：1574-1583.

[21] YUAN Y，XU H，WANG B，et al. A new dominance relation-based evolutionary algorithm for many-objective optimization[J]. IEEE Transactions on Evolutionary Computation，2016，20（1）：16-37.

[22] ZHANG X，TIAN Y，JIN Y. Approximate non-dominated sorting for evolutionary many-objective optimization[J]. Information Sciences，2016，369：14-33.

[23] BI X，WANG C. An improved NSGA-Ⅲ algorithm based on objective space decomposition for many-objective optimization[J]. Soft Computing，2016，21(15)：4269-4296.

[24] LIU C，QI Z，BAI Y，et al. Adaptive sorting-based evolutionary algorithm for many-objective optimization[J]. IEEE Transactions on Evolutionary Computation，2019，23(2)：247-257.

[25] HABIB A，SINGH H K，CHUGH T，et al. A multiple surrogate assisted decomposition-based evolutionary algorithm for expensive multi/many-objective optimization[J]. IEEE Transactions on Evolutionary Computation，2019，23(6)：1000-1014.

[26] ZHOU A，WANG Y，ZHANG J. Objective extraction via fuzzy clustering in evolutionary many-objective optimization[J]. Information Sciences，2020，509：343-355.

图书资源支持

感谢您一直以来对清华版图书的支持和爱护。为了配合本书的使用，本书提供配套的资源，有需求的读者请扫描下方的"书圈"微信公众号二维码，在图书专区下载，也可以拨打电话或发送电子邮件咨询。

如果您在使用本书的过程中遇到了什么问题，或者有相关图书出版计划，也请您发邮件告诉我们，以便我们更好地为您服务。

我们的联系方式：

地　　址：北京市海淀区双清路学研大厦 A 座 714

邮　　编：100084

电　　话：010-83470236　010-83470237

客服邮箱：2301891038@qq.com

QQ：2301891038（请写明您的单位和姓名）

资源下载：关注公众号"书圈"下载配套资源。

资源下载、样书申请

书圈

图书案例

清华计算机学堂

观看课程直播